新編財務會計

主　　編 ○ 洪娟、明愛芬
副主編 ○ 孫玲、周慧、嚴惠、李添瑜

崧燁文化

前 言

以企業典型工作任務為主線，將財務會計各項目的知識點貫穿起來，實現「教、學、做」合一。其特點如下：

（1）教材內容理論與實踐一體化。在理論知識和實踐操作兩者的處理上，本教材遵循理論隨著實踐走、知識隨著操作走的原則。

（2）教材內容與學生考證相組合。本教材以職業任職資格的獲得為目標，因此力爭做到傳授知識與培養崗位技能的有機結合，體現課證融通的實施效果，真正實現所學與所用的無縫對接與零距離就業。

（3）業務核算能力項目化。本教材通過分析企業經濟業務的特點，對企業的業務進行分解，按業務實現過程編排教學內容，將會計崗位工作進行職能歸納，以應用為目標，體現培養職業核心能力的思路。

（4）「教、學、做」一體化。本教材以工作過程為線索，對知識的學習是通過任務來貫穿實現的，有利於在教學中，教師在「做中教」、學生在「做中學」，充分實現「教、學、做」一體化。

本教材的項目一、項目二、項目六由孫玲編寫；項目三、項目八、項目九由周慧編寫，項目四、項目十由明愛芬編寫，項目五、項目十一由嚴惠編寫，項目七、項目十二、項目十三由洪娟編寫，項目十四由李添瑜編寫。本教材在編寫過程中參考了有關專家、學者編寫的教材和專著，湖南省中和會計師事務所所長劉運俄也對本教材的編寫提出了寶貴的意見，在此表示衷心感謝。

由於時間倉促及編者水平有限，教材中難免有疏漏和不當之處，敬請使用本教材的師生與讀者批評指正，以便修訂時完善。

編者

目 錄

項目一 會計業務流程 ……………………………………………………… (1)
    任務一 會計業務規範 ……………………………………………… (1)
    任務二 會計業務操作規則 ………………………………………… (9)
    任務三 會計循環與帳務處理程序 ………………………………… (13)

項目二 貨幣資金業務 …………………………………………………… (15)
    任務一 庫存現金的核算 …………………………………………… (16)
    任務二 銀行存款支付結算方式及核算 …………………………… (18)
    任務三 其他貨幣資金的核算 ……………………………………… (23)

項目三 往來結算款項業務 ……………………………………………… (27)
    子項目一 應收及預付款項 ………………………………………… (28)
        任務一 應收票據業務 …………………………………………… (28)
        任務二 應收帳款業務 …………………………………………… (33)
        任務三 預付帳款業務 …………………………………………… (35)
        任務四 其他應收款業務 ………………………………………… (36)
        任務五 應收款項的減值 ………………………………………… (37)
    子項目二 應付及預收款項 ………………………………………… (39)
        任務一 應付票據業務 …………………………………………… (39)
        任務二 應付帳款業務 …………………………………………… (41)
        任務三 應付利息業務 …………………………………………… (43)
        任務四 預收帳款業務 …………………………………………… (43)
        任務五 其他應付款業務 ………………………………………… (45)

項目四 存貨核算崗位業務 ……………………………………………… (46)
    任務一 存貨的確認和計量 ………………………………………… (48)

任務二　原材料的核算 …………………………………… (57)
　　任務三　週轉材料 ………………………………………… (71)
　　任務四　委託加工物資的核算 …………………………… (75)
　　任務五　庫存商品的核算 ………………………………… (77)
　　任務六　存貨的清查 ……………………………………… (80)
　　任務七　存貨的期末計量 ………………………………… (81)

項目五　固定資產核算業務 …………………………………… (86)
　　任務一　固定資產概述 …………………………………… (86)
　　任務二　固定資產的初始計量 …………………………… (89)
　　任務三　固定資產的後續計量 …………………………… (94)
　　任務四　固定資產的後續支出 …………………………… (96)
　　任務五　固定資產的清查 ………………………………… (98)
　　任務六　固定資產的處置 ………………………………… (99)
　　任務七　固定資產的期末計量 …………………………… (100)

項目六　無形資產核算業務 …………………………………… (102)
　　任務一　無形資產的確認和初始計量 …………………… (102)
　　任務二　內部研究開發支出的確認和計量 ……………… (104)
　　任務三　無形資產的後續計量 …………………………… (107)
　　任務四　無形資產的處置和報廢 ………………………… (111)
　　任務五　其他非流動資產 ………………………………… (113)

項目七　投資核算業務 ………………………………………… (115)
　　子項目一　金融資產 ……………………………………… (116)
　　　任務一　以公允價值計量且變動計入當期損益的金融資產 … (116)
　　　任務二　持有至到期投資 ……………………………… (118)
　　　任務三　可供出售金融資產 …………………………… (123)
　　　任務四　金融資產減值 ………………………………… (128)
　　子項目二　長期股權投資 ………………………………… (133)
　　　任務一　長期股權投資的初始計量 …………………… (133)
　　　任務二　長期股權投資的後續計量 …………………… (140)

任務三　長期股權投資的處置 …………………………………（145）
　　子項目三　投資性房地產 ………………………………………………（145）
　　　任務一　投資性房地產的確認和初始計量 ……………………（146）
　　　任務二　投資性房地產的後續計量 ……………………………（148）
　　　任務三　投資性房地產的轉換和處置 …………………………（152）

項目八　稅費核算業務 ………………………………………………………（158）
　　任務一　應交增值稅 …………………………………………………（159）
　　任務二　應交消費稅 …………………………………………………（164）
　　任務三　應交營業稅 …………………………………………………（167）
　　任務四　其他應交稅費 ………………………………………………（169）

項目九　職工薪酬核算業務 …………………………………………………（173）
　　任務一　職工薪酬概述 ………………………………………………（173）
　　任務二　職工薪酬的確認與計量 ……………………………………（174）
　　任務三　「五險一金」的計提與繳存 ………………………………（179）

項目十　籌資核算業務 ………………………………………………………（181）
　　子項目一　負債籌資的核算 ……………………………………………（182）
　　　任務一　短期借款 ………………………………………………（182）
　　　任務二　長期借款 ………………………………………………（183）
　　　任務三　應付債券 ………………………………………………（185）
　　　任務四　長期應付款 ……………………………………………（191）
　　子項目二　權益籌資的核算 ……………………………………………（194）
　　　任務一　實收資本 ………………………………………………（194）
　　　任務二　資本公積 ………………………………………………（199）
　　　任務三　留存收益 ………………………………………………（202）

項目十一　收入、費用和利潤核算業務 ……………………………………（205）
　　子項目一　收入核算業務 ………………………………………………（206）
　　　任務一　商品銷售收入的確認與核算 …………………………（206）
　　　任務二　勞務收入的確認與核算 ………………………………（211）

3

　　　　任務三　讓渡資產使用權收入的確認與核算 …………………………（216）
　　子項目二　費用核算業務 ………………………………………………………（217）
　　　　任務一　主營業務成本及稅金的確認與核算 …………………………（217）
　　　　任務二　期間費用的確認與核算 ………………………………………（218）
　　子項目三　利潤核算業務 ………………………………………………………（220）
　　　　任務一　利潤的核算 ……………………………………………………（220）
　　　　任務二　所得稅費用的核算 ……………………………………………（221）
　　　　任務三　利潤分配的核算 ………………………………………………（227）

項目十二　非貨幣性資產交換核算業務 ………………………………（231）
　　任務一　非貨幣性資產交換的認定 ……………………………………………（231）
　　任務二　非貨幣性資產交換的確認和計量 ……………………………………（232）

項目十三　債務重組核算業務 …………………………………………（244）
　　任務一　債務重組方式 …………………………………………………………（245）
　　任務二　債務重組的會計處理 …………………………………………………（245）

項目十四　財務報告 ……………………………………………………（257）
　　任務一　財務報告概述 …………………………………………………………（258）
　　任務二　資產負債表 ……………………………………………………………（260）
　　任務三　利潤表 …………………………………………………………………（266）
　　任務四　現金流量表 ……………………………………………………………（269）
　　任務五　所有者權益變動表 ……………………………………………………（280）

參考文獻 …………………………………………………………………（284）

項目一　會計業務流程

本項目為財務會計課程的基本項目，通過學習，讓學生明白財務會計課程的兩大任務：一是熟悉會計崗位操作的基本內容與流程；二是處理會計業務，編製會計報表。

● 項目工作目標

⊙ 知識目標

理解財務會計的目標，掌握會計的基本假設、會計基礎、會計信息質量要求、會計要素、財務報告的相關概念和內容。

⊙ 技能目標

通過本項目的學習，明白財務會計課程的兩大任務：編製企業會計報表和掌握會計崗位操作技能。

⊙ 任務引入

常言道：「沒有規矩不成方圓。」你瞭解會計業務的游戲規則嗎？作為即將學習財務會計業務的你，在對未來會計工作充滿憧憬的同時，也在考慮自己如何才能在未來的會計工作崗位上干得得心應手，大展宏圖。本項目將告訴你：會計工作的第一步就是掌握和瞭解會計的操作規則和業務流程。

⊙ 進入任務

任務一　會計業務規範

任務二　會計業務操作規則

任務三　會計循環與帳務處理程序

任務一　會計業務規範

在中國，車輛靠右行；在日本，車輛則靠左行。這無關對錯，然而一旦選定，這個交通規則就必須遵守。至於這個規則是否絕對正確，並不是問題的所在，沒有人會堅持說只有靠右側通行才是最好的。財務會計的成立，也基於同樣的道理。從事財務會計工作不能隨心所欲，因為財務會計並非如同自然科學那樣，追求一種絕對的真理，而是追求一種建立在既定規則之上的、相對的真實。這就要求會計工作不僅是在工作程序和形式上，而且重要的是在會計所反應的實質內容上，都必須按照一定的公認會計規範來進行。

一、會計核算的基本前提與會計基礎

(一) 會計核算的基本前提

會計核算的基本前提也稱會計假設，是指為了保證會計工作的正常進行和會計信息的質量，對會計核算的範圍、內容、基本程序和方法所做的基本限定。我國財政部公布並實施的《企業會計準則》中，明確規定了四項基本前提，包括會計主體、持續經營、會計分期、貨幣計量。

1. 會計主體

會計主體又稱會計實體、會計個體，是指會計人員所核算和監督的特定單位。會計主體是指經營上或經濟上具有獨立性或相對獨立性的單位。會計主體可以是股份公司、合夥企業或獨資企業，也可以是一個企業的某一特定部分，如分公司、內部部門、銷售區域、零售點等，關鍵要明確會計人員是在核算誰的業務。

會計核算時，必須首先明確會計主體。會計主體前提是持續經營、會計分期前提和全部會計準則的基礎。因為如果不限定會計的空間範圍，會計工作就無法進行。《企業會計準則——基本準則》第五條規定：「企業應當對其本身發生的交易或事項進行會計確認、計量和報告。」會計只記錄本主體的帳，只核算和監督本主體所涉及的經濟業務。會計主體通常是指獨立核算的企業或企業的一部分。

會計主體不同於法律主體，一般來說，法律主體必然是一個會計主體，會計主體不一定是法律主體。法律主體是指在政府部門註冊登記，有獨立的財產、能夠承擔民事責任的法律實體，強調企業與各方面的經濟法律關係。會計主體則是按照正確處理所有者與企業的關係以及正確處理企業內部關係的要求而設立的。儘管所有經營法人都是會計主體，但有些會計主體卻不一定是法人。

2. 持續經營

《企業會計準則——基本準則》第六條規定：「企業會計確認、計量和報告應當以持續經營為前提。」有了持續經營這個前提條件後，對資產按實際成本（歷史成本）計價、折舊、費用的分期攤銷才能正常進行。否則，資產的評估、費用在受益期分配、負債按期償還以及所有者權益和經營成果將無法確認。

持續經營是指會計主體的生產經營活動在可預見的未來，將無限期地延續下去，即會計主體在可預見的未來不會破產清算，它所擁有的資產，將按既定的目標投入正常的營運，所承擔的債務責任，將如期履行。持續經營界定會計工作的時間界限。

3. 會計分期

《企業會計準則——基本準則》第七條規定：「企業應當劃分會計期間，分期結算帳目和編製財務會計報告。會計期間分為年度和中期。中期是指短於一個完整的會計年度的報告期間。」中外各國基本上都以會計年度作為會計期間，其起訖日一般均與本國的財政預算年度相同。

會計分期前提是持續經營前提的補充，會計核算方法和原則只有建立在持續經營的前提下，按照會計期間分期記錄、計算、匯總和報告，才能達到會計預定的目標。

會計分期是指把企業連續不斷的經營活動過程，合理地劃分為若干較短的、等間距的「區間」。會計分期是對會計主體時間範圍的具體劃分的假定。這種確定企業進行結帳和編製財務報告所規定的起訖日期，稱為會計期間。

會計分期的目的在於定期（月末、季末、半年末、年末）地反應企業的財務狀況和經營成果並進行各期之間的比較。由於有了會計期間劃分，才產生了本期與非本期的區別，對跨越兩個以上會計期間的經濟業務要進行攤配，從而產生了權責發生制和收付實現制。

4. 貨幣計量

貨幣計量是指在會計核算中，以貨幣作為統一的計量單位。《中華人民共和國會計法》第十二條規定：「會計核算以人民幣為記帳本位幣。業務收支以人民幣以外的貨幣為主的單位，可以選定其中一種貨幣作為記帳本位幣，但是編報的財務會計報告應當折算為人民幣。」

會計核算和監督必須借助貨幣作為衡量手段，但貨幣作為一種特殊商品，其自身價值也在不斷變化，而會計核算很難根據貨幣自身的變化及時調整、做出反應，這就自然提出了假設幣值穩定不變的會計核算前提。因此，在會計核算和會計報表體系中不考慮幣值變化的因素。

上述會計核算的四項基本前提，具有相互依存、相互補充的關係。會計主體確立了會計核算的空間範圍，持續經營與會計分期確立了會計核算的時間長度，而貨幣計量則為會計核算提供了必要手段。沒有會計主體，就不會有持續經營；沒有持續經營，就不會有會計分期；沒有貨幣計量，就不會有現代會計。

（二）會計基礎

企業會計的確認、計量和報告應當以權責發生制為基礎。

權責發生制又稱應收應付制，是以款項收付是否應計入本期為標準來確定本期的收入和費用的一種技術處理方法。企業應當以權責發生制為基礎進行會計確認、計量和報告。權責發生制是以款項收付是否應計入本期為標準來確定本期的收入和費用的一種技術處理方法。

採用這種方法，凡是當期已經實現的收入和已經發生或應當負擔的費用，不論款項是否收付，都應當作為當期的收入和費用，計入利潤表；凡不屬於當期的收入和費用，即使款項已於在當期收付，也不應當作為當期的收入和費用。

收付實現制又稱實收實付制，是以款項的實際收付為標準來確定本期收入和費用的一種技術處理方法。採用這種方法，凡當期收到的收入和支付的費用，不論是否歸屬本期，都作為本期的收入和費用處理；凡本期未收到的收入和未支付的費用，不論是否歸屬本期，均不作為本期的收入和費用處理。因為款項的收付實際上以現金收付為準，所以一般稱之為現金制或實收實付制。

二、會計信息質量要求

會計信息質量要求是對企業財務報告中所提供的會計信息質量的基本要求，是使

財務報告所提供的會計信息對使用者決策有用所應具備的基本特徵。它包括可靠性、相關性、可理解性、可比性、實質重於形式、重要性、謹慎性和及時性等。

(一) 可靠性

企業應當以實際發生的交易或者事項為依據進行會計確認、計量和報告，如實反應符合確認和計量要求的各項會計要素及其他相關信息，保證會計信息真實可靠、內容完整。

(二) 相關性

企業提供的會計信息應當與財務會計報告使用者的經濟決策需要相關，有助於財務會計報告使用者對企業過去、現在或者未來的情況做出評價或者預測。

(三) 可理解性

企業提供的會計信息應當清晰明瞭，便於財務會計報告使用者理解和使用。

(四) 可比性

企業提供的會計信息應當具有可比性，這主要包括兩層含義：第一，同一企業不同時期可比，即同一企業不同期間發生的相同或者相似的交易或者事項，應當採用一致的會計政策，不得隨意變更；確需變更的，應當在附註中說明。第二，不同企業相同會計期間可比，即不同企業同一會計期間發生的相同或者相似的交易或者事項，應當採用規定的會計政策，確保會計信息口徑一致、相互可比。

(五) 實質重於形式

企業應當按照交易或者事項的經濟實質進行會計確認、計量和報告，不應僅以交易或者事項的法律形式為依據。如果企業僅僅以交易或者事項的法律形式為依據進行會計確認、計量和報告，那麼就容易導致會計信息失真，無法如實反應經濟現實和實際情況。

在實務中，交易或者事項的法律形式並不總能完全真實地反應其實質內容。因此，會計信息要想反應其應映的交易或事項，就必須根據交易或事項的實質和經濟現實來進行判斷，而不能僅僅根據它們的法律形式來進行判斷。

(六) 重要性

企業提供的會計信息應當反應與企業財務狀況、經營成果和現金流量等有關的所有重要交易或者事項。

重要性的應用需要依賴職業判斷，企業應當根據其所處環境和實際情況，從項目的性質和金額大小兩方面加以判斷。

(七) 謹慎性

企業對交易或者事項進行會計確認、計量和報告應當保持應有的謹慎，不應高估資產或者收益、低估負債或者費用。

在市場經濟環境下，企業的生產經營活動面臨著許多風險和不確定性。例如，應

收款項的可收回性、固定資產的使用壽命、無形資產的使用壽命、售出存貨可能發生的退貨或者返修等。企業面臨不確定性因素的情況下做出職業判斷時，要保持應有的謹慎，充分估計到各種風險和損失，既不高估資產或者收益，又不低估負債或者費用。

但是，謹慎性的應用並不允許企業設置秘密準備，如果企業故意低估資產或者收益，或者故意高估負債或者費用，將不符合會計信息的可靠性和相關性要求，損害會計信息質量，扭曲企業實際的財務狀況和經營成果，從而對會計信息使用者的決策產生誤導，這是會計準則所不允許的。

(八) 及時性

企業對於已經發生的交易或者事項，應當及時進行會計確認、計量和報告，不得提前或者延後。

會計信息的價值在於幫助使用者做出經濟決策，因此具有時效性。即使是可靠、相關的會計信息，如果不及時提供，也就失去了時效性，對於會計信息使用者的效用就大大降低，甚至於不再具有任何意義。

在會計確認、計量和報告過程中貫徹及時性，一是要求及時收集會計信息；二是要求及時處理會計信息；三是要求及時傳遞會計信息。

三、會計要素

我國《企業會計準則》將會計要素規定為資產、負債、所有者權益、收入、費用、利潤六大類。

其中：資產、負債、所有者權益反應企業的財務狀況，是靜態會計要素，這三個要素構成了資產負債表；收入、費用、利潤反應企業在一定時期的經營成果，是動態會計要素，這三個要素構成了利潤表。

(一) 資產

1. 定義

資產是指由企業過去的交易或事項形成並由企業擁有或控制的、預期會給企業帶來經濟利益的資源。

2. 特徵

(1) 資產能夠直接或間接地給企業帶來經濟利益。一方面，我們知道，作為企業的資產，無論是廠房、設備、存貨還是債權，都應能直接地（通過銷售手段）或間接地（通過成本價值的轉移）給企業「帶來經濟利益」。另一方面，那些長期無法收回的款項、嚴重損壞而無法使用的設備等，不能為企業帶來經濟利益就不能再作為資產列支了。因此，我們說，資產要能夠直接或間接地給企業帶來經濟利益。

(2) 資產是為企業所擁有或控制的。有些資產是企業並不擁有「所有權」但可以「控制」的。例如，融資租入的固定資產，根據實質重於形式原則，也屬於企業的資產。

(3) 資產是由過去的交易或事項形成的。資產強調「過去」發生，談判中的交易或事項不能作為企業的資產。

3. 分類

為了更好地對企業的資產進行管理和核算，我們將企業的資產進行了分類。企業的資產按其流動性，通常可分為流動資產和非流動資產。

（1）流動資產。流動資產是指現金以及其他能在一年或超過一年的一個營業週期以內變現或被耗用的資產。營業週期是指企業投入資金—購買原料—制成產品—銷售產品—收回資金的過程。大部分行業一年有幾個營業週期，則其資產按年劃分為流動資產和非流動資產；而某些特殊行業，如造船、重型機械等，其營業週期往往超過一年，則其資產按營業週期劃分為流動資產和非流動資產。

流動資產通常包括現金、銀行存款、交易性金融資產、應收票據、應收帳款、存貨等。

（2）非流動資產。非流動資產是指在一年以上或超過一年的一個營業週期以上才能變現或被耗用的資產。

非流動資產通常包括長期股權投資、固定資產、無形資產和其他資產等。

（二）負債

如果說資產是企業的權利，那麼負債就是企業的義務。

1. 定義

負債是企業過去的交易、事項形成的現時義務，履行該義務預期會導致經濟利益流出企業。負債是籌資的主要渠道。

2. 特徵

（1）負債的清償預期會導致經濟利益流出企業。清償負債導致經濟利益流出企業的形式多種多樣，如用現金償還或以實物資產償還；以提供勞務償還；部分轉移資產、部分提供勞務償還；將負債轉為所有者權益，如我國目前試行的國有企業債轉股業務。

（2）負債是由過去的交易或事項形成的。不能根據談判中的交易、事項或計劃中的經濟業務來確認負債。

3. 分類

按照流動性對負債進行分類，負債可以分為流動負債和非流動負債。

（1）流動負債。流動負債是指將在一年（含一年）或者超過一年的一個營業週期內償還的債務，包括短期借款、應付票據、應付帳款、預收帳款、應付職工薪酬、應付股利、應交稅費、其他暫收應付款項和一年內到期的長期借款等。

（2）非流動負債。非流動負債是指償還期在一年或超過一年的一個營業週期以上的各種債務，包括長期借款、應付債券、長期應付款等。各項長期負債應當分別進行核算，並在資產負債表中分列項目反應。將於一年內到期償還的長期負債，在資產負債表中應當作為一項流動負債，單獨反應。

（三）所有者權益

1. 定義

所有者權益是指所有者在企業資產中享有的經濟利益，其金額為資產減去負債后的餘額。

2. 特徵

（1）除非發生減資、清算，企業不需要償還所有者權益。

（2）企業清算時，只有在清償所有的負債后，所有者權益才返還給所有者。

（3）所有者憑藉所有者權益能夠參與利潤的分配。

所有者權益在性質上體現為所有者對企業資產的剩餘權益，在數量上也就體現為資產減去負債后的余額。

3. 分類

所有者權益包括實收資本、資本公積、盈余公積和未分配利潤。其中，盈余公積和未分配利潤又合稱為留存收益。

4. 所有者權益與負債的區別

所有者權益與負債有著本質的不同，表現如下：

（1）負債要償還，而所有者權益不需償還。

（2）負債要支付報酬，所有者權益不需支付報酬。

（3）清算時，負債要優先於所有者權益。

（4）所有者權益參與企業經營決策及利潤分配，而負債不能參與企業經營決策及利潤分配。

（四）收入

1. 定義

收入是指企業在銷售商品、提供勞務及讓渡資產使用權等日常活動中所形成的經濟利益的總流入。收入不包括為第三方或客戶代收的款項。

2. 特徵

（1）收入是從企業的日常經營活動中產生的，而不是從偶發的交易或事項中產生的。后者稱之為利得，如出售固定資產的淨收益、因其他企業違約收取的罰款、接受政府補助等，不屬於收入範疇。

（2）收入可能表現為企業資產的增加或負債的減少，或二者兼而有之，如商品銷售的貨款部分用於抵債，部分收取現款。

（3）收入能引起企業所有者權益的增加。

（4）收入只包括本企業經濟利益的流入，而不包括為第三方或客戶代收的款項。

3. 分類

（1）按照企業所從事日常活動的性質，收入有三種來源，一是銷售商品，取得現金或者形成應收款項；二是提供勞務；三是讓渡資產使用權，主要表現為對外貸款、對外投資或者對外出租等。

（2）按照日常活動在企業所處的地位，收入可分為主營業務收入和其他業務收入。

（五）費用

1. 定義

費用是指企業為銷售商品、提供勞務等日常活動所發生的經濟利益的流出。

2. 特徵

（1）費用是企業在日常活動中發生的經濟利益的流出，而不是從偶發的交易或事項中發生的經濟利益的流出。

（2）費用可能表現為資產的減少或負債的增加，或二者兼而有之。

（3）費用將引起所有者權益的減少。

3. 分類

按照用途不同，費用可分為生產成本（直接費用、間接費用）和期間費用（管理費用、財務費用、銷售費用）。

（六）利潤

1. 定義

利潤是企業在一定期間內生產經營活動的最終財務成果，也就是收入費用配比後的差額。

2. 分類

按照利潤形成的來源不同，現行制度將其分為營業利潤和營業外收支淨額。

營業利潤＝營業收入－營業成本－營業稅金及附加－銷售費用－管理費用－財務費用－資產減值損失＋公允價值變動收益（－損失）＋投資收益（－損失）

利潤總額＝營業利潤＋營業外收入－營業外支出

淨利潤＝利潤總額－所得稅費用

四、會計要素計量屬性

會計計量是為了將符合確認條件的會計要素登記入帳並列報於財務報表而確定其金額的過程。企業應當按照規定的會計計量屬性進行計量，確定相關金額。從會計角度來看，計量屬性反應的是會計要素金額的確定基礎，主要包括歷史成本、重置成本、可變現淨值、現值和公允價值等。

（一）歷史成本

歷史成本又稱為實際成本，就是取得或製造某項財產物資時所實際支付的現金或其他等價物。在歷史成本計量下，資產按照其購置時支付的現金或現金等價物的金額，或者按照購置資產時所付出的對價的公允價值計量。負債按照其因承擔現時義務而實際收到的款項或者資產的金額，或者承擔現時義務的合同金額，或者按照日常活動中為償還負債預期需要支付的現金或者現金等價物的金額計量。

（二）重置成本

重置成本又稱現行成本，是指按照當前市場條件，重新取得同樣一項資產所需支付的現金或現金等價物金額。在重置成本計量下，資產按照現在購買相同或者相似資產所需支付的現金或者現金等價物的金額計量。負債按照現在償付該項債務所需支付的現金或現金等價物金額計量。在實務中，重置成本多應用於盤盈固定資產的計量等。

（三）可變現淨值

可變現淨值是指在正常生產經營過程中，以預計售價減去進一步加工成本和銷售費用所必需的預計稅金費用後的淨值。在可變現淨值計量下，資產按照其正常對外銷售所能收到現金或者現金等價物的金額扣減該資產至完工時估計將要發生的成本、估計的銷售費用以及相關稅金後的金額計量。可變現淨值通常應用於存貨資產減值情況下的后續計量。

（四）現值

現值是指對未來現金流量以恰當的折現率進行折現後的價值，是考慮貨幣時間價值的一種計量屬性。在現值計量下，資產按照預計從其持續使用和最終處置中所取得的未來淨現金流入量的折現金額計量。負債按照預計期限內需要償還的未來淨現金流出量的折現金額計量。

（五）公允價值

公允價值是指在公平交易中，熟悉情況的交易雙方自願進行資產交換或者債務清償的金額。在公允價值計量下，資產和負債按照在公平交易中，熟悉情況的交易雙方自願進行資產交換或者債務清償的金額計量。

任務二　會計業務操作規則

一、會計憑證的填製規則

會計憑證是記錄經濟業務、明確經濟責任，作為記帳依據的書面證明。

正確填製和嚴格審核會計憑證是會計核算的一種專門方法，會計核算就是從編製憑證開始的。

（一）原始憑證的填製要求

要做好原始憑證的填製工作，一方面要使所有經辦人員都能充分認識到原始憑證在經營管理中的重要作用；另一方面，要加強經營管理上的責任制，促使有關人員都能嚴格按財務會計制度和手續辦事。

為了正確、完整、及時記錄各項經濟業務，有必要對原始憑證的填製確定明確的要求。概括起來，有以下幾點要求：

1. 記錄真實

記錄真實，就是要實事求是地填寫經濟業務，原始憑證填製日期、業務內容、數量、金額等必須與實際情況相一致，確保憑證所記錄的內容真實可靠。

2. 內容完整

原始憑證上各項內容要逐項填製齊全，不得遺漏。

3. 填製及時

應根據經濟業務發生或完成情況及時填製，不能提前，也不能事后補辦。

4. 書寫清楚

填寫原始憑證要字跡清晰，易於辨認，大小寫金額填寫要符合規定，發生差錯要按規定方法更正。涉及庫存現金、銀行存款收付的原始憑證，如發票、收據、支票等，都有連續編號，應按編號連續使用。這類憑證如有填寫錯誤，應予作廢重填，並在填錯的憑證上加蓋「作廢」戳記，與存根一起保存，不得任意銷毀。

金額的填寫要符合下列規範：

（1）小寫金額的填寫。阿拉伯數字應一個一個地寫，不得連筆寫。阿拉伯金額數字前面應寫貨幣符號，貨幣符號與阿拉伯金額數字之間不得留有空白。凡阿拉伯數字前寫有貨幣符號的，數字后面不再寫「元」字。

所有以元為單位的阿拉伯數字，除表示單價等情況外，一律填寫到角分，無角分的應寫「00」，有角無分，分位應寫「0」，不得用符號「-」代替。

（2）漢字大寫金額數字，一律用正楷字體或行書字體書寫，不得任意編造簡化字。大寫金額數字滿拾元而不足貳拾元的，應在「拾」字前加寫「壹」字；大寫金額數字到元或角為止的，在「元」或「角」字之后應寫「整」字。

（3）阿拉伯金額數字中間有「0」時，漢字大寫金額要寫「零」字。

（4）凡填有大寫和小寫金額的原始憑證，大寫和小寫金額必須相符。

（二）記帳憑證的填製要求

各種記帳憑證必須按規定及時、準確、完整地填製。基本要素填寫要求如下：

1. 日期的填寫

現金收付記帳憑證的日期以辦理收付現金的日期填寫；銀行付款業務的記帳憑證一般以財會部門開出付款單據的日期或承付的日期填寫；銀行收款業務的記帳憑證一般按銀行進帳單或銀行受理回執的戳記日期填寫；月末結轉的業務按當月最后一天的日期填製。

2. 摘要的填寫

填寫的摘要一要真實準確，其內容與經濟業務的內容和所附原始憑證的內容相符；二要簡明扼要，書寫整齊清潔。

3. 會計科目的填寫

會計科目的填寫應填寫會計科目的全稱或會計科目的名稱和編號，不得簡寫或只填會計科目的編號而不填名稱。需填明細科目的，應在「明細科目」欄填寫明細科目的名稱。

4. 金額的填寫

記帳憑證的金額必須與原始憑證的金額相符。在記帳憑證的「合計」行填列合計金額；阿拉伯數字的填寫要規範；在合計數字前應填寫貨幣符號，不是合計數字前不應填寫貨幣符號。一筆經濟業務因涉及會計科目較多，需填寫多張記帳憑證的，只在最末一張記帳憑證的「合計」行填寫合計金額。

5. 記帳憑證附件張數的計算

記帳憑證一般附有原始憑證。附件張數的計算方法有兩種：一種是按構成記帳憑

證金額的原始憑證（或原始憑證匯總表）計算張數，如轉帳業務的原始憑證張數計算。另一種是以所附原始憑證的自然張數為準，即凡與經濟業務內容相關的每一張憑證，都作為記帳憑證的附件。凡屬收付款業務的，原始憑證張數計算均以自然張數為準。但差旅費、市內交通費、醫療費等報銷單據，可貼在一張紙上，作為一張原始憑證（報銷清單）附件。

當一張或幾張原始憑證涉及幾張記帳憑證時，可將原始憑證附在一張主要的記帳憑證后面，在摘要欄說明「本憑證附件包括××號記帳憑證業務」字樣，在其他記帳憑證上註明「原始憑證在××號記帳憑證后面」字樣。

6. 會計分錄的填製

不同類型的經濟業務不得填製在一張記帳憑證中，也不得對同類經濟業務採取大匯總的辦法填製記帳憑證。轉帳憑證和通用記帳憑證應按先「借」后「貸」的順序填列。不得填製「有借無貸」或「有貸無借」的會計分錄。

7. 記帳憑證的編號

會計人員應及時對記帳憑證予以編號。記帳憑證無論是全部作為一類編號，還是按收、付、轉編號，均應按月從「1」開始順序編號，不得跳號、重號。業務量大的單位，可使用「記帳憑證編號銷號單」，在裝訂憑證時應將銷號單放在記帳憑證匯總表之後，使記帳憑證的編號、張數一目了然，以便查核。一組會計分錄使用兩張以上記帳憑證應按順序用「帶分數」編列分號，兩張憑證之間不要填寫「過次頁」「承前頁」。例如，第 8 號會計事項有 3 張記帳憑證，編號分別為 8,1/3 號、8,2/3 號、8,3/3 號。

8. 簽名或蓋章

記帳憑證上規定有關人員的簽名或蓋章，應全部簽章齊全，以明確責任。財會人員較少的單位，在收、付記帳憑證上，至少應有兩人（會計和出納）簽章。一張記帳憑證涉及幾個會計記帳的，凡記帳的會計均應在「記帳」簽章處簽章。會計主管對未審閱過的記帳憑證，可以不簽章，但仍應對其合法性、準確性負責。收、付款記帳憑證還應由出納人員簽章。

9. 對空行的要求

記帳憑證不準跳行或留有余行。填製完畢的記帳憑證如有空行的，應在金額欄劃一斜線或「S」形線註銷。劃線應從金額欄最后一筆金額數字下面的空行劃到合計數行的上面一行，並注意斜線或「S」形線兩端都不能劃到有金額數字的行次上。

10. 其他填寫要求

填製記帳憑證可用藍黑墨水或碳素墨水；金額按規定需用紅字表示的，數字可用紅色墨水，但不準以負數表示。下列兩種情況，金額可用紅色墨水填寫（即紅字記帳憑證）：

（1）記帳后發現記帳憑證有錯誤，需採用紅字更正法的。

（2）會計核算制度規定採用紅字填製記帳憑證的特定會計業務。

收款憑證是根據貨幣資金收入業務的原始憑證編製的記帳憑證。付款憑證是根據貨幣資金付出業務的原始憑證編製的記帳憑證。它們既是登記庫存現金日記帳、銀行存款日記帳的依據，也是出納人員收付款項的依據。這裡要指出的是，對於從銀行提

取現金或將現金存入銀行的業務，一般只編製付款憑證，以免重複。轉帳憑證是對於不涉及貨幣資金收支的經濟業務根據原始憑證或原始憑證匯總表所編製的記帳憑證。

二、會計帳簿的登記規則

（一）登記帳簿的一般規則

（1）會計人員應根據審核無誤的會計憑證及時地登記會計帳簿。

（2）按各單位所選用的會計核算形式來確定登記總帳的依據和具體時間。

（3）對於各種明細帳，可逐筆逐日進行登記，也可定期（3天或5天）登記，但債權債務類和財產物資類明細帳應當每天進行登記。

（4）現金和銀行存款日記帳應當根據辦理完畢的收付款憑證，隨時逐筆順序進行登記，最少每天登記一次。

（二）登記帳簿的具體要求

（1）必須用藍黑色墨水鋼筆書寫，不許用鉛筆或圓珠筆記帳。

（2）應當將會計憑證的日期、編號、業務內容摘要、金額和其他有關資料逐項記入帳內。同時，要在記帳憑證上簽章並註明已經登帳的標記（如打√等），以避免重登或漏登。

（3）應按帳戶頁次順序連續登記，不得跳行、隔頁。如果發生跳行、隔頁現象，應在空行、空頁處用紅色墨水劃對角線註銷，註明「此頁空白」或「此行空白」字樣，並由記帳人員簽章。

（4）帳簿中書寫的文字或數字不能頂格書寫，一般只應占格距的二分之一，以便留有改錯的空間。

（5）記帳除結帳、改錯、衝銷記錄外，不能用紅色墨水。因為在會計工作中，紅色數字表示對藍黑色數字的衝銷或表示負數。

（6）對於登錯的記錄，不得刮擦、挖補、塗改或用藥水消除字跡等手段更正錯誤，也不允許重抄，應採用正確的錯帳更正規則進行更正。

（7）各帳戶在一張帳頁登記完畢結轉下頁時，應當結出本頁合計數和餘額，寫在本頁最後一行和下頁第一行有關欄內，並在本頁最後一行的「摘要」欄內註明「轉次頁」字樣，在下一頁第一行的「摘要」欄內註明「承前頁」字樣。對「轉次頁」的本頁合計數的計算，一般分以下三種情況：

①需要結出本月發生額的帳戶，結計「轉次頁」的本頁合計數應當為自本月初起至本頁末止的發生額合計數，如現金日記帳及採用「帳結法」下的各損益類帳戶。

②需要結計本年累計發生額的帳戶，結計「轉次頁」的本頁合計數應當為自年初起至本頁末止的累計數，如採用「表結法」下的各損益類帳戶。

③既不需要結計本月發生額也不需要結計本年累計發生額的帳戶，可以只將每頁末的餘額結轉次頁，如債權、債務結算類帳戶和財產物資類帳戶等。

任務三　會計循環與帳務處理程序

一、會計循環

從企業發生的經濟業務或會計事項起，到編製出會計報表止的一系列會計處理程序稱為會計循環。

會計循環的內容如下：
（1）根據審核無誤的原始憑證編製記帳憑證。
（2）根據記帳憑證登記相關帳簿。
（3）編製結帳前的試算平衡表。
（4）編製帳項調整分錄。
（5）將帳項調整分錄過入到相關帳簿帳戶中。
（6）編製結帳后試算平衡表。
（7）編製財務報告。

二、帳務處理程序

帳務處理程序是指填製會計憑證，根據憑證登記各種帳簿，根據帳簿記錄編製會計報表，從而提供會計信息這一整個過程的步驟和方法。

在會計工作中，不僅要瞭解會計憑證的填製、帳簿的設置和登記以及會計報表的編製，還必須明確規定各種會計憑證、帳簿和會計報表之間的關係，把它們科學地組織起來，使之構成一個有機的整體。會計憑證、帳簿和報表之間的一定的組織形式，就形成了不同的帳務處理程序。

帳務處理程序有多種形式，可根據情況進行適當調整。目前我國常用的主要帳務處理程序有記帳憑證帳務處理程序、科目匯總表帳務處理程序、匯總記帳憑證帳務處理程序、多欄式日記帳帳務處理程序和日記總帳帳務處理程序。

（一）記帳憑證帳務處理程序

記帳憑證帳務處理程序是最基本的帳務處理程序，其他各種帳務處理程序基本上是在其基礎上發展形成的。記帳憑證帳務處理程序的特點是直接根據各種記帳憑證逐筆登記總分類帳的一種帳務處理程序。

（二）科目匯總表帳務處理程序

科目匯總表帳務處理程序是對發生的經濟業務，首先根據原始憑證或者原始憑證匯總表編製記帳憑證，然後根據記帳憑證定期編製科目匯總表，最后根據科目匯總表登記總分類帳的一種帳務處理程序。

（三）匯總記帳憑證帳務處理程序

匯總記帳憑證帳務處理程序是對發生的經濟業務，首先根據原始憑證或者原始憑

證匯總表編製記帳憑證，然后根據記帳憑證定期編製匯總記帳憑證，最后根據匯總記帳憑證登記總分類帳的一種帳務處理程序。

◆ 仿真操作

練習某企業以下主要經濟業務記帳憑證的書寫：

（1）採購一批材料，買價為1,000元，增值稅稅率為17%，貨款已支付。
（2）銷售一批產品，賣價為2,000元，增值稅稅率為17%，貨款已收到。
（3）從銀行提取現金1,000元備用。

◆ 工作思考

1. 會計的基本假設有哪些？
2. 會計信息質量要求包括哪些？
3. 會計要素是什麼？各要素的定義是什麼？
4. 會計的計量屬性有哪些？常用的是哪種計量屬性？
5. 什麼是帳務處理程序？我國主要的帳務處理程序有哪些？

項目二　貨幣資金業務

貨幣資金是企業生產經營過程中以貨幣形態存在的那部分資產，流動性是最強的。在企業的各項經濟活動中，貨幣資金起著非常重要的作用。企業的貨幣資金包括庫存現金、銀行存款及其他貨幣資金。本項目涉及的主要會計崗位是出納崗位，作為該崗位的會計人員，應瞭解出納崗位的職責，掌握出納工作相關的基礎知識、銀行結算特點、各種結算憑證的填寫及結算程序，理解現金管理的有關規定和出納日常業務的核算。

● 項目工作目標

⊙ **知識目標**

掌握庫存現金管理制度及其現金的核算；掌握銀行的結算方式的處理流程、銀行存款的核算；掌握其他貨幣資金的核算。

⊙ **技能目標**

通過本項目的學習，知道貨幣資金的內容；會對庫存現金、銀行存款和其他貨幣資金進行日常帳務處理；能處理庫存現金清查發現的溢余或短缺；能進行銀行存款的清查，編製「銀行存款余額調節表」。

⊙ **任務引入**

黃河公司出納員王宏由於剛參加工作，對於貨幣資金業務管理和核算的相關規定不甚瞭解，所以出現了一些不應有的錯誤，其中有兩件事情讓他印象深刻，至今記憶猶新。第一件事是在 2015 年 6 月 8 日和 10 日兩天的現金業務結束後例行的現金清查中，分別發現現金短缺 50 元和現金溢余 20 元的情況，對此他經過反覆思考也弄不明白原因。為了保全自己的面子和息事寧人，同時又考慮到兩次帳實不符的金額均很小，他決定採取下列辦法進行處理：現金短缺 50 元，自掏腰包補齊；現金溢余 20 元，暫時收起。第二件事是黃河公司經常對其銀行存款的實有數額心中無數，甚至有時會影響到公司日常業務的結算，公司經理因此指派有關人員檢查一下王宏的工作，結果發現王宏每次編製銀行存款余額調節表時，只根據公司銀行存款日記帳的余額加或減對帳單中企業的未達帳項來確定公司銀行存款的實有數，而且每次做完此項工作以後，王宏就立即將這些未達帳項的款項登記入帳。王宏對上述兩項業務的處理是否正確？為什麼？你認為面對這些情況，應該怎麼處理？

⊙ **進入任務**

任務一　庫存現金的核算

任務二　銀行存款支付結算方式及核算

任務三　其他貨幣資金的核算

任務一　庫存現金的核算

一、庫存現金的概述

在會計上，現金有廣義和狹義之分。狹義的現金僅指企業的庫存現金，廣義的現金包括庫存現金、銀行存款和其他貨幣資金。我國會計上現金的概念僅指狹義的現金，包括企業庫存人民幣現金和外幣現金。

（一）庫存現金的使用範圍

根據中華人民共和國國務院發布的《現金管理暫行條例》的規定，允許企業使用的現金範圍如下：

（1）職工工資、津貼。
（2）個人勞務報酬。
（3）根據國家規定頒發給個人的科學技術、文化藝術、體育等各種獎金。
（4）各種勞保、福利費用以及國家規定的對個人的其他支出。
（5）向個人收購農副產品和其他物資的價款。
（6）出差人員必須隨身攜帶的差旅費。
（7）結算起點（1,000元）以下的零星支出。
（8）中國人民銀行確定需要支付現金的其他支出。

（二）庫存現金限額管理

庫存現金限額管理原則上為滿足企業3~5天零星開支的需要，邊遠地區和交通不發達地區的企業的庫存現金限額可以適當放寬，但最多不得超過15天零星開支的需要。企業根據日常零星現金開支情況提出所需現金限額，報經開戶銀行核准。

（三）現金收支的日常管理

企業不得「坐支」，「坐支」是指企業在經營活動中發生的現金收入直接用於支出。

企業不得用不符合財務制度的憑證頂替庫存現金，即不得「白條頂庫」，不準謊報用途套取現金，不準將單位收入的現金以個人名義儲蓄，不準開設小金庫，不準保留帳外公款。

二、庫存現金的核算

為了總括反應企業庫存現金收入、支出和結存情況，應設置「庫存現金」科目。該科目的借方登記庫存現金的增加，貸方登記庫存現金的減少，期末餘額在借方，反應企業實際持有的庫存現金金額。

【實務2-1】2015年4月8日，某公司派職工王麗出差，王麗預借差旅費3,000元，則會計處理如下：

借：其他應收款——王麗 3,000
　　貸：庫存現金 3,000

【實務 2-2】承【實務 2-1】，2015 年 4 月 15 日，王麗出差回來，報銷差旅費 2,800元，餘款以現金交回，則會計處理如下：
借：管理費用 2,800
　　庫存現金 200
　　貸：其他應收款——王麗 3,000

三、庫存現金的清查

（一）庫存現金清查的方法

如何對現金進行清查呢？我們知道現金是存放在單位的保險櫃裡的，因此在對現金進行清查時只需要先清點保險櫃中的庫存現金數，然后再與現金日記帳的帳面餘額進行核對，就可以查明帳實是否相符了。這種清查方法我們通常稱之為實地盤點法。

下面我們先來瞭解一下在對現金進行清查時需要注意的問題：

（1）因為出納人員是庫存現金的保管者，所以在對現金清查時出納員要保證到場，以明確經濟責任。

（2）在現金清查過程中，應注意是否遵守現金管理制度的規定，有無不具有法律效力的借條、收據、白條抵充現金等情況。

（3）現金盤點以後，應根據盤點的結果，填製「現金盤點報告表」，此表也是重要的原始憑證，既起著「盤存單」的作用，又起著「實存帳存對比表」的作用。「現金盤點報告表」必須由盤點人員和出納員共同簽章才能生效。

（二）庫存現金清查的核算

我們通常把現金的盤盈稱為「長款」，把現金的盤虧稱為「短款」。清查中發現現金長款或短款時，應及時根據「現金盤點報告單」進行帳務處理。

具體的處理方法如下：

（1）庫存現金盤盈，借記「庫存現金」科目，貸記「待處理財產損溢」科目，批准處理后屬於支付給有關人員或單位的，計入「其他應付款」科目；屬於無法查明原因的，計入「營業外收入」科目。

【實務 2-3】某企業某月份在現金清查中發現長款 150 元，則會計處理如下：
借：庫存現金 150
　　貸：待處理財產損溢——待處理流動資產損溢 150

經反覆核查，發現少支付員工李芳 100 元，其餘 50 元未查明原因，報經批准后進行如下處理：
借：待處理財產損溢——待處理流動資產損溢 150
　　貸：其他應付款——李芳 100
　　　　營業外收入 50

（2）庫存現金盤虧，借記「待處理財產損溢」科目，貸記「庫存現金」科目，批

准處理后屬於應由責任人賠償或保險公司賠償的部分，計入「其他應收款」科目；屬於無法查明原因的，計入「管理費用」科目。

【實務2-4】某企業某月份在現金清查中發現短款80元，則會計處理為：

借：待處理財產損溢——待處理流動資產損溢　　　　　80
　　貸：庫存現金　　　　　　　　　　　　　　　　　　　80

經核實，其中50元屬於出納員王麗的責任，應由出納員賠償，另外30元原因不明，批准予以轉銷，則會計處理為：

借：其他應收款——出納員王麗　　　　　　　　　　50
　　管理費用　　　　　　　　　　　　　　　　　　30
　　貸：待處理財產損溢——待處理流動資產損溢　　　　　80

任務二　銀行存款支付結算方式及核算

銀行存款是指存放在銀行和其他金融機構的各種存款。

一、銀行存款的管理制度

企業通過銀行辦理收付結算時，應當認真執行國家結算辦法和結算制度，執行《中華人民共和國票據法》的規定。企業應當根據業務需要，按照規定在其所在地銀行開設帳戶，運用所開設的帳戶進行存款、取款以及各種收支轉帳業務的結算。

銀行存款帳戶分為基本存款帳戶、一般存款帳戶、臨時存款帳戶和專用存款帳戶。

基本存款帳戶指存款人因辦理日常轉帳結算和現金收付需要開立的銀行結算帳戶，是主辦帳戶，並且只有一個基本存款帳戶。一般存款帳戶指存款人因借款或其他結算需要，在基本存款帳戶開戶銀行以外的銀行開立的銀行結算帳戶，不得辦理現金支取。專用存款帳戶指按照法律、行政法規和規章，對其特定用途資金進行專項管理和使用而開立的銀行結算帳戶。臨時存款帳戶指存款人因臨時需要並在規定期限內使用而開立的銀行結算帳戶。

二、銀行結算方式

銀行存款收支業務是指企業通過銀行辦理與往來單位的款項收支業務。由於往來單位有的與本企業在同一地區，有的與本企業不在同一地區，並且企業與各往來單位收付款項的內容也有所不同，因此應當根據具體情況選擇不同的結算方法進行款項的收付。根據中國人民銀行發布的《支付結算辦法》的規定，單位、個人在社會經濟活動中可使用票據、托收承付、匯兌、委託收款、信用卡等結算方式進行貨幣給付及資金清算，其中票據包括銀行匯票、商業匯票、銀行本票、支票四種。企業在進行與其他單位和個人往來款項結算時，可選擇採用的結算方式介紹如下：

(一) 支票

支票是由出票人簽發的、委託辦理支票存款業務的銀行在見票時無條件支付確定

金額給收票人或持票人的票據。

支票分為現金支票、轉帳支票和普通支票三種。現金支票只能用於支付現金。轉帳支票只能用於轉帳。普通支票既可以用於支付現金，又可以用於轉帳。普通支票左上角劃兩條平行線的，為劃線支票，劃線支票只能用於轉帳，不能用於支付現金。支票在同一票據交換區域內使用，起點金額為 100 元，支票的提示付款期為自出票日起 10 天。企業不得簽發空頭支票。轉帳支票可以在票據交換區域內背書轉讓。要素填寫齊全的支票允許掛失止付。

企業進行帳務處理時，付款單位依據支票存根聯，借記有關科目，貸記「銀行存款」科目；收款單位收到支票正本聯時，應填製進帳單，連同支票正本聯到銀行辦理進帳後，取回進帳單回單聯，借記「銀行存款」科目，貸記有關科目。

(二) 銀行本票

銀行本票是銀行簽發的、承諾在見票時無條件支付票面確定金額給收款人或持票人的票據。

銀行本票分為定額本票和不定額本票。定額本票面值為 1,000 元、5,000 元、10,000 元、50,000 元四種。銀行本票在同一票據交換區域內使用。銀行本票的提示付款期為自出票日起最長不超過兩個月。填明「現金」字樣的銀行本票可以掛失止付，未填明「現金」字樣的銀行本票不得掛失止付。

在進行帳務處理時，依據銀行本票申請書存根聯、支票存根聯，借記「其他貨幣資金——銀行本票存款」科目，貸記「銀行存款」科目。付款單位購進材料後，依據購進發票，借記「材料採購」等科目和「應交稅費——應交增值稅」科目，貸記「其他貨幣資金——銀行本票存款」科目；收款單位收到銀行本票時，應填製進帳單，連同銀行本票到銀行辦理進帳後，取回進帳單回單聯，借記「銀行存款」科目，貸記有關科目。

(三) 銀行匯票

銀行匯票是由出票銀行簽發的，承諾其在見票時按照票面註明的實際結算金額無條件支付給收款人或持票人的票據。

銀行匯票一般用於轉帳，註明「現金」的銀行匯票，也可以用於支付現金。銀行匯票的提示付款期為自出票日起一個月。

(四) 匯兌

匯兌是匯款人委託銀行將款項支付給收款人的結算方式，用於異地之間的款項結算。

付款單位應填製匯款憑證，作為銀行劃撥款項的依據。根據取回的匯款憑證回單聯，借記有關科目，貸記「銀行存款」科目；收款單位收到匯款憑證收款通知聯，借記「銀行存款」科目，貸記有關科目。

(五) 委託收款

委託收款是收款人（銷售方）委託銀行向付款人收取款項的結算方式，適用於各

種款項同城和異地之間的結算。

採用委託收款方式，收款方應向銀行提供債權證明，填製委託收款結算憑證，依據取回的回單聯，借記「應收帳款」科目，貸記有關科目。數日後，收到銀行轉回的委託收款的收款通知聯及款項時，借記「銀行存款」科目，貸記「應收帳款」科目。付款單位收到對方填製的由銀行轉來的委託收款付款通知聯時，借記「材料采購」等科目，貸記「銀行存款」科目。

(六) 托收承付

托收承付是根據購銷合同由收款人（銷售方）發貨后委託銀行向異地付款人收取款項、由付款人向銀行承認付款的結算方式。辦理托收承付必須是商品交易及因商品交易而產生的勞務供應款項。代銷、寄銷、賒銷商品款項，不得辦理托收承付結算。

收款單位銷售商品及相應勞務後，填製托收承付結算憑證，連同銷售發票及有關勞務單據以及發運證件送至銀行辦理托收，取回回單聯，借記「應收帳款」科目，貸記「主營業務收入」等科目。數日後，收到銀行轉回的托收承付收款通知聯及款項時，借記「銀行存款」科目，貸記「應收帳款」科目。付款單位收到對方填製的由銀行轉來的托收承付付款通知聯時，借記「材料采購」等科目，貸記「銀行存款」科目。

(七) 商業匯票

商業匯票是由出票人簽發的委託付款人在指定日期無條件支付確定的金額給收款人或持票人的票據。

商業匯票用於有真實交易關係的債權債務結算。商業匯票的付款期最長不得超過6個月，商業匯票的提示付款期為自票據到期日起10天內。商業匯票可以背書轉讓。符合條件的商業匯票的持票人可以持未到期的商業匯票向銀行申請貼現。

商業匯票按承兌人不同，可以分為商業承兌匯票和銀行承兌匯票兩種。

1. 商業承兌匯票

商業承兌匯票是由付款人承兌的商業匯票。銷貨單位應在提示付款期內通過開戶銀行委託收款或直接向付款人提示付款，購進單位應在收到委託收款憑證付款通知聯或於票據到期日及時通過銀行將貨款劃給銷貨單位。如果付款單位無力支付，銀行不負責任。

付款單位用商業承兌匯票購進材料時，借記「材料採購」科目和「應交稅費——應交增值稅」科目，貸記「應付票據」科目；於到期日付款時，借記「應付票據」科目，貸記「銀行存款」科目。收款單位銷售商品時，借記「應收票據」科目，貸記「主營業務收入」科目和「應交稅費——應交增值稅」科目。匯票到期，銷貨企業將票據交存開戶銀行辦理收款手續，收到銀行收款通知時，編製收款憑證，進行帳務處理，借記「銀行存款」科目，貸記「應收票據」科目。

2. 銀行承兌匯票

銀行承兌匯票是由付款人開戶銀行承兌的商業匯票。承兌時，需交付萬分之五的手續費。購貨單位將銀行承兌匯票交給銷貨單位后，應於匯票到期前將款項交存其開戶銀行，銷貨企業應於匯票到期前將匯票連同自己填製的進帳單送交開戶銀行辦理進

帳。如果付款單位於到期日不能支付款項或未能足額支付款項，則由付款單位開戶銀行全額承兌，付款單位不足部分作企業逾期貸款，按每天萬分之五計收罰息。

收款單位銷售商品時，借記「應收票據」科目，貸記「主營業務收入」科目和「應交稅費——應交增值稅」科目。收款單位於商業匯票到期前將銀行承兌匯票連同自己填製的進帳單送交開戶銀行辦理進帳後，借記「銀行存款」科目，貸記「應收票據」科目。付款單位用銀行承兌匯票購進材料時，借記「材料採購」科目和「應交稅費——應交增值稅」科目，貸記「應付票據」科目；於到期日付款時，借記「應付票據」科目，貸記「銀行存款」科目。如果付款單位到期日不能支付款項或未能足額支付款項，則借記「應付票據」科目，貸記「短期借款」科目。

(八) 信用卡

信用卡是銀行、金融機構向信譽良好的單位、個人提供的，能在指定的銀行提取現金，或在指定的商店、飯店、賓館等購物和享受服務時進行記帳結算的一種信用憑證。信用卡是銀行卡的一種，信用卡按使用對象分為單位卡和個人卡，按信用等級分為金卡和普通卡，按是否向銀行交存備用金分為貸記卡和準貸記卡。

(九) 信用證

信用證結算方式是國際結算的一種主要方式。經中國人民銀行批准經營結算業務的商業銀行總行以及商業銀行總行批准開辦信用證結算業務的分支機構，也可以辦理國內企業之間商品交易的信用證結算業務。

三、銀行結算業務的核算

為了總括地反應和監督銀行存款的收入、付出和結存情況，需設立「銀行存款」科目，對銀行存款進行總分類核算。

【實務 2-5】2015 年 3 月 11 日，南方公司採用支票結算方式購入一批材料，價款為20,000元，增值稅為3,400元，材料已經驗收入庫。會計處理如下：

借：原材料   20,000
　　應交稅費——應交增值稅（進項稅額）   3,400
　　貸：銀行存款   23,400

【實務 2-6】2015 年 3 月 18 日，南方公司銷售產品一批，開出增值稅專用發票上註明銷售價款為 30,000 元，增值稅為 5,100 元，收到對方開出的 35,100 元的轉帳支票一張，已送存銀行。會計處理如下：

借：銀行存款   35,100
　　貸：主營業務收入   30,000
　　　　應交稅費——應交增值稅（銷項稅額）   5,100

四、銀行存款帳的核對

在實際工作中，企業的開戶銀行會定期（通常在每月月末）給企業寄來一份銀行對帳單，上面詳細記載了本期企業在該行的銀行存款增減變動和結余情況。企業可以

將本單位的銀行存款日記帳與開戶銀行對帳單進行逐筆核對，以查明帳實是否相符。這種方法稱之為核對帳目法。

那麼企業銀行存款日記帳餘額為什麼會與銀行對帳單餘額不一致？這裡有兩方面的原因：一方面是雙方本身記帳有誤；另一方面是出現了未達帳項。我們在進行帳目核對之前首先應消除記帳方面的錯誤，如果排除了記帳方面的錯誤雙方帳目仍不一致，則說明存在未達帳項。

未達帳項是指企業與銀行之間，由於結算憑證傳遞的時間不同，出現了一方已經登記入帳，而另一方尚未接到有關結算憑證，而未登記入帳的款項。未達帳項存在以下四種情況：

（1）企業已付款入帳，而銀行尚未付款入帳。
（2）企業已收款入帳，而銀行尚未收款入帳。
（3）銀行已付款入帳，而企業尚未付款入帳。
（4）銀行已收款入帳，而企業尚未收款入帳。

【實務2-7】某企業2015年11月30日銀行存款日記帳的餘額為9,000元，銀行對帳單的餘額為10,000元，假設雙方記帳均無誤，核對銀行對帳單所列各項收支活動並與企業銀行存款日記帳比較，發現有下列事項：

（1）11月29日，企業開出轉帳支票一張1,000元，支付某單位貨款。企業已經根據支票存根、發票及收料單等憑證登記銀行存款減少，銀行尚未接到支付款項的憑證，尚未登記銀行存款減少。

（2）11月30日，銀行代企業支付電費500元，銀行已經登記減少，企業尚未接到付款結算憑證，未登記銀行存款減少。

（3）11月30日，企業存入一張銀行匯票2,500元，已經登記銀行存款增加，銀行尚未登記銀行存款增加。

（4）11月30日，銀行收到購貨單位匯來的貨款3,000元，銀行已經登記增加，企業未接到收款憑證，尚未登記銀行存款增加。

我們看到2015年11月30日企業銀行存款日記帳餘額和銀行對帳單餘額不一致。因為雙方記帳均無誤，所以不一致的原因只有一個，即存在未達帳項。

事項（1）屬於企業已付款入帳，而銀行尚未付款入帳。
事項（2）屬於銀行已付款入帳，而企業尚未付款入帳。
事項（3）屬於企業已收款入帳，而銀行尚未收款入帳。
事項（4）屬於銀行已收款入帳，而企業尚未收款入帳。

通過這個例子我們可以看到未達帳項一般有以上四種情況。
編製的銀行存款餘額調節表如表2-1所示：

表2-1　　　　　　　　　　　　　銀行存款餘額調節表
　　　　　　　　　　　　　　　　　2015年11月30日　　　　　　　　　　　　　　單位：元

項目	餘額	項目	餘額
企業銀行存款日記帳餘額	9,000	銀行對帳單餘額	10,000

表2-1(續)

項目	餘額	項目	餘額
加：銀行已記收，企業尚未記收	3,000	加：企業已記收，銀行尚未記收	2,500
減：銀行已記付，企業尚未記付	500	減：企業已記付，銀行尚未記付	1,000
調節後的存款餘額	11,500	調節後的存款餘額	11,500

經過上述調整後的銀行存款餘額，表示企業可動用的銀行存款數額。需要注意的是：「銀行存款餘額調節表」只起到對帳的作用，不能作為調節帳面餘額的憑證。對於因未達帳項而使雙方帳面餘額出現的差異，無需進行帳面調整，待結算憑證到達後再進行帳務處理，登記入帳。

任務三　其他貨幣資金的核算

其他貨幣資金包括外埠存款、銀行本票存款、銀行匯票存款、信用卡存款、信用證保證金存款、存出投資款。其他貨幣資金與銀行存款在存放地點和用途上有所不同。

一、外埠存款的核算

外埠存款是指企業到外地進行臨時或者零星採購時，匯往採購地銀行開立採購專戶的款項。企業匯出款項存入外地時，借記「其他貨幣資金——外埠存款」科目，貸記「銀行存款」科目。支取該存款用后報銷後，借記「在途物資」等科目和「應交稅費——應交增值稅」科目，貸記「其他貨幣資金——外埠存款」科目。

【實務2-8】南方公司2015年10月13日委託當地銀行匯款8,000元給採購地銀行開立臨時採購專戶，用於購進一批材料。根據匯款憑證，南方公司會計處理如下：

借：其他貨幣資金——外埠存款　　　　　　　　　　　8,000
　　貸：銀行存款　　　　　　　　　　　　　　　　　　8,000

【實務2-9】承【實務2-8】，假如南方公司收到採購員交來的供應單位發票帳單等報銷憑證，註明材料價款為5,000元，增值稅為850元，余款轉回當地銀行，材料尚未驗收入庫。南方公司會計處理如下：

借：在途物資　　　　　　　　　　　　　　　　　　　5,000
　　應交稅費——應交增值稅（進項稅額）　　　　　　　850
　　貸：其他貨幣資金——外埠存款　　　　　　　　　　5,850
借：銀行存款　　　　　　　　　　　　　　　　　　　2,150
　　貸：其他貨幣資金——外埠存款　　　　　　　　　　2,150

二、銀行本票存款的核算

銀行本票存款是指企業為取得銀行本票，按照規定存入銀行的款項。

企業將款項送交銀行，依據銀行本票申請書存根聯、支票存根聯，借記「其他貨

幣資金——銀行本票存款」科目，貸記「銀行存款」科目。企業購進材料后，依據購進發票，借記「材料採購」等科目和「應交稅費——應交增值稅」科目，貸記「其他貨幣資金——銀行本票存款」科目；收款單位收到銀行本票時，應填製進帳單，連同銀行本票到銀行辦理進帳后，取回進帳單回單聯，借記「銀行存款」科目，貸記有關科目。

【實務2-10】南方公司2015年7月3日申請辦理銀行本票10,000元，向銀行提交了本票申請書，並將款項交存銀行取得銀行本票。南方公司會計處理如下：

借：其他貨幣資金——銀行本票存款　　　　　　　　　10,000
　　貸：銀行存款　　　　　　　　　　　　　　　　　　　　10,000

三、銀行匯票存款的核算

銀行匯票存款是指企業為取得銀行匯票，按照規定存入銀行的款項。

企業使用銀行匯票支付款項后，應根據發票帳單及開戶銀行轉來的銀行匯票有關副聯等憑證，借記「材料採購」「應交稅費——應交增值稅」科目，貸記「其他貨幣資金——銀行匯票存款」科目。如實際採購支付后銀行匯票有餘額，多餘部分應借記「銀行存款」科目，貸記「其他貨幣資金——銀行匯票存款」科目。匯票因超過付款期限或其他原因未曾使用而退還款項時，應借記「銀行存款」科目，貸記「其他貨幣資金——銀行匯票存款」科目。

【實務2-11】南方公司2015年9月1日申請辦理銀行匯票10,000元，取得銀行匯票后，根據銀行蓋章退回的委託存根聯，進行如下會計處理：

借：其他貨幣資金——銀行匯票存款　　　　　　　　　10,000
　　貸：銀行存款　　　　　　　　　　　　　　　　　　　　10,000

【實務2-12】承【實務2-11】，2015年9月10日，南方公司收到採購員交來的供應單位增值稅專用發票等憑證，註明貨款為8,000元，增值稅為1,360元，材料已驗收入庫，餘款已轉回當地銀行。南方公司會計處理如下：

借：原材料　　　　　　　　　　　　　　　　　　　　　8,000
　　應交稅費——應交增值稅（進項稅額）　　　　　　　1,360
　　銀行存款　　　　　　　　　　　　　　　　　　　　　640
　　貸：其他貨幣資金——銀行匯票存款　　　　　　　　　10,000

四、信用卡存款的核算

信用卡存款是指企業為取得信用卡按照規定存入銀行的款項。企業開出支票連同進帳單送存銀行時，借記「其他貨幣資金——信用卡存款」科目，貸記「銀行存款」科目。支取該存款用后報銷時，借記有關科目，貸記「其他貨幣資金——信用卡存款」科目。

【實務2-13】南方公司在銀行申請領用信用卡，按要求於2015年6月10日向銀行交存備用金20,000元。2015年6月30日，南方公司用信用卡支付該月份電話費3,600元。南方公司會計處理如下：

(1) 6月10日向銀行交存備用金開立信用卡時：
借：其他貨幣資金——信用卡存款　　　　　　　　　　20,000
　　貸：銀行存款　　　　　　　　　　　　　　　　　20,000
(2) 6月30日用信用卡支付電話費時：
借：管理費用　　　　　　　　　　　　　　　　　　　3,600
　　貸：其他貨幣資金——信用卡存款　　　　　　　　3,600

五、信用證保證金存款的核算

信用證保證金存款是指企業為取得信用證按照規定存入銀行的保證金。企業向銀行交納保證金，根據銀行退回的進帳單第一聯編製付款憑證，借記「其他貨幣資金——信用證保證金」科目，貸記「銀行存款」科目；根據開證銀行交來的信用證通知書及有關單據標明的金額，借記「材料採購」等科目，貸記「其他貨幣資金——信用證保證金」科目；企業未用完的信用證保證金餘額轉回開戶銀行時，根據收款通知，借記「銀行存款」科目，貸記「其他貨幣資金——信用證保證金」科目。

六、存出投資款的核算

存出投資款是指企業存入證券公司但尚未進行投資的款項。

企業開出支票向證券公司劃撥款項時，借記「其他貨幣資金——存出投資款」科目，貸記「銀行存款」科目；支取該存款用於投資後，借記「交易性金融資產」等科目，貸記「其他貨幣資金——存出投資款」科目。

【實務2-14】南方公司根據發生的有關存出投資款的業務，進行了如下會計處理：

(1) 2015年2月5日，南方公司將銀行存款1,000,000元存入證券公司，以備購買有價證券。
借：其他貨幣資金——存出投資款　　　　　　　　　1,000,000
　　貸：銀行存款　　　　　　　　　　　　　　　　1,000,000
(2) 2015年3月6日，用存出投資款1,000,000元購入股票作為交易性金融資產。
借：交易性金融資產　　　　　　　　　　　　　　　1,000,000
　　貸：其他貨幣資金——存出投資款　　　　　　　1,000,000

◆ 仿真操作

根據【實務2-1】至【實務2-14】編寫有關的記帳憑證。

◆ 崗位業務認知

利用節假日，尋找實習單位，進行出納崗位的實習。

◆ 工作思考

1. 假設你是企業的出納，談談如何才能保管好庫存現金、有價證券以及有關印章、空白支票、空白收據，以確保企業財產安全。

2. 銀行存款日記帳帳面余額與銀行對帳單余額之間出現不一致的原因主要有哪些方面？應如何進行處理？

3. 銀行結算方式有哪幾種？各有什麼特點？哪些結算方式可以通過「其他貨幣資金」科目進行核算？

4. 企業銀行存款日記帳與銀行對帳單帳實不符的原因是什麼？

5. 為什麼期末對帳時會出現未達帳項？發現未達帳項應如何處理？

6. 如果編製銀行存款余額調節表后雙方的余額仍不相符，應如何處理？

7. 其他貨幣資金包括哪些內容？

8. 銀行支付結算方式有哪幾種？

項目三　往來結算款項業務

往來結算是企業日常購銷業務中不可缺少的環節，也是企業會計工作的重要環節。本項目涉及的主要會計崗位是往來結算崗位。在企業一方面負債水平居高不下，另一方面又沉澱大量債權資產的情況下，作為企業的財會人員尤其是往來核算崗位上的工作人員，應熟悉往來結算管理的策略與技術，掌握往來結算帳務處理的具體方法，加強往來款項的管理，合理調配往來款項之間的關係，及時催收與清算，為企業獲取更大的經濟效益和社會效益。

● 項目工作目標

⊙ 知識目標

掌握應收帳款、應收票據、預付帳款和其他應收款的核算內容及方法；掌握應付帳款、預收帳款和其他應付款的核算內容及方法；能依據相關資料準確計提壞帳準備金；能依據相關資料準確計算票據貼現利息；能獨立完成往來結算相關業務的會計處理。

⊙ 技能目標

通過本項目的學習，會分析和處理應收帳款、應收票據、預付帳款和其他應收款的經濟業務；會分析和處理壞帳的經濟業務；會分析和處理應付帳款、預收帳款和其他應付款的經濟業務。

⊙ 任務引入

遠徵公司是一家上市公司，華遠公司系遠徵公司控股70%的子公司，華遠公司尚處於籌建期，正在進行大規模的基礎設施建設。

註冊會計師張嵐在對遠徵公司的審計中，通過企業貸款信息以及向銀行發函詢證的形式瞭解存款情況、借款情況、擔保情況和相關票據的開具情況等後發現，貸款信息中反應遠徵公司有開具銀行票據的情況，但企業帳面並沒有反應。同時，註冊會計師在對華遠公司的審核中，發現帳面記載對一公司有大額應付款項，華遠公司解釋為企業間的資金拆借，並有相關的借款合同，經查驗記帳憑證后所附的原始憑證，發現款項系由銀行直接劃入，同時附有銀行開具的票據貼現單據。

思考與分析：

（1）華遠公司該項大額應付款項的資金從何而來？該公司的大額應付款與遠徵公司開具的銀行票據有何聯繫？

（2）遠徵公司的處理存在什麼問題？

⊙ 進入任務

子項目一　應收及預付款項
　任務一　應收票據業務
　任務二　應收帳款業務
　任務三　預付帳款業務
　任務四　其他應收款業務
　任務五　應收款項的減值
子項目二　應付及預收款項
　任務一　應付票據業務
　任務二　應付帳款業務
　任務三　應付利息業務
　任務四　預收帳款業務
　任務五　其他應付款業務

子項目一　應收及預付款項

應收及預付款項是指企業在日常生產經營過程中發生的各項債權，包括應收款項和預付款項。應收款項包括應收票據、應收帳款和其他應收款等；預付款項則是指企業按照合同規定預付的款項，如預付帳款等。

任務一　應收票據業務

一、應收票據概述

(一) 應收票據的含義

應收票據是指企業因銷售商品、提供勞務等而收到的商業匯票。在我國，除商業匯票外，大部分票據都是即期票據，即可以立刻收款或存入銀行成為貨幣資金，不需要作為應收票據。因此，我國應收票據是指商業匯票。商業匯票是一種由出票人簽發的，委託付款人（銀行或企業）在指定日期無條件支付確定金額給收款人或者持票人的票據。商業匯票的付款期限最長不超過 6 個月。商業匯票的提示付款期限為自匯票到期日起 10 日。

(二) 應收票據的分類

(1) 根據承兌人的不同，商業匯票分為商業承兌匯票和銀行承兌匯票。

商業承兌匯票是指由付款人簽發並承兌，或由收款人簽發交由付款人承兌的匯票。

銀行承兌匯票是指由在承兌銀行開立存款帳戶的存款人（這裡也是出票人）簽發，由承兌銀行承兌的票據。企業申請使用該匯票，應向承兌銀行按票面金額的萬分之五

交納手續費。

（2）根據是否帶息，商業匯票分為不帶息應收票據和帶息應收票據。

二、應收票據的核算

為了總括地反應和監督企業的應收票據的取得、收回、貼現等業務，企業應當設置「應收票據」科目。該科目借方登記取得的應收票據的面值，貸方登記到期收回票款或者到期前向銀行貼現的應收票據的票面餘額，期末餘額在借方反應企業持有的商業匯票的票面金額。

（一）取得應收票據和收回到期票款

應收票據取得的原因不同，其會計處理亦有所區別。因債務人抵償前欠貨款而取得的應收票據，借記「應收票據」科目，貸記「應收帳款」科目；因企業銷售商品、提供勞務等而收到或開出承兌的商業匯票，借記「應收票據」科目，貸記「主營業務收入」「應交稅費——應交增值稅（銷項稅額）」等科目。

商業匯票到期收回款項時，應按實際收到的金額，借記「銀行存款」科目，貸記「應收票據」科目。

【實務 3-1】遠徵公司 2015 年 3 月 1 日向乙公司銷售一批產品，貨款為 1,500,000 元，尚未收到，已辦妥托收手續，適用的增值稅稅率為 17%。遠徵公司會計處理如下：

借：應收帳款　　　　　　　　　　　　　　　　　　1,755,000
　　貸：主營業務收入　　　　　　　　　　　　　　　　1,500,000
　　　　應交稅費——應交增值稅（銷項稅額）　　　　　　255,000

【實務 3-2】2015 年 3 月 15 日，遠徵公司收到乙公司寄來的一張 3 個月到期的商業承兌匯票，面值為 1,755,000 元，抵付產品貨款。遠徵公司會計處理如下：

借：應收票據　　　　　　　　　　　　　　　　　　1,755,000
　　貸：應收帳款　　　　　　　　　　　　　　　　　　1,755,000

【實務 3-3】2015 年 6 月 15 日，遠徵公司上述應收票據到期收回票面金額 1,755,000 元，存入銀行。遠徵公司會計處理如下：

借：銀行存款　　　　　　　　　　　　　　　　　　1,755,000
　　貸：應收票據　　　　　　　　　　　　　　　　　　1,755,000

（二）應收票據的背書轉讓

在實務中，企業可以將其持有的商業匯票背書轉讓。背書是指在票據的背面或粘單上記載有關事項並簽章的票據行為。

企業將持有的商業匯票背書轉讓以取得所需物資時，按應計入取得物資成本的金額，借記「材料採購」「原材料」「庫存商品」等科目，按增值稅專用發票上註明的可抵扣的增值稅額，借記「應交稅費——應交增值稅（進項稅額）」科目，按商業匯票的票面金額，貸記「應收票據」科目，如有差額，借記或貸記「銀行存款」等科目。

【實務 3-4】承【實務 3-2】，假定遠徵公司於 4 月 15 日將上述應收票據背書轉讓，以取得生產經營所需的 A 材料，該材料價款為 1,500,000 元，適用的增值稅稅率

為17%。遠徵公司會計處理如下：

借：原材料　　　　　　　　　　　　　　　　　　　　　1,500,000
　　應交稅費——應交增值稅（進項稅額）　　　　　　　　　255,000
　貸：應收票據　　　　　　　　　　　　　　　　　　　　　　1,755,000

【實務3-5】若【實務3-4】中材料A的價款是1,000,000元，適用的增值稅稅率為17%，差額部分已收到並存入銀行。遠徵公司會計處理如下：

借：原材料　　　　　　　　　　　　　　　　　　　　　1,000,000
　　應交稅費——應交增值稅（進項稅額）　　　　　　　　　170,000
　　銀行存款　　　　　　　　　　　　　　　　　　　　　　585,000
　貸：應收票據　　　　　　　　　　　　　　　　　　　　　　1,755,000

【實務3-6】若【實務3-4】中材料A的價款是1,600,000元，適用的增值稅稅率為17%，差額部分以銀行存款支付。遠徵公司會計處理如下：

借：原材料　　　　　　　　　　　　　　　　　　　　　1,600,000
　　應交稅費——應交增值稅（進項稅額）　　　　　　　　　272,000
　貸：應收票據　　　　　　　　　　　　　　　　　　　　　　1,755,000
　　　銀行存款　　　　　　　　　　　　　　　　　　　　　　117,000

（三）應收票據的貼現

貼現是指企業將尚未到期的應收票據轉讓給銀行，由銀行按票據的到期價值扣除貼現日至票據到期日的利息後，將餘額付給企業的融資行為。其實質是銀行按票據的到期價值對企業發放的抵押貸款，但預先扣除了貸款的利息，而不是等到貸款歸還時才扣除貸款利息。應收票據的貼現根據票據的風險是否轉移分為兩種情況，一種帶追索權，貼現企業在法律上負連帶責任；另一種不帶追索權，貼現企業將應收票據上的風險和未來經濟利益全部轉讓給銀行。

1. 應收票據貼現淨額的計算

貼現息＝票據到期價值×貼現率×貼現期

貼現淨額＝票據到期值－貼現息

其中：票據到期值＝票據面值（不帶息票據）

　　　　　　　　＝票據面值＋利息（帶息票據）

貼現期為從貼現日至票據到期日前一天的時期，貼現率為銀行統一制定的利率。

2. 應收票據貼現的核算

（1）帶追索權的票據貼現。企業以取得的應收票據向銀行等金融機構申請貼現，如企業與銀行等金融機構簽訂的協議中規定，在貼現的應收債權到期，債務人未按期償還時，申請貼現的企業負有向銀行等金融機構還款的責任，這種貼現為帶追索權的票據貼現。根據實質重於形式的原則，該類貼現從實質上看，與所貼現應收債權有關的風險和報酬並未轉移，應收債權可能產生的風險仍由申請貼現的企業承擔，屬於以應收債權為質押取得的借款，申請貼現的企業應按照以應收債權為質押取得借款的規定進行會計處理。

貼現時的基本會計處理為借「銀行存款」「財務費用（實際支付的手續費）」科目，貸「短期借款」科目。

【實務 3-7】遠徵公司收到購貨單位交來 2014 年 12 月 31 日簽發的不帶息商業票據一張，金額為 900,000 元，承兌期限為 5 個月。2015 年 1 月 31 日，遠徵公司持匯票向銀行申請貼現，帶追索權，年貼現率為 5%。遠徵公司會計處理如下：

到期值 = 900,000（元）

貼現息 = 900,000×5%×4÷12 = 15,000（元）

貼現淨額 = 900,000 − 15,000 = 885,000（元）

借：銀行存款	885,000
財務費用	15,000
貸：短期借款	900,000

【實務 3-8】承【實務 3-7】，若為帶息票據，票面利率為 4%，其余條件相同。遠徵公司會計處理如下：

2015 年 1 月 31 日期末計提利息時：

借：應收票據	3,000
貸：財務費用	3,000

到期值 = 900,000×(1+4%×5÷12) = 915,000（元）

貼現息 = 915,000×5%×4÷12 = 15,250（元）

貼現淨額 = 915,000 − 15,250 = 899,750（元）

借：銀行存款	899,750
財務費用	15,250
貸：短期借款	915,000

這裡是比照以取得的應收帳款等應收債權向銀行等金融機構申請貼現的會計處理，因為到期承兌人無力支付款項，銀行要收取的款項是 915,000 元，先將貼現息作財務費用處理更加符合會計核算原則。

票據到期，承兌人按期付款。基本會計處理應為借「短期借款」科目，貸「應收票據（應收票據帳面價值）」「財務費用（未結算入帳的利息）」科目。

【實務 3-9】承【實務 3-7】，票據到期，承兌人按期付款。遠徵公司 2015 年 2~4 月已計提應收票據利息，2015 年 5 月 31 日尚未計提應收票據利息。遠徵公司會計處理如下：

2015 年 2~4 月計提應收票據利息基本會計處理同【實務 3-8】，每月計提利息 3,000 元衝減財務費用。票據到期，承兌人按期付款的基本會計處理為：

借：短期借款	915,000
貸：應收票據（應收票據帳面價值）	912,000
財務費用（未結算入帳的利息）	3,000

若到期承兌人無力支付款項，銀行將支款通知隨同匯票、付款人未付票款通知書送交申請貼現的企業，貼現企業有義務將有關款項按票據的到期值支付給銀行。會計處理為借「應收帳款（面值與票據利息之和）」科目，貸「應收票據（應收票據帳面

價值)」「財務費用（未結算入帳的利息）」科目，同時借「短期借款」科目，貸「銀行存款（銀行扣款金額）」科目。

【實務3-10】承【實務3-7】，票據到期時，因承兌人的銀行帳戶不足支付，遠徵公司現已收到銀行退回的應收票據、支款通知和付款人未付票款通知書。遠徵公司2015年1~5月已計提應收票據利息。遠徵公司會計處理如下：

2015年1~5月已計提應收票據利息基本會計處理同【實務3-8】，每月計提利息3,000元衝減財務費用。票據到期，承兌人無力支付款項的基本會計處理為：

借：應收帳款（面值與票據利息之和）　　　　　　　　　　915,000
　　貸：應收票據（應收票據帳面價值）　　　　　　　　　　915,000
同時不再計提應收票據利息。
借：短期借款　　　　　　　　　　　　　　　　　　　　　915,000
　　貸：銀行存款（銀行扣款金額）　　　　　　　　　　　　915,000

【實務3-11】承【實務3-9】，如果承兌人「銀行存款」帳戶餘額僅為500,000元，其餘條件相同。遠徵公司會計處理如下：

借：應收帳款（面值與票據利息之和）　　　　　　　　　　915,000
　　貸：應收票據（應收票據帳面價值）　　　　　　　　　　915,000
借：短期借款　　　　　　　　　　　　　　　　　　　　　500,000
　　貸：銀行存款　　　　　　　　　　　　　　　　　　　　500,000

（2）不帶追索權的票據貼現。如果企業與銀行等金融機構簽訂的協議中規定，在貼現的應收債權到期，債務人未按期償還，申請貼現的企業不負有任何償還責任時，應視同應收債權的出售。企業將應收票據上的風險和未來經濟利益全部轉讓給銀行，衝減應收票據的帳面價值，應收票據貼現值（即貼現所得金額）與帳面價值之差額計入「財務費用」科目（可能在借方，也可能在貸方）。對已貼現的無追索權的商業匯票到期，貼現企業不承擔連帶償付責任，不進行任何會計處理。

協議中沒有約定預計將發生的銷售退回和銷售折讓（包括現金折扣）的金額。貼現時的基本會計處理為借「銀行存款（貼現所得金額）」科目，借或貸「財務費用（貼現所得金額與帳面價值之差額）」科目，貸「應收票據（應收票據的帳面價值）」科目。

【實務3-12】遠徵公司收到購貨單位交來2014年12月31日簽發的帶息商業票據一張，票面利率為4%，金額為900,000元，承兌期限為5個月，不帶追索權。2015年1月31日，遠徵公司持匯票向銀行申請貼現，年貼現率為5%。遠徵公司會計處理如下：

到期值＝900,000×(1+4%×5÷12)＝915,000（元）
貼現息＝915,000×5%×4÷12＝15,250（元）
貼現淨額＝915,000-15,250＝899,750（元）
2015年1月31日期末計提利息
借：應收票據　　　　　　　　　　　　　　　　　　　　　3,000
　　貸：財務費用　　　　　　　　　　　　　　　　　　　　3,000

貼現時：
借：銀行存款　　　　　　　　　　　　　　　　　　　899,750
　　財務費用　　　　　　　　　　　　　　　　　　　　3,250
　　貸：應收票據　　　　　　　　　　　　　　　　　　　　903,000

協議中約定預計將發生的銷售退回和銷售折讓（包括現金折扣）的金額。貼現時的基本會計處理為借「銀行存款（貼現所得金額）」「其他應收款（協議中約定預計將發生的銷售退回和銷售折讓，包括現金折扣）」科目，借或貸「財務費用（貼現所得金額加上預計將發生的銷售退回和銷售折讓與帳面價值之差額）」科目，貸「應收票據（應收票據的帳面價值）」科目。

對已貼現的不帶追索權的商業匯票到期，貼現企業不承擔連帶償付責任，不進行任何會計處理。

任務二　應收帳款業務

一、應收帳款概述

(一) 應收帳款的含義

應收帳款是指企業因銷售商品、提供勞務等經營活動，應向購貨單位或接受勞務單位收取的款項，主要包括企業銷售商品或提供勞務等應向有關債務人收取的價款及代購貨單位墊付的包裝費、運雜費等。

(二) 應收帳款的入帳價值

應收帳款的入帳價值包括銷售商品或提供勞務從購貨方或接受勞務方應收的合同或協議價款（應收的合同或協議價款不公允的除外）、增值稅銷項稅額以及代購貨單位墊付的包裝費、運雜費等。在商業活動中，經常會存在商業折扣、現金折扣條件，這兩種情況的入帳價值為存在商業折扣時，按折扣后的應收金額入帳；存在現金折扣時，按原應收金額入帳，收回金額小於應收金額，差額作為財務費用。

二、應收帳款的核算

為了反應和監督應收帳款的增減變動及其結存情況，企業應設置「應收帳款」科目；不單獨設置「預收帳款」科目的企業，預收的帳款也在「應收帳款」科目核算。「應收帳款」科目借方登記應收帳款的增加，貸方登記應收帳款的收回及確認的壞帳損失，期末余額一般在借方，反應企業尚未收回的應收帳款；如果期末余額在貸方，則反應企業預收的帳款。

(一) 應收帳款的一般核算

企業銷售商品等發生應收款項時，借記「應收帳款」科目，貸記「主營業務收入」「應交稅費——應交增值稅（銷項稅額）」等科目；收回應收帳款時，借記「銀行

存款」等科目，貸記「應收帳款」科目。

企業代購貨單位墊付包裝費、運雜費時，借記「應收帳款」科目，貸記「銀行存款」等科目；收回代墊費用時，借記「銀行存款」科目，貸記「應收帳款」科目。

如果企業應收帳款改用應收票據結算，在收到承兌的商業匯票時，借記「應收票據」科目，貸記「應收帳款」科目。

【實務 3-13】遠徵公司採用托收承付結算方式向乙公司銷售商品一批，貨款為 300,000 元，增值稅為 51,000 元，以銀行存款代墊運雜費 6,000 元，已辦理托收手續。遠徵公司會計處理如下：

借：應收帳款　　　　　　　　　　　　　　　　　　　357,000
　貸：主營業務收入　　　　　　　　　　　　　　　　　300,000
　　　應交稅費——應交增值稅（銷項稅額）　　　　　　 51,000
　　　銀行存款　　　　　　　　　　　　　　　　　　　　6,000

遠徵公司實際收到款項時，應編製如下會計分錄：

借：銀行存款　　　　　　　　　　　　　　　　　　　357,000
　貸：應收帳款　　　　　　　　　　　　　　　　　　　357,000

企業應收帳款改用應收票據結算，在收到承兌的商業匯票時，借記「應收票據」科目，貸記「應收帳款」科目。

【實務 3-14】遠徵公司收到丙公司交來商業承兌匯票一張，面值 10,000 元，用以償還其前欠貨款。遠徵公司會計處理如下：

借：應收票據　　　　　　　　　　　　　　　　　　　 10,000
　貸：應收帳款　　　　　　　　　　　　　　　　　　　 10,000

(二) 商業折扣

商業折扣是對商品價目單中所列的商品價格，根據批發、零售、特約經銷等不同銷售對象，給予一定的折扣優惠。商業折扣通常用百分數表示，如 5%、10% 等，扣減商業折扣後的價格才是商品的實際售價。一般情況下，商業折扣都直接從商品的價目單價中扣減，購買單位應付的貨款和銷售單位應收的貨款，都直接根據扣減商業折扣以後的價格來計算。因此，商業折扣對企業的會計記錄沒有影響，在存在商業折扣的情況下，企業應按扣除商業折扣後的實際售價確認收入。

【實務 3-15】遠徵公司向甲公司銷售商品一批，售價為 10,000 元，商業折扣為 10%，折扣為 1,000 元，增值稅稅率為 17%。遠徵公司會計處理如下：

借：應收帳款——甲公司　　　　　　　　　　　　　　 10,530
　貸：主營業務收入　　　　　　　　　　　　　　　　　 9,000
　　　應交稅費——應交增值稅（銷項稅額）　　　　　　 1,530

(三) 現金折扣

現金折扣是企業為了鼓勵客戶提前償付貨款而規定的債務人在不同期限內付款可享受不同比例的折扣。一般用符號「折扣/付款期限」表示，如「2/10」表示 10 天內付款可按售價給予 2% 的折扣。

現金折扣實際上是一種信用政策，發生在銷售業務成立之後。也就是說，現金折扣不影響銷售發票上開具的銷售價格，只影響實際收回的貨款的數額。因此，現金折扣的存在不會影響收入的確認，在有現金折扣的情況下，我國會計實務中通常採用總價法，即按未扣除現金折扣前的應收帳款全額入帳，付款企業在折扣期內付款，銷售企業給予對方的現金折扣作為當期的財務費用，計入當期損益。

【實務 3-16】遠徵公司於 2015 年 3 月 5 日向甲公司銷售商品一批，售價為100,000元，增值稅稅率為 17%，雙方約定採用現金折扣方式，折扣條件為「2/10，1/20，0/30」，增值稅享受現金折扣。遠徵公司會計處理如下：

（1）賒銷時：
借：應收帳款——甲公司　　　　　　　　　　　　　117,000
　貸：主營業務收入　　　　　　　　　　　　　　　100,000
　　　應交稅費——應交增值稅（銷項稅額）　　　　 17,000

（2）若遠徵公司於 3 月 15 日收到甲公司貨款：
借：銀行存款　　　　　　　　　　　　　　　　　　114,660
　　財務費用　　　　　　　　　　　　　　　　　　　2,340
　貸：應收帳款——甲公司　　　　　　　　　　　　117,000

（3）若遠徵公司於 3 月 25 日收到甲公司貨款：
借：銀行存款　　　　　　　　　　　　　　　　　　115,830
　　財務費用　　　　　　　　　　　　　　　　　　　1,170
　貸：應收帳款——甲公司　　　　　　　　　　　　117,000

任務三　預付帳款業務

一、預付帳款概述

預付帳款是指企業按照有關合同，預先支付給供貨方（包括提供勞務者）的款項。預付帳款和應收帳款都屬於企業的短期債權，但二者產生的原因不同。應收帳款是企業銷售後應收的銷貨款；預付帳款是預先支付給供貨方企業的購貨款。應收帳款債權的實現方式是收回相應的貨幣；預付帳款債權的實現方式則是收回相應的貨物。

二、預付帳款的核算

企業應當設置「預付帳款」科目，核算預付帳款的增減變動及其結存情況；預付款項情況不多的企業，可以不設置「預付帳款」科目，而直接通過「應付帳款」科目核算。

預付帳款的核算包括預付款項和收到貨物兩個方面。

企業根據購貨合同的規定向供應單位預付款項時，借記「預付帳款」科目，貸記「銀行存款」科目。

企業收到所購物資，按應計入購入物資成本的金額，借記「材料採購」「原材料」

「庫存商品」「應交稅費——應交增值稅（進項稅額）」等科目，貸記「預付帳款」科目；當預付貨款小於採購貨物所需支付的款項時，應將不足部分補付，借記「預付帳款」科目，貸記「銀行存款」科目；當預付貨款大於採購貨物所需支付的款項時，對收回的多餘款項應借記「銀行存款」科目，貸記「預付帳款」科目。

【實務 3-17】遠徵公司是增值稅一般納稅人企業，向乙公司採購材料 5,000 千克，每千克價格為 10 元，所需支付的款項總額為 50,000 元。按照合同規定，遠徵公司向乙公司預付貨款的 50%，驗收貨物後補付其餘款項。遠徵公司會計處理如下：

(1) 預付 50%的貨款時：

借：預付帳款——乙公司　　　　　　　　　　　　　25,000
　　貸：銀行存款　　　　　　　　　　　　　　　　　25,000

(2) 收到乙公司發來的 5,000 千克材料，驗收無誤，增值稅專用發票記載的貨款為 50,000 元，增值稅稅額為 8,500 元。甲公司以銀行存款補付所欠款項 33,500 元。

借：原材料　　　　　　　　　　　　　　　　　　　50,000
　　應交稅費——應交增值稅（進項稅額）　　　　　　8,500
　　貸：預付帳款——乙公司　　　　　　　　　　　　58,500
借：預付帳款——乙公司　　　　　　　　　　　　　33,500
　　貸：銀行存款　　　　　　　　　　　　　　　　　33,500

任務四　其他應收款業務

一、其他應收款概述

其他應收款是指企業除應收票據、應收帳款、預付帳款等以外的其他各種應收及暫付款項。其主要內容包括：

(1) 應收的各種賠款、罰款，如因企業財產等遭受意外損失而應向有關保險公司收取的賠款等。

(2) 應收的出租包裝物租金。

(3) 應向職工收取的各種墊付款項，如為職工墊付的水電費、應由職工負擔的醫藥費、房租費等。

(4) 存出保證金，如租入包裝物支付的押金。

(5) 其他各種應收、暫付款項。

二、其他應收款的核算

為了反應其他應收款的增減變動及其結存情況，企業應當設置「其他應收款」科目進行核算。「其他應收款」科目的借方登記其他應收款的增加，貸方登記其他應收款的收回，期末餘額一般在借方，反應企業尚未收回的其他應收款項。

企業發生其他應收款時，借記「其他應收款」科目，貸記「庫存現金」「銀行存款」等科目；收回或轉銷其他應收款時，借記「庫存現金」「銀行存款」「應付職工薪

酬」等科目，貸記「其他應收款」科目。

【實務 3-18】遠徵公司在採購過程中發生材料毀損，按保險合同規定，應由保險公司賠償損失 30,000 元，賠款尚未收到。遠徵公司會計處理如下：

借：其他應收款——保險公司　　　　　　　　　　　　　　　30,000
　　貸：材料採購　　　　　　　　　　　　　　　　　　　　　　30,000

【實務 3-19】承【實務 3-18】，上述保險公司賠款如數收到。遠徵公司會計處理如下：

借：銀行存款　　　　　　　　　　　　　　　　　　　　　　　30,000
　　貸：其他應收款——保險公司　　　　　　　　　　　　　　　30,000

【實務 3-20】遠徵公司以銀行存款替副總經理墊付應由其個人負擔的醫療費 5,000 元，擬從其工資中扣回。遠徵公司會計處理如下：

（1）墊支時：
借：其他應收款　　　　　　　　　　　　　　　　　　　　　　5,000
　　貸：銀行存款　　　　　　　　　　　　　　　　　　　　　　5,000
（2）扣款時：
借：應付職工薪酬　　　　　　　　　　　　　　　　　　　　　5,000
　　貸：其他應收款　　　　　　　　　　　　　　　　　　　　　5,000

【實務 3-21】遠徵公司租入包裝物一批，以銀行存款向出租方支付押金 10,000 元。遠徵公司會計處理如下：

借：其他應收款——存出保證金　　　　　　　　　　　　　　　10,000
　　貸：銀行存款　　　　　　　　　　　　　　　　　　　　　　10,000

【實務 3-22】承【實務 3-21】，租入包裝物按期如數退回，遠徵公司收到出租方退還的押金 10,000 元，已存入銀行。遠徵公司會計處理如下：

借：銀行存款　　　　　　　　　　　　　　　　　　　　　　　10,000
　　貸：其他應收款——存出保證金　　　　　　　　　　　　　　10,000

任務五　應收款項的減值

一、應收款項減值損失的確認

企業的各種應收款項可能會因購貨人拒付、破產、死亡等原因而無法收回。這類無法收回的應收款項就是壞帳。因壞帳而遭受的損失為壞帳損失。企業應當在資產負債表日對應收款項的帳面價值進行檢查，有客觀證據表明應收款項發生減值的，應當將該應收款項的帳面價值減記至預計未來現金流量現值，減記的金額確認減值損失，計提壞帳準備。確定應收款項減值有兩種方法，即直接轉銷法和備抵法。我國企業會計準則規定採用備抵法確定應收款項的減值。

（一）直接轉銷法

採用直接轉銷法時，日常核算中應收款項可能發生的壞帳損失不予考慮，只有在

實際發生壞帳時，才作為損失計入當期損益，同時衝銷應收款項，借記「資產減值損失」科目，貸記「應收帳款」科目。

【實務3-23】遠徵公司2013年發生的一筆20,000元的應收帳款，長期無法收回，於2015年年末確認為壞帳。遠徵公司會計處理如下：

借：資產減值損失——壞帳損失　　　　　　　　　　　20,000
　　貸：應收帳款　　　　　　　　　　　　　　　　　　　　20,000

（二）備抵法

備抵法是採用一定的方法按期估計壞帳損失，計入當期費用，同時建立壞帳準備，待壞帳實際發生時，衝銷已提的壞帳準備和相應的應收款項。採用這種方法，壞帳損失計入同一期間的損益，體現了配比原則的要求，避免了企業「明盈實虧」，在報表上列示了應收款項淨額，使報表使用者能瞭解企業應收款項的可變現金額。

二、壞帳準備的帳務處理

已確認並轉銷的應收款項以後又收回的，應當按照實際收到的金額增加壞帳準備的帳面餘額。已確認並轉銷的應收款項以後又收回時，借記「應收帳款」「其他應收款」等科目，貸記「壞帳準備」科目；同時，借記「銀行存款」科目，貸記「應收帳款」「其他應收款」等科目。也可以按照實際收回的金額，借記「銀行存款」科目，貸記「壞帳準備」科目。

壞帳準備可按以下公式計算：

當期應計提的壞帳準備＝當期按應收款項計算應提壞帳準備金額－（或＋）「壞帳準備」科目的貸方（或借方）餘額

企業計提壞帳準備時，按應減記的餘額，借記「資產減值損失——計提的壞帳準備」科目，貸記「壞帳準備」科目。衝減多計提的壞帳準備時，借記「壞帳準備」科目，貸記「資產減值損失——計提的壞帳準備」科目。

【實務3-24】2014年12月31日，遠徵公司對應收丙公司的帳款進行減值測試。應收帳款餘額合計為1,000,000元，遠徵公司根據丙公司的資信情況確定應計提100,000元壞帳準備。遠徵公司會計處理如下：

借：資產減值損失——計提的壞帳準備　　　　　　　　100,000
　　貸：壞帳準備　　　　　　　　　　　　　　　　　　　　100,000

企業確實無法收回的應收款項按管理權限報經批准後作為壞帳轉銷時，應當衝減已計提的壞帳準備。已確認並轉銷的應收款項以後又收回的，應當按照實際收到的金額增加壞帳準備的帳面餘額。企業發生壞帳損失時，借記「壞帳準備」科目，貸記「應收帳款」「其他應收款」等科目。

【實務3-25】遠徵公司2015年對丙公司的應收帳款實際發生壞帳損失30,000元，確認壞帳損失。遠徵公司會計處理如下：

借：壞帳準備　　　　　　　　　　　　　　　　　　　　30,000
　　貸：應收帳款　　　　　　　　　　　　　　　　　　　　30,000

【實務 3-26】承【實務 3-24】和【實務 3-25】，假設遠徵公司 2015 年年末應收內公司的帳款金額為 1,200,000 元，經減值測試，遠徵公司決定應計提 120,000 壞帳準備。

根據甲公司壞帳核算方法，其「壞帳準備」科目應保持的貸方余額為 120,000 元。計提壞帳準備前，「壞帳準備」科目的實際余額為貸方 70,000（100,000-30,000）元。因此，本年年末應計提的壞帳準備金額為 50,000（120,000-70,000）元。遠徵公司會計處理如下：

借：資產減值損失——計提的壞帳準備　　　　　　50,000
　　貸：壞帳準備　　　　　　　　　　　　　　　　　　50,000

已確認並轉銷的應收款項以後又收回的，應當按照實際收到的金額增加壞帳準備的帳面余額。已確認並轉銷的應收款項以後又收回時，借記「應收帳款」「其他應收款」等科目，貸記「壞帳準備」科目；同時，借記「銀行存款」科目，貸記「應收帳款」「其他應收款」等科目。也可以按照實際收回的金額，借記「銀行存款」科目，貸記「壞帳準備」科目。

【實務 3-27】遠徵公司 2015 年 4 月 20 日收到 2014 年已轉銷的壞帳 20,000 元，已存入銀行。遠徵公司會計處理如下：

借：應收帳款　　　　　　　　　　　　　　　　　20,000
　　貸：壞帳準備　　　　　　　　　　　　　　　　　20,000
借：銀行存款　　　　　　　　　　　　　　　　　20,000
　　貸：應收帳款　　　　　　　　　　　　　　　　　20,000
或：
借：銀行存款　　　　　　　　　　　　　　　　　20,000
　　貸：壞帳準備　　　　　　　　　　　　　　　　　20,000

子項目二　應付及預收款項

任務一　應付票據業務

一、應付票據概述

應付票據是企業購買材料、商品和接受勞務供應等而開出、承兌的商業匯票，包括商業承兌匯票和銀行承兌匯票。企業應當設置「應付票據備查簿」，詳細登記每一應付票據的種類、號數、簽發日期、到期日、票面金額、票面利率、合同交易號、收款人姓名或單位名稱以及付款日期和金額等資料。應付票據到期結清時應當在備查簿內逐筆註銷。

企業應通過「應付票據」科目核算應付票據的發生、償付等情況。該科目貸方登

記開出、承兌匯票的面值及帶息票據的預提利息，借方登記支付票據的金額，餘額在貸方，表示企業尚未到期的商業匯票的票面金額和應計未付的利息。

二、應付票據的核算

企業因購買材料、商品和接受勞務供應等而開出、承兌的商業匯票，應當按其票面金額作為應付票據的入帳金額，借記「材料採購」「庫存商品」「應付帳款」「應交稅費——應交增值稅（進項稅額）」等科目，貸記「應付票據」科目。企業支付的銀行承兌匯票手續費應當計入財務費用，借記「財務費用」科目，貸記「銀行存款」科目。

企業開出、承兌的帶息票據，應於期末計算應付利息，計入當期財務費用，借記「財務費用」科目，貸記「應付票據」科目。

應付票據到期支付票款時，應按票面金額予以結轉，借記「應付票據」科目，貸記「銀行存款」科目。應付商業承兌匯票到期，如企業無力支付票款，應將應付票據按票面金額轉作應付帳款，借記「應付票據」科目，貸記「應付帳款」科目。應付銀行承兌匯票到期，如企業無力支付票款，應將應付票據的票面金額轉作短期借款，借記「應付票據」科目，貸記「短期借款」科目。

【實務 3-28】遠徵公司為增值稅一般納稅人企業。該企業 2015 年 2 月 6 日開出並承兌一張面值為 58,500 元、期限為 5 個月的不帶息商業承兌匯票，用以採購一批材料，材料已收到，按計劃成本核算。增值稅專用發票上註明的材料價款為 50,000 元，增值稅稅額為 8,500 元。遠徵公司會計處理如下：

借：材料採購　　　　　　　　　　　　　　　　　　　50,000
　　應交稅費——應交增值稅（進項稅額）　　　　　　 8,500
　　貸：應付票據　　　　　　　　　　　　　　　　　　58,500

【實務 3-29】承【實務 3-28】，假設上述商業承兌匯票為銀行承兌匯票，遠徵公司已經付承兌手續費 29.25 元。遠徵公司會計處理如下：

借：財務費用　　　　　　　　　　　　　　　　　　　29.25
　　貸：銀行存款　　　　　　　　　　　　　　　　　　29.25

【實務 3-30】承【實務 3-28】，2015 年 7 月 6 日，遠徵公司於 2 月 6 日開出的商業承兌匯票到期，遠徵公司通知其開戶銀行以銀行存款支付票款。遠徵公司會計處理如下：

借：應付票據　　　　　　　　　　　　　　　　　　　58,500
　　貸：銀行存款　　　　　　　　　　　　　　　　　　58,500

【實務 3-31】承【實務 3-28】，假設上述商業承兌匯票為銀行承兌匯票，該匯票到期時遠徵公司無力支付票款。遠徵公司會計處理如下：

借：應付票據　　　　　　　　　　　　　　　　　　　58,500
　　貸：短期借款　　　　　　　　　　　　　　　　　　58,500

【實務 3-32】2015 年 3 月 1 日，遠徵公司開出帶息商業承兌匯票一張，面值為 320,000 元，用於抵付其前欠 H 公司的貨款。該商業承兌匯票票面年利率為 6%，期限

為 3 個月。遠徵公司會計處理如下：
  借：應付帳款——H 公司   320,000
   貸：應付票據   320,000

【實務 3-33】承【實務 3-32】，3 月 31 日，遠徵公司計算出帶息應付票據應計利息。遠徵公司會計處理如下：

3 月份應計提的應付票據利息＝320,000×6%÷12＝1,600（元）
  借：財務費用   1,600
   貸：應付票據   1,600

4 月末和 5 月末的會計處理同上。

【實務 3-34】承【實務 3-32】，6 月 1 日，遠徵公司開出的帶息商業承兌匯票到期，遠徵公司以銀行存款全額支付到期票款和 3 個月的票據利息。遠徵公司會計處理如下：

該商業承兌匯票到期應償還的金額＝本金＋利息＝320,000＋320,000×6%÷12×3
           ＝324,800（元）
  借：應付票據   324,800
   貸：銀行存款   324,800

【實務 3-35】承【實務 3-32】，6 月 1 日，帶息商業承兌匯票到期，遠徵公司無力支付票款，應將應付票據的帳面餘額轉入「應付帳款」科目。遠徵公司會計處理如下：
  借：應付票據   324,800
   貸：應付帳款   324,800

任務二　應付帳款業務

一、應付帳款概述

  應付帳款是企業因購買材料、商品或接受勞務等經營活動應支付的款項。應付帳款作為買賣雙方在購銷活動中由於取得物資與支付的時間上不一致而產生的負債。應付帳款與應付票據不同，兩者雖然都是由於交易而引起的負債，都屬於流動負債，但應付帳款是尚未結清的債務，而應付票據是一種期票，是延期付款的證明，有承諾付款的票據作為憑據。

  企業應通過「應付帳款」科目核算應付帳款的發生、償還、轉銷等情況。該科目貸方登記企業購買材料、商品和接受勞務等而發生的應付帳款；借方登記償還的應付帳款，或開出商業匯票抵付應付帳款的款項，或已衝銷的無法支付的應付帳款；餘額一般在貸方，表示企業尚未支付的應付帳款餘額。「應付帳款」科目一般應該按照債權人設置明細科目進行明細核算。

二、應付帳款的核算

  企業購入材料、商品等或接受勞務所產生的應付帳款，應按應付金額入帳。購入材料、商品等驗收入庫，但貨款尚未支付，根據有關憑證（發票帳單、隨貨同行發票

上記載的實際價款或暫估價值），借記「材料採購」「在途物資」等科目，按可抵扣的增值稅稅額，借記「應交稅費——應交增值稅（進項稅額）」科目，按應付的價款，貸記「應付帳款」科目。企業接受供應單位提供勞務而發生的應付未付款項，根據供應單位的發票帳單，借記「生產成本」「管理費用」等科目，貸記「應付帳款」科目。

應付帳款附有現金折扣的，應按照扣除現金折扣前的應付款總額入帳。因在折扣期限內付款獲得的現金折扣，應在償付應付帳款時衝減財務費用。

企業償還應付帳款或開出商業匯票抵付應付帳款時，借記「應付帳款」科目，貸記「銀行存款」「應付票據」等科目。

企業轉銷確實無法支付的應付帳款，應按其帳面余額計入營業外收入，借記「應付帳款」科目，貸記「營業外收入——其他」科目。

【實務3-36】遠徵公司為增值稅一般納稅人企業。2015年3月1日，遠徵公司從A公司購入一批材料，貨款為100,000元，增值稅為17,000，對方代墊運雜費1,000元。材料已運到並驗收入庫（材料按實際成本計價核算），款項尚未支付。遠徵公司會計處理如下：

借：原材料　　　　　　　　　　　　　　　　　　　　　　　101,000
　　應交稅費——應交增值稅（進項稅額）　　　　　　　　　 17,000
　　貸：應付帳款——A公司　　　　　　　　　　　　　　　　118,000

【實務3-37】遠徵公司於2015年4月2日從A公司購入一批家電產品並已驗收入庫。增值稅專用發票上列明，該批家電的價款為100萬元，增值稅為17萬元。按照購貨協議的規定，遠徵公司如在15天內付清貨款，將獲得1%的現金折扣（假定計算現金折扣時需考慮增值稅）。遠徵公司會計處理如下：

借：庫存商品　　　　　　　　　　　　　　　　　　　　　1,000,000
　　應交稅費——應交增值稅（進項稅額）　　　　　　　　　170,000
　　貸：應付帳款——A公司　　　　　　　　　　　　　　　1,170,000

【實務3-38】根據供電部門的通知，遠徵公司本月應支付電費48,000元。其中，生產車間電費32,000元，企業行政管理部門電費16,000元，款項尚未支付。遠徵公司會計處理如下：

借：製造費用　　　　　　　　　　　　　　　　　　　　　　32,000
　　管理費用　　　　　　　　　　　　　　　　　　　　　　16,000
　　貸：應付帳款——××電力公司　　　　　　　　　　　　 48,000

【實務3-39】承【實務3-36】，2015年3月31日，遠徵公司用銀行存款支付A公司應付帳款。遠徵公司會計處理如下：

借：應付帳款——A公司　　　　　　　　　　　　　　　　 118,000
　　貸：銀行存款　　　　　　　　　　　　　　　　　　　　118,000

【實務3-40】承【實務3-37】，遠徵公司於2015年4月10日按照扣除現金折扣後的金額，用銀行存款付清了所欠A公司貨款。遠徵公司會計處理如下：

借：應付帳款——A公司　　　　　　　　　　　　　　　　1,170,000
　　貸：銀行存款　　　　　　　　　　　　　　　　　　　1,158,300

財務費用	11,700

遠徵公司在 4 月 10 日（即購貨后的第 8 天）付清所欠 A 公司的貨款，按照購貨協議可以獲得現金折扣。其獲得的現金折扣＝1,170,000×1%＝11,700 元，實際支付的貨款＝1,170,000－1,170,000×1%＝1,158,300 元。

【實務 3-41】2015 年 12 月 31 日，遠徵公司確定一筆應付帳款 4,000 元為無法支付的款項，應予轉銷。遠徵公司會計處理如下：

借：應付帳款	4,000
貸：營業外收入——其他	4,000

任務三　應付利息業務

一、應付利息概述

應付利息是指企業按照合同約定應支付的利息，包括分期付息到期還本的長期借款、企業債券等應支付的利息。企業應當設置「應付利息」科目，按照債權人設置明細科目進行明細核算。「應付利息」科目期末貸方余額反應企業按照合同約定應支付但尚未支付的利息。

二、應付利息的核算

企業採用合同約定的名義利率計算確定利息費用時，應按合同約定的名義利率計算確定的應付利息的金額，記入「應付利息」科目。實際支付利息時，借記「應付利息」科目，貸記「銀行存款」等科目。

【實務 3-42】遠徵公司借入 5 年期到期還本每年付息的長期借款 5,000,000 元，合同約定年利率為 3.5%。遠徵公司會計處理如下：

（1）每年計算確定利息費用時：

企業每年應支付的利息＝5,000,000×3.5%＝175,000（元）

借：財務費用	175,000
貸：應付利息	175,000
（2）每年實際支付利息時：	
借：應付利息	175,000
貸：銀行存款	175,000

任務四　預收帳款業務

一、預收帳款概述

預收帳款是企業按照合同規定向購貨單位預收的款項。與應付帳款不同，預收帳款所形成的負債不是以貨幣償付，而是以貨物償付。

企業應通過「預收帳款」科目核算預收帳款的取得、償付等情況。該科目貸方登記發生的預收帳款的數額和購貨單位補付帳款的數額，借方登記企業向購貨方發貨後沖銷的預收帳款數額和退回購貨方多付帳款的數額，余額一般在貸方，反應企業向購貨單位預收的款項但尚未向購貨方發貨的數額，如為借方余額，反應企業尚未轉銷的款項。企業應當按照購貨單位設置明細科目進行明細核算。

預收帳款情況不多的，也可不設「預收帳款」科目，將預收的款項直接記入「應收帳款」科目的貸方。

二、預收帳款的核算

企業向購貨單位預收款項時，借記「銀行存款」科目，貸記「預收帳款」科目；銷售實現時，按實現的收入和應交的增值稅銷項稅額，借記「預收帳款」科目，按照實現的營業收入，貸記「主營業務收入」科目，按照增值稅專用發票上註明的增值稅額，貸記「應交稅費——應交增值稅（銷項稅額）」等科目；收到購貨單位補付的款項時，借記「銀行存款」科目，貸記「預收帳款」科目；向購貨單位退回其多付的款項時，借記「預收帳款」科目，貸記「銀行存款」科目。

【實務3-43】遠徵公司為增值稅一般納稅人企業。2015年6月3日，遠徵公司與乙公司簽訂供貨合同，向其出售一批產品，貨款金額共計100,000元，應交增值稅17,000元。根據購貨合同的規定，乙公司在購貨合同簽訂後一週內，應當向遠徵公司預付貨款60,000元，剩余貨款在交貨後付清。2015年6月9日，遠徵公司收到乙公司交來的預付貨款60,000元並存入銀行；2015年6月19日，遠徵公司將貨物發到乙公司並開出增值稅專用發票，乙公司驗收后付清了剩余貨款。遠徵公司會計處理如下：

（1）6月9日收到乙公司交來的預付貨款60,000元：

借：銀行存款 60,000
　貸：預收帳款——乙公司 60,000

（2）6月19日按合同規定向乙公司發出貨物：

借：預收帳款——乙公司 117,000
　貸：主營業務收入 100,000
　　應交稅費——應交增值稅（銷項稅額） 17,000

（3）收到乙公司補付的貨款：

借：銀行存款 57,000
　貸：預收帳款——乙公司 57,000

【實務3-44】承【實務3-43】，假設遠徵公司不設置「預收帳款」科目，通過「應收帳款」科目核算有關業務。遠徵公司會計處理如下：

（1）6月9日收到乙公司交來的預付貨款60,000元：

借：銀行存款 60,000
　貸：應收帳款——乙公司 60,000

（2）6月19日按合同規定向乙公司發出貨物：

借：應收帳款——乙公司 117,000

貸：主營業務收入　　　　　　　　　　　　　　　　　　　100,000
　　　　應交稅費——應交增值稅（銷項稅額）　　　　　　　　17,000
（3）收到乙公司補付的貨款：
借：銀行存款　　　　　　　　　　　　　　　　　　　　　　57,000
　　貸：應收帳款——乙公司　　　　　　　　　　　　　　　　57,000

任務五　其他應付款業務

一、其他應付款的內容

　　其他應付款是指應付、暫收其他單位或個人的款項，如應付租入固定資產和包裝物的租金、存入保證金等，具體包括：
　　（1）應付經營租入固定資產和包裝物租金；
　　（2）職工未按期領取的工資；
　　（3）存入保證金（如收入包裝物押金等）；
　　（4）應付、暫收所屬單位、個人的款項；
　　（5）其他應付、暫收款項。

二、其他應付款的帳務處理

　　企業發生各種應付、暫收款項時，借記「銀行存款」「管理費用」等科目，貸記「其他應付款」科目；支付時，借記「其他應付款」科目，貸記「銀行存款」等科目。

　　◆仿真操作

　　1. 根據【實務3-1】至【實務3-43】編寫有關記帳憑證。
　　2. 根據記帳憑證登記往來款項的明細帳和總帳。

　　◆崗位業務認知

　　利用節假日，去當地的中小企業（工商企業），瞭解企業往來結算款項方面的基本情況，對一般企業的應收和應付款項等情況有初步的認識和掌握。

　　◆工作思考

　　1. 什麼是應收票據？應收票據取得及到期時如何進行帳務處理？應收票據貼現時如何計算貼現利息及進行帳務處理？
　　2. 什麼是壞帳損失？對壞帳損失的處理有哪幾種方法？
　　3. 什麼是商業折扣和現金折扣？在有商業折扣和現金折扣的情況下，如何對應收帳款進行計價？
　　4. 簡述應付帳款和應付票據的主要區別。
　　5. 簡述應付票據的帳務處理。

項目四　存貨核算崗位業務

存貨是指企業在日常活動中持有以備出售的產成品或商品、處在生產過程中的在產品、在生產過程或提供勞務過程中耗用的材料和物料等。企業的存貨通常在流動資產中占很大比重，一般情況下，存貨占工業企業總資產的30%左右，商品流通企業的比例則更高。存貨是反應企業流動資金全運轉情況的「晴雨表」，其管理利用情況如何，直接關係企業的資金占用水平以及資產運作效率。因此，一個企業若要保持較高的盈利能力，應當十分重視存貨管理。存貨核算崗位會計應當通過實施正確的存貨管理方法來降低企業的平均資金占用水平，提高存貨的流轉速度和總資產週轉率，提高企業的經濟效益。

● 項目工作目標

⊙ 知識目標

瞭解存貨的概念、確認條件、分類；掌握存貨的計價；掌握原材料收發按實際成本和計劃成本計價的核算；掌握週轉材料的核算；掌握委託加工物資的核算；掌握庫存商品的核算；掌握存貨清查的核算。

⊙ 技能目標

通過本項目的學習，能準確地確定存貨的入帳價值；會按實際成本和計劃成本對存貨進行核算；會對存貨盤盈、盤虧進行帳務處理；能準確確定存貨的可變現淨值，會對存貨期末計價進行會計處理。

⊙ 任務引入

普華會計師事務所受託對北方鋼鐵廠的存貨進行審計，發現其存在下列問題：

問題1：年終經財產清查發現，原材料帳實不符。

北方鋼鐵廠已經建立了完整的內部控制體系。在存貨的管理中實行了採購人員、運輸人員、保管人員等不同崗位分工負責的內部牽制制度。然而在實際操作中，由於合夥作弊，使內控制度失去了監督作用。北方鋼鐵廠2015年根據生產需要購進各種型號的鐵礦石1,500噸，貨物自提自用。2015年7月，採購人員張某辦理購貨手續后，將發票提貨聯交由本企業汽車司機胡某負責運輸。胡某在運輸過程中，一方面將800噸鐵礦石賣給某企業，另一方面將剩余的700噸鐵礦石運到本企業倉庫，交由保管員王某按1,500噸驗收入庫。三個人隨即分得贓款。財會部門從發票、運單、入庫單等各種原始憑證的手續上看，完全符合規定，按數付款。財會部門在進行年終財產清查時才發現帳實不符的嚴重情況，只得將不足的原材料數量金額先做流動資產的盤虧處理；期末處理時，部分做管理費用處理，部分做營業外支出處理。

問題2：未經稅務部門批准，擅自更改原材料的計價方法，以達到調節成本的目的。

北方鋼鐵廠採用實際成本法進行原材料核算。多年來該廠一直沿用月末一次加權平均法計算確定發出鐵礦石的實際成本。2015年鐵礦石價格上漲幅度很大，該企業為了提高利潤，擅自變更了發出原材料實際成本的計算方法，將月末一次加權平均法變更為先進先出法。經測算，截至2015年年末，與按月末一次加權平均法計算的結果相比，領用鐵礦石的實際成本相差14萬元，即少計了當年的成本14萬元，多計了利潤14萬元。該廠在年終財務報告中，對該變更事項及有關結果未予以披露。

　　問題3：損毀材料不報廢，製造「虛盈實虧」。

　　北方鋼鐵廠2015年1月發生了一場火災，材料損失超過50萬元，保險公司可以賠償20萬元。該廠在預計全年收支情況後，如果報廢材料損失，就會使利潤下降更加嚴重。為保證利潤指示的實現，該廠的領導要求財會部門不列報損毀材料。

　　思考與分析：

（1）在問題1中，請問該鋼鐵廠的會計處理是否妥當？應該如何處理？

（2）在問題2中，請問這種做法違反了什麼原則？應該如何處理？

（3）在問題3中，請問這樣做的結果是什麼？應該如何進行會計處理？

⊙ **進入任務**

1. 存貨核算崗位工作任務

任務一　存貨的確認和計量

任務二　原材料的核算

任務三　週轉材料

任務四　委託加工物資的核算

任務五　庫存商品的核算

任務六　存貨的清查

任務七　存貨的期末計量

2. 存貨核算崗位的工作流程圖

存貨核算崗位的工作流程圖如圖4-1所示：

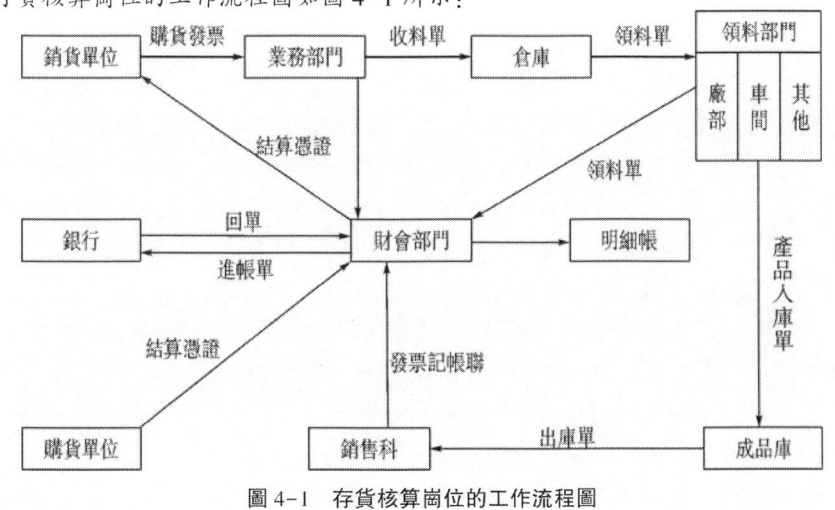

圖4-1　存貨核算崗位的工作流程圖

任務一　存貨的確認和計量

一、存貨的概念與確認

存貨是指企業在日常活動中持有以備出售的產成品或商品、處在生產過程中的在產品、在生產過程或提供勞務過程中耗用的材料和物料等。

存貨同時滿足下列條件的，才能予以確認：

（1）與該存貨有關的經濟利益很可能流入企業。

（2）該存貨的成本能夠可靠地計量。

在存貨確認的兩個條件中，「與該存貨有關的經濟利益很可能流入企業」是從物品的所有權是否轉移來考慮的。也就是說，在盤存日期，凡是法定所有權屬於企業的原材料、包裝物、低值易耗品、在產品、半成品、產成品、商品、委託代銷商品等物品，不論其存放地點在哪裡或處於何種狀態，都應當確認為企業的存貨；凡是法定所有權不屬於企業的物品，即使存放於企業，也不應當確認為企業的存貨。

二、存貨的初始計量

存貨的初始計量是指如何確認存貨的入帳價值。存貨應當按照成本進行初始計量，即存貨初始計量的基礎是存貨的歷史成本或者實際成本。

存貨成本包括採購成本、加工成本和其他成本。採購成本是指外購存貨的成本；加工成本是指存貨加工過程中發生的直接人工和製造費用；其他成本是指除外購存貨採購成本以外的、使存貨達到目前場所和狀態所發生的其他支出，如可以直接認定的產品設計費用等。

三、存貨的分類

（一）存貨按其來源分類

企業存貨按其來源可以分為外購存貨、自製存貨、委託加工存貨、投資者投入存貨、接受捐贈存貨、盤盈存貨等。存貨成本的構成因取得存貨的來源不同而不同。

1. 外購存貨

企業外購存貨應當以其實際採購成本作為入帳價值。存貨的採購成本是指外購存貨的購買價款、相關稅費、運輸費、裝卸費、保險費以及其他可歸屬於存貨採購成本的費用，不包括可以用以抵扣的增值稅額。

（1）購買價款是指供貨單位開出的發票上載明的價款。一般納稅人企業存貨購買價款中不包括增值稅專用發票中載明的、可以抵扣的增值稅額。

（2）相關稅費是指外購存貨應負擔的進口關稅、消費稅、資源稅和其他稅金（包括不能抵扣的增值稅金）以及相關的其他費用。

（3）運輸費是指外購存貨運輸途中所發生的運輸費用，不包括可以抵扣的增值

稅額。

（4）裝卸費是指外購存貨運到企業倉庫驗收所發生的裝卸費用。

（5）保險費是指外購存貨支付的運輸保險費。

（6）其他可歸屬於存貨採購成本的費用是指除上述各項以外的其他可歸屬於存貨採購成本的費用，包括外購存貨採購過程中發生的倉儲費、包裝費、運輸途中的合理損耗、入庫挑選整理費用等。挑選整理費用是指挑選整理過程中發生的人工費用支出以及必要的損耗（扣除回收的下腳廢料價值）。

商品流通企業在採購商品過程中發生的運輸費、裝卸費、保險費以及其他可歸屬於存貨採購成本的費用等進貨費用，應當計入存貨採購成本。進貨費用也可以先進行歸集，期末根據所購商品的存銷情況進行分攤。對於已售商品的進貨費用，計入當期損益；對於未售商品的進貨費用，計入期末存貨成本。商品流通企業採購商品的進貨費用金額較小的，可以在發生時直接計入當期損益。

2. 自製存貨

企業自製材料、包裝物、工具、模具以及生產的在產品、半成品、產成品等自製存貨的實際成本包括加工過程中消耗存貨的採購成本、存貨的加工成本和其他成本。

存貨的加工成本包括直接人工（存貨加工人員的薪酬）以及按照一定方法分配的製造費用。製造費用是指企業為生產產品和提供勞務而發生的各項間接費用。

在同一生產過程中，同時生產兩種或兩種以上的產品，並且每種產品的加工成本不能直接區分的，其加工成本應當按照合理的方法在各種產品之間進行分配。

3. 委託加工存貨

企業委託外單位加工的材料、物品等存貨的實際成本包括委託加工過程中發出（消耗）材料物品的採購成本、委託加工過程中的加工成本和其他成本。加工成本是指支付的加工費用，其他成本包括為加工材料物資支付的往返運雜費、保險費等。

4. 投資者投入存貨

投資者投入存貨的成本應當按照投資合同或者協議約定的價值確定，但合同或者協議約定價值不公允的除外。在投資合同或者協議約定的價值不公允的情況下，按照該項存貨的公允價值作為其入帳價值。

5. 接受捐贈存貨

企業接受捐贈的存貨，如果捐贈方提供了有關憑據的，按照憑據上標明的金額，加上應支付的相關稅費作為存貨實際成本；如果捐贈方沒有提供有關憑據的，應當參照同類存貨或類似存貨的市場價格估計其金額，加上應支付的相關稅費作為其入帳價值。

6. 盤盈存貨

企業盤盈的材料、商品等存貨，應當按照其重置成本作為入帳價值。

企業非正常消耗的直接材料、直接人工和製造費用以及倉儲費用（不包括在生產過程中為達到下一個生產階段所必需的費用），不能歸屬於使存貨達到目前場所和狀態的其他支出，應當在發生時確認為當期損益，不計入存貨成本。

49

(二) 存貨按其經濟內容分類

企業存貨按其經濟內容可以分為原材料、週轉材料、在產品和半成品、產成品或商品等類別。

1. 原材料

原材料是指企業儲備的，在生產過程中經加工改變其實物形態或性質並構成產品主要實體的各種原料和材料等。

在生產性企業的存貨中，原材料品種、規格多種多樣，收發業務頻繁，是企業存貨核算和管理的重點。原材料按其在生產過程中作用的不同，可分為以下幾類：

(1) 原料及主要材料，即企業經過加工以後，能夠構成產品主要實體的各種原料和材料。例如，製造機器用的金屬材料（主要材料）、煉鐵用的礦石和紡紗用的原棉（原料）等。

(2) 輔助材料，即企業直接用於生產，有助於產品形成或便於生產的進行，但不構成產品主要實體的各種材料。輔助材料主要包括投入生產后和主要材料結合加入產品實體，或使主要材料發生化學變化，或給予產品某種性能的輔助材料，如油漆、染料、溶劑、催化劑等；被勞動工具所消耗的輔助材料，如維護機器設備用的潤滑油和防銹劑等；為創造正常勞動條件而消耗的輔助材料，如工作地點清潔用的各種用具等。

(3) 外購半成品（外購件），即企業從外部購進，需要本企業進一步加工或裝配的原材料和零部件，如織布廠購進的棉紗、汽車製造廠購進的輪胎等。從能夠構成產品主要實體這一點來說，外購半成品是企業的主要材料，為了加強管理，可以從原料及主要材料中分離出來單獨作為一類。

(4) 修理用備件（備品備件），即企業儲備的、用於本企業機器設備和運輸工具所專用的各種備品備件，如軸承、齒輪等。

(5) 包裝材料，即為了包裝本企業產品而儲備的隨同產品或商品對外出售的各種紙張、繩子、鐵絲、鐵皮等材料。

(6) 燃料，即企業在生產經營過程中用來燃燒發熱的各種固體、液體和氣體燃料，如煤、焦炭、汽油、柴油、重油、煤氣、天然氣、氧氣等。

2. 週轉材料

週轉材料是指企業能夠多次使用、逐漸轉移其價值但仍保持原有形態，不確認為固定資產的材料，如建造承包企業的鋼模板、木模板、腳手架和其他週轉材料等。工業企業、商品流通企業的低值易耗品和包裝物也稱為週轉材料。低值易耗品是指不作為固定資產管理和核算的各種用具物品，如工具、管理用具、玻璃器皿、勞動保護用品以及在經營過程中週轉使用的容器等。包裝物是指為了包裝本企業的產品而儲存的各種包裝容器，如桶、箱、瓶、壇、袋等。

3. 在產品和半成品

在產品有廣義和狹義之分。狹義的在產品是指企業正在各個生產工序加工的在製品以及加工完成但尚未檢驗或已經檢驗尚未辦理入庫手續的產品；廣義的在產品包括狹義在產品和半成品。半成品是指企業已經完成一定生產過程，但尚未製造成為最終

產成品，仍需進一步加工的中間產品。在產品和半成品都是指企業處在加工過程（製造過程）尚未最終完工的產品。

4. 產成品或商品

商品是指企業可供銷售的物品；產成品是指企業已經完成全部生產過程，合乎規定的質量標準和技術條件並已驗收入庫，可以按照合同規定的條件送交訂貨單位，或者可以作為商品對外銷售的產品。工業企業用自備原材料生產的產成品和準備對外銷售的半成品就是企業的商品；商品流通企業的商品包括外購或委託加工完成驗收入庫用於銷售的各種商品。

四、發出存貨的計價方法實際成本的計算

存貨應當按照實際成本進行初始計量，在實際工作中，工業企業可以採用實際成本或者計劃成本進行材料、產成品等存貨的日常核算；商品流通企業可以採用進價或者售價進行商品存貨的日常核算。

企業採用實際成本（或者實際進價）進行存貨日常核算的，應當採用先進先出法、加權平均法或個別計價法確定發出存貨的實際成本。

對於性質和用途相似的存貨，應當採用相同的成本計算方法確定發出存貨的成本。發出存貨（或者已銷商品）成本計算方法一經確定，不得隨意變更；如需變更，應當按照規定履行有關批准和備案手續。企業確定發出存貨成本所採用的方法，應當在財務報表附註中披露。

（一）先進先出法

先進先出法是指以假定先入庫的存貨先發出（銷售或耗用）為前提，並根據這種假定的存貨實物流轉順序，計算發出存貨成本的方法。也就是說，採用先進先出法，先購入的存貨成本在后購入存貨成本之前轉出，並據此確定發出存貨和期末存貨的成本。

【實務 4-1】乙公司本年 3 月份有關 A 材料收入、發出和結存的資料如表 4-1 所示。根據資料，乙公司採用先進先出法，本月各個批次發出材料和期末結存材料實際成本的計算及其在 A 材料明細帳中的登記如表 4-2 所示。

表 4-1　　　　　　　　　乙公司 A 材料收入、發出和結存的資料

實物計量單位：千克　　　　　　　　　　　　　　　　　　　　　金額單位：元

日期	內容	數量	單價	總金額
3月1日	上月結轉	400	5.0	2,000
3月6日	外購材料入庫	800	5.5	4,400
3月8日	產品生產領用	800		
3月18日	外購材料入庫	1,000	5.6	5,600
3月19日	產品生產領用	800		
3月20日	外購材料入庫	400	5.7	2,280

表 4-2　　　　　　　　乙公司原材料明細帳（先進先出法）

材料品名：A 材料　　　　　　　　　　　　實物計量單位：千克　金額單位：元

××年		憑證字號	摘要	收入			發出			結存		
月	日			數量	單價	金額	數量	單價	金額	數量	單價	金額
3	1		月初結存							400	5.00	2,000
	6	略	購入	800	5.50	4,400				400 800	5.00 5.50	2,000 4,400
	8	略	領用				400 400	5.00 5.50	2,000 2,200	400	5.50	2,200
	18	略	購入	1,000	5.60	5,600				400 1,000	5.50 5.60	2,200 5,600
	19	略	領用				400 400	5.50 5.60	2,200 2,240	600	5.60	3,360
	30	略	購入	400	5.70	2,280				600 400	5.60 5.70	3,360 2,280
	31		本月合計	2,200		12,280	1,600		8,640	600 400	5.60 5.70	3,360 2,280

從表 4-2 可以看到，採用先進先出法，結存材料和發出材料可能有兩種或兩種以上不同的單位成本。

3 月 6 日購入 A 材料后，結存材料 1,200 千克中有上月轉入的 400 千克，單價為 5.00 元；本次購入的 800 千克，單價為 5.50 元。

3 月 8 日發出 A 材料 800 千克，是假定上月結存的單位成本為 5.00 元的 400 千克先發出；發出 800 千克中的另外 400 千克，假定是 3 月 6 日入庫，單位成本為 5.50 元的材料。3 月 18 日購入材料以后和 3 月 19 日發出材料，也有兩個不同價格。

先進先出法可以隨時結轉發出存貨的實際成本，期末結存存貨的成本也接近市價。但是，先進先出法的計算比較繁瑣，特別是當存貨收發業務較多、存貨單價不穩定時，其計算的工作量比較大。

採用先進先出法，為了簡化核算，也可以只在月末計算本月發出存貨總成本，即按照先入庫的存貨先發出的原理，先計算出月末結存存貨總成本，再計算本月發出存貨總成本。

按照先進先出法的原理，月末結存 A 材料 1,000 千克，假定有 400 千克是 3 月 30 日購入的（材料單位成本為 5.70 元），另外 600 千克是 3 月 18 日購入的（材料單位成本為 5.60 元）。這樣月末結存 1,000 千克 A 材料的總成本為 5,640 元；本月發出 1,600 千克 A 材料總成本為 8,640 元。用計算式表示為：

月末結存 A 材料總成本 = 400×5.70+(1,000-400)×5.60 = 5,640（元）

本月發出 A 材料總成本 = 2,000+12,280-5,640 = 8,640（元）

(二) 月末一次加權平均法

加權平均法是指以本期入庫存貨的數量和期初存貨數量為權數，計算出存貨的實際平均單位成本，並用以算出本期發出存貨和期末結存存貨實際總成本的方法。

月末一次加權平均法是以當月全部進貨的成本加上期初庫存存貨的成本，除以全部進貨的數量與期初庫存存貨的數量之和，計算出存貨加權平均單位成本，並以此為基礎，計算當月發出存貨成本和期末結存存貨成本的一種方法。月末一次加權平均法的計算如下：

$$\frac{\text{本期存貨加權}}{\text{平均單位成本}} = \frac{\text{期初存貨總成本} + \text{本期入庫存貨總成本}}{\text{期初存貨總量} + \text{本期入庫存貨總量}}$$

$$\frac{\text{本期發出存貨}}{\text{實際總成本}} = \frac{\text{本期發出}}{\text{存貨數量}} \times \frac{\text{該種存貨加權}}{\text{平均單位成本}}$$

$$\frac{\text{期末存貨}}{\text{實際總成本}} = \frac{\text{本期結存}}{\text{存貨數量}} \times \frac{\text{該種存貨加權}}{\text{平均單位成本}} = \frac{\text{期初存貨}}{\text{總成本}} + \frac{\text{本期入庫}}{\text{存貨總成本}} - \frac{\text{本期發出存貨}}{\text{實際總成本}}$$

【實務4-2】乙公司本年3月份有關A材料收入、發出和結存的資料如表4-1所示。根據資料，乙公司採用月末一次加權平均法計算A材料本月加權平均單位成本以及發出材料和期末結存材料總成本，有關計算過程如下：

$$\text{A材料本月加權平均單位成本} = \frac{2,000 + 800 \times 5.50 + 1,000 \times 5.60 + 400 \times 5.70}{400 + 800 + 1,000 + 400}$$

$$= 5.492 \text{（元/千克）}$$

本月發出A材料總成本 = 1,600×5.492 = 8,788（元）

月末結存A材料總成本 = 1,000×5.492 = 5,492（元）

上述計算結果在A材料明細帳中的登記如表4-3所示。

表4-3　　　　　　乙公司原材料明細帳（月末一次加權平均法）

材料品名：A材料　　　　　　　　　　　　實物計量單位：千克　金額單位：元

××年		憑證字號	摘要	收入			發出			結存		
月	日			數量	單價	金額	數量	單價	金額	數量	單價	金額
3	1		月初結存							400	5.000	2,000
	6	略	購入	800	5.50	4,400				1,200		
	8	略	領用				800			400		
	18	略	購入	1,000	5.60	5,600				1,400		
	19	略	領用				800			600		
	30	略	購入	400	5.70	2,280				1,000		
	31		本月合計	2,200		12,280	1,600	5.492	8,788	1,000	5.492	5,492

(三) 移動加權平均法

移動加權平均法是指以每次進貨的成本加上原有庫存存貨的成本，除以每次進貨

的數量與原有庫存存貨的數量之和，計算出存貨加權平均單位成本，作為在下次進貨前計算發出存貨成本的依據的一種方法。移動加權平均法的計算公式如下：

$$\text{存貨移動加權平均單位成本} = \frac{\text{上日庫存存貨總成本} + \text{本日入庫存貨總成本}}{\text{上日庫存數量} + \text{本日入庫存貨數量}}$$

【實務4-3】乙公司本年3月份有關A材料收入、發出和結存的資料如表4-1所示。根據資料，乙公司採用移動加權平均法計算A材料移動加權平均單位成本以及每次發出材料和結存材料成本，有關計算過程如下：

3月6日入庫A材料800千克以後的加權平均單位成本計算如下：

$$\text{3月6日加權平均單位成本} = \frac{2,000 + 800 \times 5.50}{400 + 800} = 5.333 \text{（元／千克）}$$

3月8日發出A材料800千克，即以這一平均單位成本為依據計算其總成本。3月18日和3月30日入庫以後加權平均單位成本的計算方法相同，不再列示。各批進貨以后移動加權平均單位成本的計算結果如表4-4所示。

表 4-4　　　　　乙公司原材料明細帳（移動加權平均法）

材料品名：A材料　　　　　　　　　　實物計量單位：千克　金額單位：元

××年		憑證字號	摘要	收入			發出			結存		
月	日			數量	單價	金額	數量	單價	金額	數量	單價	金額
3	1		月初結存							400	5.000	2,000
	6	略	購入	800	5.50	4,400				1,200	5.333	6,400
	8	略	領用				800	5.333	4,266	400	5.333	2,134
	18	略	購入	1,000	5.60	5,600				1,400	5.524	7,734
	19	略	領用				800	5.524	4,420	600	5.524	3,314
	30	略	購入	400	5.70	2,280				1,000	5.594	5,594
	31		本月合計	2,200		12,280	1,600		8,686	1,000	5.594	5,594

月末一次加權平均法比先進先出法簡便，有利於簡化發出存貨成本的計算工作，但不能隨時結轉發出存貨的實際成本，不利於存貨成本的日常管理和控制。移動加權平均法可以隨時結轉發出存貨的實際成本，但仍比較繁瑣，當企業存貨收發業務較多時，計算的工作量比較大。

(四) 個別計價法

個別計價法又稱個別認定法、具體辨認法、分批實際法，是指對庫存和發出的每一特定存貨的個別成本加以認定，以存貨購入或生產時所確定的實際單位成本作為計算各批發出存貨和期末結存存貨成本的方法。

採用個別計價法，以每一種存貨的實際成本作為計算發出存貨成本和期末結存存貨成本的基礎，計算的發出存貨成本和期末結存存貨成本最為準確。但是，個別計價法實務操作的工作量繁重、困難較大。因為採用這種方法必須具備兩個條件：一是存

貨項目必須是可以辨別認定的；二是必須對每一特定存貨的具體情況進行詳細記錄。

個別計價法主要適用於不能替代使用的存貨，為特定項目專門購入或製造的存貨以及提供的勞務，如不能替代使用的貴重材料以及珠寶、名畫等。當企業計算機信息系統比較完備時，個別計價法也可以廣泛應用於發出存貨的計價。

五、採用計劃成本法或售價金額核算法發出存貨實際成本的計算

企業採用計劃成本法進行材料、產成品等存貨的日常核算，採用售價金額核算法進行商品存貨的日常核算時，對於發出存貨應當通過計算發出材料應負擔的材料成本差異或銷售商品應當負擔的進銷差價，將發出材料、產成品等存貨的計劃成本、商品存貨的售價調整為實際成本。

（一）計劃成本法下發出材料實際成本的計算

計劃成本法通常適用於材料、產成品等存貨的日常核算，是指企業在日常核算中，材料、產成品等存貨的收入、發出和結存都採用計劃成本計價，對於實際成本與計劃成本的差額，即材料成本差異單獨組織核算，並及時將發出材料的計劃成本調整為實際成本。採用計劃成本法，發出材料實際成本的計算公式如下：

$$發出材料實際成本 = 發出材料計劃成本 + 發出材料應負擔的成本差異$$

發出材料應負擔的成本差異是通過計算材料成本差異率來求得的，材料成本差異率通常採用月末一次加權平均法的原理計算，其計算公式如下：

$$本期材料成本差異率 = \frac{期初結存材料成本差異 + 本期收入材料成本差異}{期初結存材料計劃成本 + 本期收入材料計劃成本} \times 100\%$$

註：超支差異用「+」，節約差異用「-」表示。

$$本期發出材料應負擔的成本差異 = 本期發出材料計劃成本 \times 本期材料成本差異率$$

發出材料應負擔的成本差異應當按期（月）分攤，不得在季末或年末一次分攤。

【實務 4-4】乙公司 A 材料計劃單位成本為 5.30 元，本年 3 月份有關 A 材料收入、發出和結存的資料如表 4-5 所示。

表 4-5　　　　　　　乙公司 A 材料收入、發出和結存資料

實物計量單位：千克　　　　　　　　　　　　　　　　　　金額單位：元

日期	內容	數量	計劃單價	計劃總成本	實際單價	實際總成本	成本差異
3月1日	上月結轉	400	5.3	2,120	5.0	2,000	-120
3月6日	外購材料入庫	800		4,240	5.5	4,400	160
3月8日	產品生產領用	800		4,240			
3月18日	外購材料入庫	1,000		5,300	5.6	5,600	300
3月19日	產品生產領用	800		4,240			
3月30日	外購材料入庫	400		2,120	5.7	2,280	160

根據上述資料，乙公司3月份A材料成本差異率以及發出材料和月末結存材料實際成本可以計算如下：

$$\frac{\text{本期A材料}}{\text{成本差異率}} = \frac{-120+620}{2,120+11,660} \times 100\% = 3.628,4\%$$

$$\frac{\text{本期發出A材料}}{\text{應負擔的成本差異}} = 8,480 \times 3.628,4\% = 308 \text{（元）}$$

本月發出A材料實際成本 = 8,480+308 = 8,788（元）

月末庫存A材料應負擔的成本差異 = -120+620-308 = 192（元）

［或月末庫存A材料應負擔的成本差異 =（1,000×5.30）×3.628,4% = 192(元)］

月末庫存A材料實際成本 = 1,000×5.30+192 = 5,300+192 = 5,492（元）

上述計算結果的集中列示如表4-6所示。

表4-6　　　　乙公司材料成本差異的分攤和實際成本的計算表

材料品名：A材料　　　　　　　　　　　　　　　　　　　　　金額單位：元

項目	材料計劃成本	材料成本差異率（％）	材料成本差異	材料實際成本
月初庫存材料	2,120	-5.66	2,120×(-5.66%) = -120	2,120-120 = 2,000
本月收入材料	11,660		12,280-11,660 = 620	12,280
本月發出材料	8,480	3.628	8,480×3.628,4% = 308	8,480+308 = 8,788
月末庫存材料	5,300	3.628	5,300×3.628,4% = 192	5,300+192 = 5,492

【實務4-4】採用了【實務4-2】月末一次加權平均法的資料，計算結果也與【實務4-2】完全相同。可見「本月材料成本差異率」的計算與月末一次加權平均法中本月材料加權平均單位成本的計算原理是相同的。也就是說，材料成本差異率是採用加權平均法來計算的。

（二）售價金額核算法下銷售商品實際進價成本的計算

售價金額核算法通常適用於商品零售企業商品存貨的核算，是指企業在日常核算中，商品的購進和銷售都按售價計價，對於商品售價與進價成本之間的差額，即商品進銷差價單獨組織核算，並及時計算已銷商品實際進價成本。採用售價金額核算法，已銷商品實際進價成本的計算公式如下：

已銷商品實際進價成本 = 已銷商品售價 - 已銷商品應分攤的進銷差價

公式中的商品進銷差價可以按商品類別或零售櫃組分別計算出商品進銷差價率，再計算已銷商品應分攤的進銷差價。商品進銷差價率的計算原理與材料成本差異率相同。

$$\text{商品進銷差價率} = \frac{\text{期初庫存商品進銷差價} + \text{本期入庫商品進銷差價}}{\text{期初庫存商品售價} + \text{本期入庫商品售價}} \times 100\%$$

$$\frac{\text{本期銷售商品應}}{\text{負擔的進銷差價}} = \frac{\text{本期銷售}}{\text{商品售價}} \times \frac{\text{商品進銷}}{\text{差異率}}$$

【實務4-5】丙商業公司食品零售櫃組上月庫存商品售價總額為40,000元，商品進銷差價為9,500元，本月購進商品售價總額為460,000元，商品進銷差價為115,500元，本月銷售商品售價總額為465,000元。該櫃組本月已銷商品的進銷成本可以計算如下：

本期商品進銷差價率＝(9,500+115,500)÷(40,000+460,000)×100%
　　　　　　　　　＝125,000÷500,000×100%＝25%
本期已銷商品應分攤的進銷差價＝465,000×25%＝116,250（元）
本期已銷商品的進價成本＝465,000－116,250＝348,750（元）
月末庫存商品應分攤的進銷差價＝9,500+115,500－116,250＝8,750（元）
月末庫存商品的進價成本＝(40,000+460,000－465,000)－8,750
　　　　　　　　　　　＝35,000－8,750＝26,250（元）

任務二　原材料的核算

一、材料收發的憑證和手續

(一)　材料收入的憑證手續

企業對於外購材料、自製材料、委託外部加工材料以及生產過程中回收的廢料等不同來源的材料收入業務，都應當根據具體情況辦理必要的憑證手續。

外購材料收入要辦理貨款結算和驗收入庫兩個方面的憑證手續。由於貨款結算方式不同，材料憑證的處理手續也不相同。一般來說，企業財會部門收到供應單位的發票、運輸機構的運單等單據和銀行結算憑證以後，經過審核、編號、登記，應立即轉給企業供應部門審查簽證。供應部門在與供貨合同核對無誤後，應在結算憑證上簽署意見，並將有關單據、憑證退還財會部門，據以辦理貨款結算手續；同時，應將貨物運單（提貨單）交提貨人員辦理提貨手續，並通知倉庫憑發票驗收。

倉庫驗收材料應填寫一式多聯的收料單，一聯留存倉庫，作為登記材料明細帳的依據；一聯連同發票送交財會部門，作為材料收入核算的依據；一聯送交供應部門留存備查。為了便於分類匯總，收料單通常是「一料一單」。在倉庫驗收時，如發現材料的數量和質量與發票不符，應另行填製「驗收不符通知單」，由供應部門與有關單位聯繫解決。其中應由供貨單位、運輸機構或過失人等負責賠償的，供應部門應填製「賠償請求單」，通知財會部門辦理拒付或退款手續。

企業生產車間的自製材料或生產過程中回收的廢料、殘料驗收入庫時，通常由生產車間填製一式多聯的「材料交庫單」，辦理入庫手續，材料交庫單的格式與收料單相似，材料交庫單上應說明交庫單位和交庫原因。倉庫驗收以後，將簽收後的材料交庫單一聯退給交庫單位；一聯送交財會部門；一聯留存倉庫。委託加工材料加工完成驗收入庫，其憑證手續與外購材料相似。

(二) 材料發出的憑證手續

企業倉庫發出材料，主要是生產車間和內部其他部門領用；還可能有對外銷售和委託外單位加工等原因發出。對於不同原因的領料和發料業務，都應辦理必要的憑證手續。

企業生產車間或者其他部門領用材料，根據具體情況，可以分別使用領料單、限額領料單、領料登記表等憑證辦理材料領發手續。

1. 領料單

領料單是一種一次有效的領料憑證，通常適用於沒有消耗定額或不經常領用的材料，為了便於分類匯總，通常「一料一單」。

企業生產車間和其他部門領用材料時，應填寫一式多聯的領料單。送交倉庫發料後，一聯退還給領料車間、部門；一聯留倉庫據以登記材料明細帳；一聯交財會部門，據以作為材料發出的核算依據。

2. 限額領料單

限額領料單是對指定的材料按照規定的限額控制發料的領料憑證。使用限額領料單，在規定的期限內（通常是月份內），只要領料數量不超過限額，可以多次連續向倉庫領料，是一種多次使用的累計領料憑證。因此，限額領料單適用於經常領用並有消耗定額的材料，如原料及主要材料等。使用限額領料單，應在月份開始前，由企業生產計劃部門根據月度生產作業計劃和材料消耗定額，核定領料單位當月領料限額；按材料名稱和領料用途填製限額領料單一式兩份，分別送交領料單位和發料倉庫，以便辦理領料和發料手續。每次領料和發料，倉庫應在兩份限額領料單上同時註明實發數量，並計算出限額結餘。由於生產任務變更需要超過限額領料，經審核後，應當及時追加限額；由於產生廢品或者生產消耗超過定額等原因需要超額領用材料，應當按照規定程序報經有關部門批准以後，才能辦理追加限額手續。

採用限額領料單，簡化了憑證的簽證手續，節省了領料憑證，並且可以檢查、督促用料單位嚴格執行材料消耗定額，控制材料消耗，應當提倡使用。

3. 領料登記表

領料登記表是一種每次領料進行登記，可多次使用的累計領料憑證，主要適用於領用次數頻繁、數量零星、價值不大的消耗材料。

各生產車間、部門當月已領未用的材料，應於月末辦理退料手續，以便正確計算當月的材料消耗。對於下月不再繼續使用的材料，應填寫退料單，連同材料一併退還倉庫。對於下月仍需繼續使用的材料，應當辦理假退料手續。在填寫本月退料單的同時，填寫下月領料單，一併送交倉庫，材料沒有退交倉庫，但是辦理了本月退料手續和下月領料手續。退料單的格式與領料單相同，也可以用紅字領料單代替退料單。在採用限額領料單和領料登記表的情況下，退料數可以在當月領料數中扣除，不另外填寫退料單。

二、採用實際成本進行材料日常核算

材料的日常核算，可以採用計劃成本，也可以採用實際成本。具體採用哪一種方

法，由企業根據具體情況自行決定。

一般來說，材料物資品種繁多的企業，一般可以採用計劃成本進行日常核算。對於某些品種不多，但占產品成本比重較大的主要材料，也可以單獨採用實際成本進行核算。規模較小、材料品種簡單、採購業務不多的企業，也可以全部採用實際成本進行材料物資的日常核算。

(一) 帳戶的設置

1.「原材料」帳戶

採用實際成本進行材料日常核算的企業，「原材料」帳戶用來核算企業庫存的各種材料，包括原料及主要材料、輔助材料、外購半成品（外購件）、修理用備件（備品備件）、包裝材料、燃料等的實際成本。

「原材料」帳戶借方登記企業已經驗收入庫的材料的實際成本；貸方登記發出（領用或銷售、委託加工發出等）材料的實際成本；期末餘額在借方，反應企業期末庫存材料的實際成本。

「原材料」帳戶應按材料的保管地點（倉庫）、材料的類別、品種和規格等設置材料明細帳，進行材料的明細核算。

2.「在途物資」帳戶

在途物資是指企業已經支付貨款，但尚在運輸途中或已經抵達企業尚未驗收入庫的各種外購材料和外購商品等。工業企業「在途物資」帳戶用來核算企業在途材料的實際成本。商品流通企業的「在途物資」帳戶用來核算企業在途商品的實際成本。

「在途物資」帳戶的借方登記企業實際支付的材料商品款；貸方登記驗收入庫材料、商品的實際成本；期末餘額在借方，反應貨款已經支付，但尚未到達或尚未驗收入庫的在途材料、商品等物資的採購成本。

為了便於查對，「在途物資」帳戶應按供應單位（或採購人員）和物資品種開設明細帳戶，進行明細核算。

企業專門購入為固定資產新建工程、改擴建工程、大修理工程等準備的材料物資，應當另行設置「工程物資」帳戶進行核算，不通過「在途物資」或「材料採購」帳戶核算。

(二) 外購材料收入的總分類核算

1. 支付貨款的同時收到材料

企業外購材料，一般付款和收料的時間比較接近，即材料採購驗收過程和貨款結算過程基本上同時結束。在這種情況下，應當根據銀行結算憑證、發票、運輸費單據和收料單等原始憑證，填製材料收入和款項結算的記帳憑證。

【實務 4-6】5 月 3 日，甲公司從市內青州公司採購 A 材料 1,000 千克，增值稅專用發票載明價款為 10,000 元，增值稅為 1,700 元，運輸費發票載明運輸費 1,110 元（價稅合計），款項已用轉帳支票結算，材料已驗收入庫。根據有關發票帳單、銀行結算憑證和收料單等，甲公司編製會計分錄如下：

借：原材料——A 材料　　　　　　　　　　　　　　　　　11,000

應交稅費——應交增值稅（進項稅額）　　　　　　　　　　1,810
　　　　貸：銀行存款　　　　　　　　　　　　　　　　　　　　12,810

　　除特別指明外，本章實務例題的企業均指增值稅一般納稅人企業。按照《中華人民共和國增值稅暫行條例》的規定，增值稅一般納稅人企業購買存貨支付的運費，按照運輸費用註明的進項稅額進行抵扣（運輸行業的增值稅稅率為11%）。

　　【實務4-7】5月8日，甲公司從外地青江公司採購A材料4,000千克，增值稅專用發票載明價款為39,500元，增值稅為6,715元，運輸費發票載明運輸費為3,330元（價稅合計），款項均已採用銀行匯票結算方式結算，銀行匯票多餘款455元已收入銀行結算戶，材料已驗收入庫。根據有關發票帳單、銀行結算憑證和收料單等，甲公司編製會計分錄如下：

　　借：原材料——A材料　　　　　　　　　　　　　　　　　42,500
　　　　應交稅費——應交增值稅（進項稅額）　　　　　　　　　7,045
　　　　銀行存款　　　　　　　　　　　　　　　　　　　　　　455
　　　　貸：其他貨幣資金　　　　　　　　　　　　　　　　　50,000

　　【實務4-8】5月12日，甲公司從青園公司採購A材料5,000千克，增值稅專用發票載明價款為50,000元，增值稅為8,500元，款項合計58,500元已開出商業承兌匯票，同時用匯兌結算方式支付運輸費（已取得運輸費發票）4,440元（價稅合計），材料已驗收入庫。根據有關發票帳單、銀行結算憑證和收料單等，甲公司編製會計分錄如下：

　　借：原材料——A材料　　　　　　　　　　　　　　　　　54,000
　　　　應交稅費——應交增值稅（進項稅額）　　　　　　　　　8,940
　　　　貸：應付票據　　　　　　　　　　　　　　　　　　58,500
　　　　　　銀行存款　　　　　　　　　　　　　　　　　　　4,440

　2. 付款在先，收料在后

　　企業先支付貨款，后收到材料，有兩種情況：一是按合同要求預付貨款，這時發票及材料都沒有收到；二是收到發票帳單並據以支付了貨款，材料尚在運輸途中或尚未驗收入庫。這兩種情況的帳務處理是不相同的：前者通過「預付帳款」帳戶核算；后者通過「在途物資」帳戶核算。

　　【實務4-9】5月8日，甲公司擬向青林公司採購B材料，按合同預付貨款100,000元，已用匯兌結算方式支付。根據有關銀行結算憑證等，甲公司編製會計分錄如下：

　　借：預付帳款——青林公司　　　　　　　　　　　　　　100,000
　　　　貸：銀行存款　　　　　　　　　　　　　　　　　　100,000

　　【實務4-10】5月15日，甲公司收到青林公司發來的B材料10,000千克，增值稅專用發票載明購買價款為174,500元，增值稅為29,665元，運輸費發票載明青林公司代墊運輸費3,330元（價稅合計），扣除原預付貨款100,000元后，以匯兌結算方式補付107,495元。根據有關發票帳單、銀行結算憑證和收料單等，甲公司編製會計分錄如下：

借：原材料——B材料　　　　　　　　　　　　　　　177,500
　　　　應交稅費——應交增值稅（進項稅額）　　　　　　29,995
　　　　貸：預付帳款——青林公司　　　　　　　　　　　207,495
　　借：預付帳款——青林公司　　　　　　　　　　　　　107,495
　　　　貸：銀行存款　　　　　　　　　　　　　　　　　107,495

【實務4-11】5月25日，甲公司向青海公司採購B材料4,000千克，增值稅專用發票載明購買價款為72,500元，增值稅為12,325元，運輸費發票載明運輸費2,220元（價稅合計），發票帳單已到並已通過銀行承付全部款項，材料尚未運到企業。根據有關發票帳單和銀行結算憑證等，甲公司編製會計分錄如下：

　　借：在途物資——青海公司　　　　　　　　　　　　　74,500
　　　　應交稅費——應交增值稅（進項稅額）　　　　　　12,545
　　　　貸：銀行存款　　　　　　　　　　　　　　　　　 87,045

【實務4-12】6月4日，甲公司向青海公司採購的B材料已如數驗收入庫。根據有關收料憑證，甲公司編製會計分錄如下：

　　借：原材料——B材料　　　　　　　　　　　　　　　74,500
　　　　貸：在途物資——青海公司　　　　　　　　　　　 74,500

3. 收料在先，付款在後

　　企業先收到材料，后支付貨款（或尚未開出商業匯票）也有兩種情況：一是發票帳單已到，企業存款餘額不夠支付；二是發票帳單尚未收到，不便支付貨款。這兩種情況都通過「應付帳款」帳戶核算，但后者應使用「暫估應付帳款」明細帳戶。月末暫估應付帳款，下月月初應用紅字編製同樣的會計記帳憑證，予以衝回，以便在下月收到發票帳單，支付貨款或開出商業匯票以後，按【實務4-6】或【實務4-8】的方式進行處理。

【實務4-13】5月26日，甲公司從青豐公司採購B材料2,000千克，並已驗收入庫，收到的增值稅專用發票載明購買價款為36,550元，增值稅為6,215元，款項合計42,765元尚未支付。根據有關發票帳單和收料單等，甲公司編製會計分錄如下：

　　借：原材料　　　　　　　　　　　　　　　　　　　　36,550
　　　　應交稅費——應交增值稅（進項稅額）　　　　　　 6,215
　　　　貸：應付帳款——青豐公司　　　　　　　　　　　 42,765

通過銀行支付上述款項時，根據有關銀行結算憑證，甲公司編製會計分錄如下：

　　借：應付帳款——青豐公司　　　　　　　　　　　　　42,765
　　　　貸：銀行存款　　　　　　　　　　　　　　　　　 42,765

如果上述款項採用商業匯票結算方式，企業在開出商業匯票時，根據有關銀行結算憑證，甲公司編製會計分錄如下：

　　借：應付帳款——青豐公司　　　　　　　　　　　　　42,765
　　　　貸：應付票據　　　　　　　　　　　　　　　　　 42,765

在實際工作中，為了簡化核算，對於發票帳單已到，但尚未付款或尚未開出商業匯票的已入庫材料，平時可以不進行帳務處理。當月付款或者開出商業匯票時，按照

【實務4-6】或者【實務4-8】進行同樣的帳務處理。

4. 外購材料短缺和毀損的處理

企業外購材料在驗收時發現短缺和毀損，應當及時查明原因，分清責任，分不同情況處理。屬於供應單位負責的，如果貨款尚未支付，應按實收數量付款或全部拒付；如果貨款已經支付，則應填製賠償請求單，要求供應單位退款或補貨，退款通過「應付帳款」帳戶核算，請求補貨可以保留在「在途物資」帳戶中。屬於運輸機構或過失人負責的，也應填製賠償請求單，請求賠償，通過「其他應收款」帳戶核算。屬於運輸途中的合理損耗（即定額內損耗），應計入材料實際採購成本（會計上不必編製會計記帳憑證，只是相應提高了材料的實際平均單位成本）。因遭受意外災害發生的損失和尚待查明原因的途中損耗，應先記入「待處理財產損溢」帳戶，查明原因後再進行處理。

【實務4-14】承【實務4-12】中，6月4日，甲公司驗收B材料時實收數量為3,800千克，短少200千克。經查由供應單位青海公司負責，青海公司已同意補發材料。B材料不含增值稅的價款和運輸費為3,725元（74,500÷4,000×200）。根據有關收料憑證等，甲公司編製會計分錄如下：

借：原材料——B材料　　　　　　　　　　　　　　　70,775
　　貸：在途物資——青海公司　　　　　　　　　　　　70,775

收到青海公司補發B材料200千克，在途物資明細帳登記的金額為3,750元。材料驗收入庫時，根據有關收料憑證等，甲公司編製會計分錄如下：

借：原材料——B材料　　　　　　　　　　　　　　　3,725
　　貸：在途物資——青海公司　　　　　　　　　　　　3,725

（三）自製材料入庫和殘料、廢料的回收入庫的核算

企業自製材料驗收入庫，應根據成本計算資料中記錄的實際成本和自製材料交庫單進行確認和計量。

【實務4-15】乙公司由第二車間自製的100件D材料驗收入庫，成本計算資料中記錄的實際成本為27,500元。根據有關自製材料交庫單等憑證，乙公司編製會計分錄如下：

借：原材料——D材料　　　　　　　　　　　　　　　27,500
　　貸：生產成本——第二車間　　　　　　　　　　　　27,500

生產過程中回收的殘料或廢料，驗收入庫以後，根據材料交庫單和估計成本，編製上述相同的會計分錄。固定資產清理和週轉材料報廢回收殘料的會計處理，將在后面有關內容中介紹。

（四）材料發出的總分類核算

領料單、限額領料單和領料登記表等發料憑證是組織材料發出的總分類核算的依據。由於企業發料次數頻繁，憑證數量很多，為了簡化核算，平時一般不直接根據每一張發料憑證編製記帳憑證；而是每月月末，由財會（或倉庫）部門對已經標價的發料憑證，按材料性質和領料用途進行匯總，編製「發出材料匯總表」作為材料發出總

分類核算的依據。

企業發出原材料，應貸記「原材料」帳戶，借方對應帳戶則應根據領料用途確定。基本生產車間產品生產直接耗用的材料，應記入「生產成本」帳戶；基本生產車間管理部門領用材料和車間一般消耗的材料，應記入「製造費用」帳戶；企業銷售產品過程中領用的材料以及專設銷售機構領用的材料，應記入「銷售費用」帳戶；企業管理部門領用的材料，應記入「管理費用」帳戶；企業對外銷售的材料，在取得收入時，登記在「其他業務收入」帳戶中，銷售材料的成本則應登記在「其他業務成本」帳戶中；委託外單位加工發出的材料，應記入「委託加工物資」帳戶；固定資產建造工程領用生產用的材料，應列入固定資產建造成本，記入「在建工程」帳戶。

(五) 材料收發的明細核算

1.「在途物資」帳戶的明細核算

「在途物資」帳戶應當按照供貨單位和材料的品種設置明細帳，組織明細核算。為了及時核查在途材料入庫情況，「在途物資明細帳」應當採用「橫線登記法」逐筆登記。

所謂「橫線登記法」，是指對於與採購業務相應的收料業務，應該登記在同一橫行內。這樣登記的結果，凡是有借方記錄而沒有貸方記錄的採購業務，即為在途材料。

「在途物資明細帳」的借方應當根據審核以後的有關付款憑證（轉帳憑證）及其所附原始憑證序時登記，反應每一筆在途材料的實際採購成本；貸方應當根據有關收料憑證登記。貸方中的「其他轉出」欄是指發生外購材料短缺、毀損等從「在途物資」帳戶轉出的數額。

2.「原材料」帳戶的明細核算

採用實際成本進行材料的明細核算，一般應設置材料二級帳和材料明細帳。

「原材料」帳戶的二級帳一般可以按照原材料的類別（如原料及主要材料、輔助材料、外購半成品、修理用備件、包裝材料、燃料等）設置，只核算各類材料的金額。材料二級帳應根據有關收發料的記帳憑證登記，帳頁的格式與原材料總帳相同。

「原材料」帳戶的明細帳按材料的品種和規格設置，同時進行數量和金額核算，用以反應各種材料的收入、發出、結存的數量和金額變動情況。材料明細帳應當根據收料憑證和發料憑證逐筆登記，一個企業至少應有一套有數量金額的材料明細帳。

(六) 材料總帳與明細帳的核對

為了保證材料核算的正確性，企業必須定期（按月）進行材料帳目的核對。會計部門材料員（或材料稽核員）必須加強對材料日常收發憑證和數量核算的稽核工作；每日或定期到材料倉庫，簽收材料收發憑證，並檢查其憑證內容和材料計價等有無問題；核對無誤以後，在倉庫材料明細帳上簽字，再將憑證帶回會計部門，作為進行材料核算的依據。

月末，應將「原材料」總分類帳戶的借方餘額，與所屬材料二級明細帳戶借方餘額之和核對相符；原材料二級帳戶的借方餘額，應與其所屬材料三級明細帳戶借方餘額（結存金額）之和核對相符。沒有設置原材料二級帳戶的企業，應將原材料總分類

帳戶的月末借方余額,與其所屬各材料明細帳戶月末借方余額(結存金額)之和核對相符。在途物資總分類帳戶與明細帳戶的核對與原材料帳戶相同。

三、採用計劃成本進行材料日常核算

(一) 帳戶的設置

企業採用計劃成本進行材料的日常核算，除了設置「原材料」「週轉材料」(或者「包裝物」「低值易耗品」) 等反應庫存材料計劃成本的帳戶外，還應設置「材料採購」和「材料成本差異」帳戶。

1. 「原材料」帳戶

「原材料帳戶」用來核算企業庫存的各種材料，包括原料及主要材料、輔助材料、外購半成品 (外購件)、修理用備件 (備品備件)、包裝材料、燃料等的計劃成本。

「原材料」帳戶借方登記企業已經驗收入庫的原材料的計劃成本；貸方登記發出 (領用或銷售、委託加工發出等) 材料的計劃成本；期末余額在借方，反應企業期末材料的計劃成本。

2. 「材料採購」帳戶

「材料採購」帳戶用來核算企業所有外購材料的採購成本。

「材料採購」帳戶的借方登記全部外購材料的實際採購成本，包括已經收到發票帳單、貨款已經支付 (或已經開出商業匯票) 並已驗收入庫材料的實際成本和在途材料的實際成本；貸方登記已經收到發票帳單、貨款已經支付 (或已經開出商業匯票) 並已驗收入庫材料的計劃成本。材料實際成本與計劃成本的差異，稱為材料成本差異。實際成本大於計劃成本的差異，稱為超支差；實際成本小於計劃成本的差異，稱為節約差。已經收到發票帳單、貨款已經支付 (或已經開出商業匯票) 並已驗收入庫材料的成本差異，應從「材料採購」帳戶轉入「材料成本差異」帳戶。超支差從貸方轉出；節約差從借方轉出。這樣「材料採購」帳戶的期末余額一定在借方，反應的是企業已經收到發票帳單、貨款已經支付 (或已經開出商業匯票)，但尚在運輸途中或未驗收入庫的在途材料的實際成本。

「材料採購」帳戶一般應按供應單位和材料的品種設置明細帳，進行明細核算。

3. 「材料成本差異」帳戶

「材料成本差異」帳戶用來核算企業各種材料 (包括原材料、週轉材料等) 的實際成本與計劃成本的差異。

「材料成本差異」帳戶的借方登記已經驗收入庫的各種材料的超支差及發出材料應負擔的節約差；貸方登記已經驗收入庫的各種材料的節約差及發出材料應負擔的超支差。該帳戶期末余額如果在借方，反應期末各種庫存材料實際成本大於計劃成本的差異 (超支差)；期末余額如果在貸方，反應期末各種庫存材料的實際成本小於計劃成本的差異 (節約差)。

「材料成本差異」帳戶應分「原材料」「週轉材料」(或「包裝物」「低值易耗品」) 等，按照材料類別或品種進行明細核算。各種材料不能使用一個綜合的材料成本差異率；除委託外單位加工發出材料可以採用期初材料成本差異率計算外，其他各種材料都應當採用本期材料成本差異率計算。

(二) 外購材料收入的總分類核算

前已述及，在採用實際成本進行材料日常核算的企業，對於外購材料收入的核算，應該分以下三種情況進行不同處理：支付貨款的同時收到材料；付款在先，收料在後；收料在先，付款在後。採用計劃成本進行材料核算的企業，外購材料的收入，也應分上述三種情況進行不同處理。

1. 購入材料採購成本的發生

採用計劃成本組織材料的核算，所有外購材料的採購成本都要通過「材料採購」帳戶核算。下面，以採用實際成本進行核算的實務例題說明購入材料的核算。

【實務4-16】5月3日，甲公司從青川公司採購A材料1,000千克，增值稅專用發票載明購買價款為10,000元，增值稅為1,700元，運輸費發票載明運輸費1,110元（價稅合計），上述款項已用轉帳支票結算，材料已驗收入庫。根據有關發票帳單和銀行結算憑證等，甲公司編製會計分錄如下：

借：材料採購——青州公司（A材料）　　　　　11,000
　　應交稅費——應交增值稅（進項稅額）　　　　1,810
　貸：銀行存款　　　　　　　　　　　　　　　　12,810

為了簡化核算，採用計劃成本進行材料日常核算的企業，入庫材料的計劃成本可以在月末匯總後一次結轉，也可逐筆結轉。本教材採用月末匯總一次結轉的方法。

【實務4-17】5月8日，甲公司從青江公司採購A材料4,000千克，增值稅專用發票載明價款為39,500元，增值稅為6,715元，運輸費發票載明運輸費2,220元（價稅合計），上述款項已採用銀行匯票結算方式結算，匯票多餘款1,565元已退回，材料已驗收入庫。根據有關發票帳單和銀行結算憑證等，甲公司編製會計分錄如下：

借：材料採購——青江公司（A材料）　　　　　41,500
　　應交稅費——應交增值稅（進項稅額）　　　　6,935
　　銀行存款　　　　　　　　　　　　　　　　　1,565
　貸：其他貨幣資金　　　　　　　　　　　　　　50,000

【實務4-18】5月21日，甲公司從青園公司採購A材料5,000千克，增值稅專用發票載明購買價款為50,000元，增值稅為8,500元，上述款項已開出商業承兌匯票，運輸費發票載明運輸費4,440元（價稅合計），已用匯兌結算方式支付，材料已驗收入庫。根據有關發票帳單和銀行結算憑證等，甲公司編製會計分錄如下：

借：材料採購——清源公司（A材料）　　　　　54,000
　　應交稅費——應交增值稅（進項稅額）　　　　8,940
　貸：應付票據　　　　　　　　　　　　　　　　58,500
　　　銀行存款　　　　　　　　　　　　　　　　4,440

【實務4-19】5月8日，甲公司擬向青林公司採購B材料，按合同預付貨款100,000元，已用匯兌結算方式支付。根據有關銀行結算憑證等，甲公司編製會計分錄如下：

借：預付帳款——青林公司　　　　　　　　　　100,000

貸：銀行存款　　　　　　　　　　　　　　　　　　　　　100,000

【實務4-20】5月15日，甲公司收到青林公司發來的B材料10,000千克，增值稅專用發票載明購買價款為174,500元，增值稅為29,665元，運輸費發票載明運輸費3,330元（價稅合計），扣除原預付貨款100,000元以後，已以匯兌結算方式補付107,495元。根據有關發票帳單和銀行結算憑證等，甲公司編製會計分錄如下：

　　借：材料採購——青林公司（B材料）　　　　　　　　　177,500
　　　　應交稅費——應交增值稅（進項稅額）　　　　　　　 29,995
　　貸：預付帳款——青林公司　　　　　　　　　　　　　　207,495
　　借：預付帳款——青林公司　　　　　　　　　　　　　　107,495
　　貸：銀行存款　　　　　　　　　　　　　　　　　　　　107,495

【實務4-21】5月25日，甲公司向青海公司採購B材料4,000千克，增值稅專用發票載明購買價款為72,500元，增值稅為12,325元，運輸費發票載明運輸費2,220元（價稅合計），上述款項已通過銀行承付，材料尚未運到企業。根據有關發票帳單和銀行結算憑證等，甲公司編製會計分錄如下：

　　借：材料採購——青海公司（A材料）　　　　　　　　　 74,500
　　　　應交稅費——應交增值稅（進項稅額）　　　　　　　 12,545
　　貸：銀行存款　　　　　　　　　　　　　　　　　　　　 87,045

【實務4-22】5月31日，甲公司5月26日從青豐公司採購的B材料2,000千克，已驗收入庫，收到的增值稅專用發票載明購買價款為36,550元，增值稅為6,215元，款項合計42,765元尚未支付。根據有關發票帳單和收料單等，甲公司編製會計分錄如下：

　　借：材料採購——青豐公司（B材料）　　　　　　　　　　36,550
　　　　應交稅費——應交增值稅（進項稅額）　　　　　　　　6,215
　　貸：應付帳款——青豐公司　　　　　　　　　　　　　　 42,765

2. 購入材料計劃成本和成本差異的結轉

採用計劃成本進行材料日常核算，月末應當匯總外購材料的收料憑證，結轉材料的計劃成本和成本差異。月末，財會部門應將倉庫轉來的外購材料收料憑證，按照「原材料」「週轉材料」（或「包裝物」「低值易耗品」）等材料帳戶，分別按以下兩種情況進行匯總：

（1）對於已經付款或已開出商業匯票的收料憑證（包括本月付款或開出商業匯票的上月收料憑證，因為上月月末估價入帳以後，本月月初又用紅字沖回）以及發票帳單已到，但尚未付款或尚未開出商業匯票的收料憑證。應按計劃成本和實際成本分別匯總，並分材料帳戶計算出實際成本與計劃成本的差異，結轉入庫材料的計劃成本和成本差異。

（2）對於尚未收到發票帳單的收料憑證，應分「原材料」「週轉材料」（或「包裝物」「低值易耗品」）等材料帳戶，抄列清單，按計劃成本暫估入帳。下月月初用紅字做同樣的記錄，予以沖回。下月付款或開出商業匯票時，再通過「材料採購」帳戶核算。

【實務4-23】5月31日，甲公司本月已經付款或已開出商業匯票並已入庫的 A 材料 10,000 千克，B 材料 10,000 千克；本月已收到發票帳單，但尚未付款或尚未開出商業匯票的已入庫 B 材料 2,000 千克。A 材料計劃單位成本為 10 元，B 材料計劃單位成本為 17 元。本月入庫材料的計劃成本可以匯總計算如下：

A 材料 = 10,000×10 = 100,000（元）

B 材料 = （10,000+2,000）×17 = 204,000（元）

月末結轉入庫外購材料的計劃成本，根據有關收料憑證和收料憑證匯總表等，甲公司編製會計分錄如下：

借：原材料——A 材料　　　　　　　　　　　　　　　100,000
　　　　——B 材料　　　　　　　　　　　　　　　　204,000
　　貸：材料採購　　　　　　　　　　　　　　　　　　304,000

【實務4-24】5月31日，甲公司本月外購並已入庫原材料實際成本為 321,050 元，計劃成本為 304,000 元，材料成本差異為超支 17,050 元。根據有關材料成本差異計算表等，甲公司月末結轉入庫材料成本差異，編製會計分錄如下：

借：材料成本差異　　　　　　　　　　　　　　　　　17,050
　　貸：材料採購　　　　　　　　　　　　　　　　　　17,050

3. 外購材料短缺和毀損的處理

採用計劃成本進行材料核算，對於外購材料短缺和毀損的處理，與採用實際成本進行核算相同，只是對於已付款材料的短缺和毀損，不是從「在途物資」帳戶中轉出，而是從「材料採購」帳戶中轉出。

【實務4-25】乙公司採購的 C 材料 4,000 千克因運輸途中車輛事故導致材料全部報廢，原已支付的購買價款為 25,000 元，增值稅為 4,250 元，運輸費為 888 元（價稅合計），殘料回收收入現金 1,000 元。事故調查處理結果為應由過失人賠款 3,000 元，保險公司賠款 23,000 元。有關會計處理如下：

（1）發生事故後將實際採購成本轉入「待處理財產損溢」帳戶，根據有關事故報告憑證，乙公司編製會計分錄如下：

借：待處理財產損溢——待處理流動資產損溢（C 材料）　30,138
　　貸：應交稅費——應交增值稅（進項稅額轉出）　　　　4,338
　　　　材料採購　　　　　　　　　　　　　　　　　　25,800

（2）登記殘料回收收入和過失人，保險公司應賠款，根據有關收款憑證和事故處理憑證等，乙公司編製會計分錄如下：

借：庫存現金　　　　　　　　　　　　　　　　　　　1,000
　　其他應收款——××過失人　　　　　　　　　　　　3,000
　　其他應收款——保險公司　　　　　　　　　　　　23,000
　　貸：待處理財產損溢　　　　　　　　　　　　　　27,000

（3）扣除殘料價值和過失人，保險公司賠款后的淨損失為 3,158 元（30,138-1,000-3,000-23,000），列作營業外支出，根據有關審批憑證，乙公司編製會計分錄如下：

借：營業外支出——非常損失　　　　　　　　　　　　3,158
　　貸：待處理財產損溢——待處理流動資產損溢（C材料）　3,158

（三）自製材料入庫和殘料、廢料回收入庫的核算

企業自製材料驗收入庫，應按實收數量和該種材料的計劃單位成本，計算出計劃總成本，記入「原材料」「包裝物」「低值易耗品」等材料類帳戶，並根據「生產成本」帳戶記錄的實際製造成本，計算出材料成本差異，記入「材料成本差異」帳戶；同時，將「生產成本」帳戶記錄的實際成本予以結轉。

【實務4-26】乙公司自製丁材料驗收入庫，「生產成本」帳戶記錄的實際成本為10,500元，經計算計劃成本為10,000元。根據有關收料憑證，乙公司編製會計分錄如下：

借：原材料　　　　　　　　　　　　　　　　10,000
　　材料成本差異　　　　　　　　　　　　　　　500
　　貸：生產成本　　　　　　　　　　　　　　　　　10,500

生產過程中回收的殘料和廢料，在驗收入庫時，一般可以按計劃成本借記「原材料」帳戶，貸記「生產成本」帳戶，不考慮材料成本差異。

（四）材料發出的總分類核算

採用計劃成本進行材料日常核算，發出材料總分類核算的依據，仍然是根據領、發料憑證匯總編製的「發出材料匯總表」。與材料按實際成本核算不同的是，「發出材料匯總表」除了匯總計劃成本以外，還應計算並填列發出材料應負擔的材料成本差異額，將發出材料的計劃成本調整為實際成本。

【實務4-27】2015年5月31日，甲公司根據本月領料單匯總，基本生產車間生產領用A材料10,000千克，B材料9,000千克，基本生產車間一般消耗領用A材料100千克，企業管理部門領用A材料50千克。A、B兩種材料的計劃單位成本分別為10元和17元。根據「原材料」和「材料成本差異」明細帳戶記錄計算，本月A材料成本差異率為超支5%，B材料成本差異率為超支4.118%。甲公司根據資料編製甲公司本月「發出材料匯總表」（見表4-7）。

表4-7　　　　　　　　　　　　甲公司發出材料匯總表

材料類別：原材料　　　　　　　2015年5月　　　　　　　　　金額單位：元

領料部門及用途	A材料 計劃成本	差異率（%）	成本差異	B材料 計劃成本	差異率（%）	成本差異	合計 計劃成本	成本差異	實際成本
基本生產車間									
產品生產	100,000		5,000	153,000		6,300	253,000	11,300	264,300
一般消耗	1,000		50				1,000	50	1,050
企業管理部門	500		25				500	25	525

表4-7(續)

領料部門 及用途	A 材料			B 材料			合計		
	計劃 成本	差異率 (%)	成本 差異	計劃 成本	差異率 (%)	成本 差異	計劃 成本	成本 差異	實際 成本
合計	101,500	5	5,075	153,000	4.118	6,300	254,500	11,375	265,875

　　月末結轉發出材料的計劃成本和成本差異，根據「發出材料匯總表」，甲公司編製會計分錄如下：

　　借：生產成本　　　　　　　　　　　　　　　　　264,300
　　　　製造費用　　　　　　　　　　　　　　　　　　1,050
　　　　管理費用　　　　　　　　　　　　　　　　　　　525
　　　貸：原材料　　　　　　　　　　　　　　　　　254,500
　　　　　材料成本差異　　　　　　　　　　　　　　11,375

　　上述經濟業務也可以編製以下兩筆會計分錄：
（1）1月末結轉發出材料的計劃成本。
　　借：生產成本　　　　　　　　　　　　　　　　　253,000
　　　　製造費用　　　　　　　　　　　　　　　　　　1,000
　　　　管理費用　　　　　　　　　　　　　　　　　　　500
　　　貸：原材料　　　　　　　　　　　　　　　　　254,500
（2）月末結轉發出材料應負擔的成本差異。
　　借：生產成本　　　　　　　　　　　　　　　　　11,300
　　　　製造費用　　　　　　　　　　　　　　　　　　　50
　　　　管理費用　　　　　　　　　　　　　　　　　　　25
　　　貸：材料成本差異　　　　　　　　　　　　　　11,375

　　將上述會計分錄記入總分類帳戶后，「原材料」帳戶月末余額為95,500元，表示月末庫存材料的計劃成本；「材料成本差異」帳戶月末借方余額為4,175元，表示月末庫存材料應負擔的材料成本差異（超支差）。這兩個帳戶的借方余額之和為月末庫存原材料的實際成本99,675元（95,500+4,175）；月初庫存材料的實際成本則是44,500元（46,000-1,500），這是因為「材料成本差異」帳戶月初時存在貸方余額。

（五）材料收發的明細核算

　　採用計劃成本進行材料的明細核算，包括材料採購的明細核算、庫存材料的明細核算和材料成本差異的明細核算。

　　1. 材料採購的明細核算

　　企業「材料採購」帳戶的明細帳需要按照供貨單位和材料的品種（或者材料）設置。為了便於按類別或品種計算外購材料的成本差異，「材料採購明細帳」和「材料成本差異明細帳」的明細帳戶名稱應該一致。

　　為了及時核查外購材料入庫情況，「材料採購明細帳」也應當採用「橫線登記法」

逐筆登記。對於與採購業務（包括已經付款或已開出的商業匯票以及已經收到發票帳單尚未付款或尚未開出的商業匯票）相應的收料業務，應該登記在同一橫行內。這樣登記的結果，凡是有借方記錄而沒有貸方記錄的採購業務，即為月末在途材料。

「材料採購明細帳」的借方應當根據審核以後的有關付款憑證（轉帳憑證）及其所附原始憑證序時登記，反應每一筆業務的實際採購成本；貸方應當根據按計劃成本計價的收料單登記。貸方中的「其他」欄，是指發生外購材料短缺、毀損等從「材料採購」帳戶轉出的數額。月終應將借方合計數（外購材料實際成本總額，不包括在途材料實際成本）與貸方合計數（購入材料計劃成本加其他轉出）進行比較，計算出材料成本差異的超支額或節約額。超支額應從「材料採購明細帳」的貸方一次結轉到「材料成本差異明細帳」的借方；節約額則相反。

月末結帳時，還應將月末在途材料記錄逐筆結轉，照抄在下月帳內，以便在材料驗收入庫時仍採用「橫線登記法」進行登記。

2. 庫存材料的明細核算

採用計劃成本進行材料的明細核算，材料二級帳和材料明細帳的設置與實際成本核算相同，登記的依據也相同。由於材料日常收入、發出、結存都採用計劃成本，因此材料明細帳中的收入、發出和結存平時可以只登記數量，月終再根據材料結存數量和計劃單位成本計算並登記結存金額。

3. 材料成本差異的明細核算

材料成本差異的明細核算，應當分「原材料」「週轉材料」（或「包裝物」「低值易耗品」）等，按照材料類別或品種設置「材料成本差異明細帳」。為了便於計算材料成本差異。「材料成本差異明細帳」應當同時反應材料成本差異和計劃成本。

「材料成本差異明細帳」每月月末根據有關轉帳憑證登記。其中，收入材料的成本差異包括外購材料（自「材料採購」帳戶轉入）、自製材料（自「生產成本」帳戶轉入）和委託加工材料（自「委託加工物資」帳戶轉入）等；發出材料應負擔的成本差異應在計算材料成本差異率後確定。

(六) 材料總帳和明細帳的核對

採用計劃成本進行材料明細核算，材料明細帳、二級帳和總分類帳之間的核對程序和方法與實際成本相同。材料採購明細帳與其總分類帳、材料成本差異明細帳與其總分類帳，每月月末都應該核對相符。

任務三　週轉材料

一、低值易耗品

(一) 低值易耗品核算的帳戶設置

低值易耗品是企業週轉材料中的一種，是指不能作為固定資產管理和核算的各種用具物品，如工具、管理用具、玻璃器皿以及在生產經營過程中週轉使用的包裝容

器等。

低值易耗品具有單位價值較低、容易損耗的特點，會計上將其視同材料存貨，列作流動資產進行管理和核算。但是，低值易耗品屬於勞動資料，可以多次參加生產過程，並保持原有的實物形態；低值易耗品在使用過程中，可能需要進行修理；低值易耗品使用一定時期後才報廢，報廢時可以回收一部分殘值；等等，這些特點決定了低值易耗品的領用和報廢在管理和核算上都有不同於材料的地方。

為了核算和監督企業低值易耗品的收入、發出、使用和價值攤銷等情況，企業可以單獨設置「低值易耗品」帳戶，也可以在「週轉材料」帳戶下設置「低值易耗品」二級帳戶，組織低值易耗品收入、發出、使用、結存的核算。本教材按在「週轉材料」帳戶下設置「低值易耗品」二級帳戶講述。

「週轉材料——低值易耗品」二級帳戶借方登記企業購入、自製、委託外單位加工完成驗收入庫等方式取得低值易耗品的實際成本；貸方登記領用、發出低值易耗品的實際成本以及在用低值易耗品的攤銷額；期末余額在借方，反應在庫低值易耗品的實際成本和在用低值易耗品的攤余價值。企業採用計劃成本組織低值易耗品日常核算時，該帳戶借方、貸方和余額都反應低值易耗品的計劃成本。

「週轉材料——低值易耗品」帳戶應當按照低值易耗品類別、品種、規格以及在庫、在用、攤銷等情況分別設置明細帳，進行低值易耗品數量和金額明細核算。

企業購入、自製、委託外單位加工完成驗收入庫等方式取得的低值易耗品，即收入低值易耗品的核算，與原材料收入的核算完全相同，本節主要說明企業低值易耗品攤銷的核算。

(二) 低值易耗品攤銷的帳務處理

低值易耗品攤銷有一次攤銷法和五五攤銷法兩種方法。

一次攤銷法是指在領用低值易耗品時，一次將全部價值攤入有關籌備費用的方法。一次攤銷法通常適用於價值較低或者極易損壞的管理用具和小型工具及某些專用工具。

【實務4-28】乙公司低值易耗品採用計劃成本法組織日常核算，本月基本生產車間領用專用工具一批，計劃總成本為8,000元；廠部管理部門領用管理用具一批，計劃總成本為2,000元；本月低值易耗品成本差異率為1.8%。根據發出材料匯總表，本月領用低值易耗品應負擔的成本差異為180元（其中，生產車間144元，管理部門36元）；實際成本為10,180元（其中，生產車間8,144元，管理部門2,036元）。採用一次攤銷法，計算並結轉低值易耗品的計劃成本和應負擔的成本差異，乙公司編製會計分錄如下：

借：製造費用　　　　　　　　　　　　　　　　　　　8,144
　　管理費用　　　　　　　　　　　　　　　　　　　2,036
　　貸：週轉材料——低值易耗品（在庫）　　　　　 10,000
　　　　材料成本差異　　　　　　　　　　　　　　　　180

五五攤銷法是指低值易耗品在領用和報廢時，各攤銷其價值的50%。五五攤銷法需要運用「在用低值易耗品」和「低值易耗品攤銷」等明細帳戶。

【實務 4-29】丙公司低值易耗品採用實際成本法組織日常核算，本月基本生產車間因需要在生產過程中週轉使用，領用包裝容器 20 件，實際總成本為 20,000 元。假設該批低值易耗品報廢時回收殘料收入現金 1,800 元。採用五五攤銷法，根據有關憑證，丙公司編製會計分錄如下：

(1) 領用時攤銷其價值的 50%，並轉作在用低值易耗品。

借：週轉材料——低值易耗品（在用）　　　　　　　　20,000
　　貸：週轉材料——低值易耗品（在庫）　　　　　　　　20,000
借：製造費用　　　　　　　　　　　　　　　　　　　　10,000
　　貸：週轉材料——低值易耗品（攤銷）　　　　　　　　10,000

(2) 報廢時攤銷另外的 50%，並註銷在用低值易耗品及其攤銷額。

借：製造費用　　　　　　　　　　　　　　　　　　　　10,000
　　貸：週轉材料——低值易耗品（攤銷）　　　　　　　　10,000
借：週轉材料——低值易耗品（攤銷）　　　　　　　　　20,000
　　貸：週轉材料——低值易耗品（在用）　　　　　　　　20,000

(3) 報廢時回收殘料收入衝減有關費用。

借：庫存現金　　　　　　　　　　　　　　　　　　　　1,800
　　貸：製造費用　　　　　　　　　　　　　　　　　　　1,800

二、包裝物

(一) 包裝物核算的帳戶設置

包裝物是指為了包裝本企業商品而儲備的各種包裝容器，如桶、箱、瓶、壇、袋等。包裝物流動性大、週轉環節多、使用情況複雜，為了核算和監督企業包裝物的收入、發出、使用和價值攤銷等情況，企業可以單獨設置「包裝物」帳戶，也可以在「週轉材料」帳戶下設置「包裝物」二級帳戶，組織包裝物收入、發出、使用和結存的核算。本教材按在「週轉材料」帳戶下設置「包裝物」二級帳戶講述。

「週轉材料——包裝物」二級帳戶，借方登記企業購入、自製、委託外單位加工完成驗收入庫等方式收入的包裝物的實際成本；貸方登記領用、發出包裝物的實際成本以及出租出借包裝物的攤銷額；期末餘額在借方，反應期末庫存包裝物的實際成本和出租出借包裝物的攤餘價值。企業採用計劃成本組織包裝物日常核算時，該帳戶借方、貸方和餘額都反應包裝物的計劃成本。

企業應根據包裝物的種類以及在庫、在用（出租、出借）和攤銷等情況設置明細帳，進行包裝物數量和金額明細核算；出租、出借包裝物收回後，應當設置備查簿登記。

企業的各種包裝材料，如紙、繩、鐵絲、鐵皮等，應在「原材料」帳戶核算，不在「週轉材料——包裝物」帳戶中核算；用於儲存和保管產品、物資而不對外出售的包裝物，應按價值大小和使用年限長短，分別在「固定資產」或「低值易耗品」帳戶核算，也不在「週轉材料——包裝物」帳戶中核算。

企業收入包裝物的核算，與原材料收入的核算完全相同，本節主要說明企業在生產和銷售過程中領用包裝物（出售包裝物）以及出租、出借包裝物的核算。

(二) 採用一次攤銷法時包裝物攤銷的帳務處理

1. 生產過程中領用包裝物

企業在生產和銷售過程中領用包裝物、出售包裝物以及數量不多、金額較小且業務不頻繁的出租、出借包裝物，採用一次攤銷法核算。生產過程中領用包裝物並隨同產品出售，包裝物價值計入產品生產成本。

【實務4-30】丙公司包裝物按實際成本計價組織核算，本月生產車間領用包裝物用於產品包裝並隨同產品出售，實際總成本為16,000元。根據「材料發出匯總表」等有關憑證，丙公司編製會計分錄如下：

借：生產成本　　　　　　　　　　　　　　　　　　　　　　16,000
　　貸：週轉材料——包裝物　　　　　　　　　　　　　　　　　　16,000

2. 銷售過程中領用，隨同產品出售不單獨計價的包裝物

銷售過程中領用的隨同本企業產品出售而不單獨計價的包裝物，包裝物價值包含在銷售產品的價值之中，領用包裝物的實際成本列作銷售費用。

【實務4-31】丙公司銷售部門本月為銷售產品領用，隨同產品出售不單獨計價的包裝物一批，實際總成本為8,000元。根據「材料發出匯總表」等有關憑證，丙公司編製會計分錄如下：

借：銷售費用　　　　　　　　　　　　　　　　　　　　　　8,000
　　貸：週轉材料——包裝物　　　　　　　　　　　　　　　　　　8,000

3. 銷售過程中領用，隨同產品出售單獨計價的包裝物

銷售過程中領用的隨同本企業產品出售並單獨計價的包裝物，由於出售包裝物的收入沒有包括在產品銷售收入之中，該包裝物出售收入列作企業其他業務收入，領用包裝物的實際成本也列作其他業務成本。

【實務4-32】丙公司銷售部門本月為銷售產品領用，隨同產品出售並單獨計價的包裝物一批，實際總成本為9,000元，增值稅專用發票載明價款為10,000元，增值稅為1,700元，款項已收妥存入銀行。根據銀行收帳通知和「材料發出匯總表」等有關憑證，丙公司編製會計分錄如下：

借：銀行存款　　　　　　　　　　　　　　　　　　　　　　11,700
　　貸：其他業務收入　　　　　　　　　　　　　　　　　　　　　10,000
　　　　應交稅費——應交增值稅（銷項稅額）　　　　　　　　　　　1,700
借：其他業務成本　　　　　　　　　　　　　　　　　　　　9,000
　　貸：週轉材料——包裝物　　　　　　　　　　　　　　　　　　9,000

(三) 採用五五攤銷法時包裝物攤銷的帳務處理

出租包裝物是指企業因銷售產品的需要，將包裝物租給購貨單位使用，要求其按期歸還並支付租金。包裝物出借是企業根據購銷合同規定，將包裝物借給購買單位使用。為了促使購買單位按期歸還包裝物，出租出借包裝物都可以收取押金，但出借包

裝物不收取租金。出借包裝物沒有收取租金，其成本列入銷售費用；出租包裝物的租金收入列作其他業務收入，成本列作其他業務成本。

企業出租、出借包裝物除了數量不多、金額較小且業務不頻繁的情況以外，通常採用五五攤銷法攤銷，並且需要運用「在用包裝物」和「包裝物攤銷」等明細帳戶。

【實務4-33】丙公司3月7日出租給青園公司全新包裝物100件，實際總成本為6,000元。該批包裝物收取的押金6,000元已存入銀行。4月8日，丙公司收到青園公司交來的租金2,000元（其中增值稅為291元），並退還包裝物60件，另外40件已損壞無法退還。根據租賃協議，丙公司扣除損壞賠款2,800元（其中應交增值稅為407元）外退還押金3,200元。根據有關憑證，丙公司編製會計分錄如下：

（1）出租、出借包裝物時轉作在用包裝物，並攤銷其價值的50%。

借：週轉材料——包裝物（在用）　　　　　　　　　　6,000
　　貸：週轉材料——包裝物（在庫）　　　　　　　　　6,000
借：其他業務成本　　　　　　　　　　　　　　　　　3,000
　　貸：週轉材料——包裝物（攤銷）　　　　　　　　　3,000

（2）收取押金列作其他應付款（存入保證金）。

借：銀行存款　　　　　　　　　　　　　　　　　　　6,000
　　貸：其他應付款——青園公司　　　　　　　　　　　6,000

（3）收取租金列作其他業務收入。

借：銀行存款　　　　　　　　　　　　　　　　　　　2,000
　　貸：其他業務收入　　　　　　　　　　　　　　　　1,709
　　　　應交稅費——應交增值稅（銷項稅額）　　　　　　291

（4）沒收押金視同包裝物出售，列作其他業務收入。

借：其他應付款——青園公司　　　　　　　　　　　　6,000
　　貸：其他業務收入　　　　　　　　　　　　　　　　2,393
　　　　應交稅費——應交增值稅（銷項稅額）　　　　　　407
　　　　銀行存款　　　　　　　　　　　　　　　　　　3,200

（5）報廢40件包裝物攤銷另外的50%，並註銷在低值易耗品及其攤銷額，收回的60件包裝物應在備查簿中登記。

借：其他業務成本　　　　　　　　　　　　　　　　　1,200
　　貸：週轉材料——包裝物（攤銷）　　　　　　　　　1,200
借：週轉材料——包裝物（攤銷）　　　　　　　　　　2,400
　　貸：週轉材料——包裝物（在用）　　　　　　　　　2,400

任務四　委託加工物資的核算

一、「委託加工物資」帳戶的設置

委託加工物資是指企業委託外單位加工的各種材料、商品等物資。「委託加工物

資」帳戶用來核算企業委託外單位加工材料、商品時材料物資的發出，加工費和運輸費等費用的支付以及加工后材料、商品等的收回情況。「委託加工物資」帳戶借方登記委託加工物資發生的實際成本；貸方登記加工完成驗收入庫物資的實際成本和收回剩餘材料、物資的實際成本；期末余額在借方，反應企業委託單位加工尚未完成物資的實際成本。

「委託加工物資」帳戶可以按照委託加工合同、受託加工單位及加工物資的品種等設置明細帳戶，組織明細核算。

二、委託加工物資的帳務處理

【實務4-34】因考慮到本公司的加工條件和權衡成本，甲公司委託青林公司將材料加工成包裝木箱。按照加工合同，甲公司從倉庫發出木材一批，實際總成本為20,000元；以銀行存款支付往返運雜費1,000元，加工費8,000元（增值稅專用發票載明價款為6,838元，增值稅為1,162元）；加工完成，木箱已驗收入庫，剩餘木材的價值為1,200元，已交材料倉庫。根據有關憑證，甲公司編製會計分錄如下：

(1) 發出委託加工材料。

借：委託加工物資——青林公司（包裝木箱）　　　　　　　20,000
　　貸：原材料——木材　　　　　　　　　　　　　　　　　　　20,000

(2) 支付往返運雜費。

借：委託加工物資——青林公司（包裝木箱）　　　　　　　1,000
　　貸：銀行存款　　　　　　　　　　　　　　　　　　　　　1,000

(3) 支付加工費。

借：委託加工物資——青林公司（包裝木箱）　　　　　　　6,838
　　應交稅費——應交增值稅（進項稅額）　　　　　　　　　1,162
　　貸：銀行存款　　　　　　　　　　　　　　　　　　　　　8,000

(4) 加工完成，退回剩餘材料。

借：原材料——木材　　　　　　　　　　　　　　　　　　　1,200
　　貸：委託加工物資——青林公司（包裝木箱）　　　　　　　1,200

(5) 包裝木箱驗收入庫。

借：週轉材料——包裝物（在庫木箱）　　　　　　　　　　　26,638
　　貸：委託加工物資——青林公司（包裝木箱）　　　　　　　26,638

【實務4-35】因客戶急需，甲公司委託青源公司將A材料加工成子產品，按照加工合同，從存款發出A材料一批，實際總成本為60,000元；以銀行存款支付往返運雜費2,000元，加工費35,100元（增值稅專用發票載明價款為30,000元，增值稅為5,100元）；加工完成，子產品已驗收入庫，按照合同，沒有剩餘材料退回。根據有關憑證，甲公司編製會計分錄如下：

(1) 發出委託加工材料。

借：委託加工物資——青源公司（子產品）　　　　　　　　60,000
　　貸：原材料——A材料　　　　　　　　　　　　　　　　　60,000

(2) 支付往返運雜費。
借：委託加工物資——青源公司（子產品）　　　　2,000
　貸：銀行存款　　　　　　　　　　　　　　　　　　2,000
(3) 支付加工費。
借：委託加工物資——青源公司（子產品）　　　　30,000
　　應交稅費——應交增值稅（進項稅額）　　　　　5,100
　貸：銀行存款　　　　　　　　　　　　　　　　　35,100
(4) 加工完成，子產品驗收入庫。
借：庫存商品——子產品　　　　　　　　　　　　92,000
　貸：委託加工物資——青源公司（子產品）　　　　92,000

任務五　庫存商品的核算

一、工業企業產成品的設置

(一)「庫存商品」帳戶的設置

　　工業企業的庫存商品主要是指產成品。產成品是指企業已經完成全部生產過程並已驗收入庫合乎標準規格和技術條件，可以按照合同規定的條件送交訂貨單位，或者可以作為商品對外銷售的產品。庫存商品具體包括庫存產成品、外購商品、存放在門市部準備出售的商品、發出展覽的商品、寄存在外的商品等。企業接受來料加工製造的代製品和為外單位加工修理的代修品，在製造和修理完成驗收入庫後，視同企業的產成品，也包括在庫存商品中。

　　工業企業「庫存商品」帳戶用來核算企業各種庫存商品收入、發出和結存的實際成本。「庫存商品」帳戶的借方登記已完成生產過程（或委託加工過程、採購過程等）並已驗收入庫的庫存商品的實際成本；貸方登記發出商品的實際成本；期末余額在借方，反應企業期末庫存商品的實際成本。

　　企業發出產成品的實際成本，可以採用先進先出法、月末一次加權平均法、移動加權平均法和個別計價法等方法計算確定。

　　工業企業的產成品採用計劃成本計價進行日常核算時，「庫存商品」帳戶用來核算企業各種庫存商品收入、發出和結存的計劃成本，實際成本與計劃成本的差異另行設置「產成品成本差異」帳戶核算。

　　「庫存商品」帳戶應按庫存商品的種類、品種和規格以及存放地點等設置明細帳，進行數量和金額的明細核算。企業庫存商品（產成品）明細帳的格式與材料明細帳格式相同。

(二) 入庫產成品成本的結轉

　　【實務4-36】甲公司基本生產車間生產子、寅兩種產成品，成品倉庫匯總的產品交庫單載明，本月已經驗收入庫的子產品為1,000件，寅產品為1,200件；財會部門編

製的產品成本計算匯總表載明，本月子、寅兩種產品的實際總成本分別為 600,000 元和 900,000 元。根據產品成本計算匯總表等資料，甲公司編製會計分錄如下：

借：庫存商品——子產品　　　　　　　　　　　　　　　　　　600,000
　　　　　　——寅產品　　　　　　　　　　　　　　　　　　900,000
　貸：生產成本——基本生產車間（子產品）　　　　　　　　　600,000
　　　　　　——基本生產車間（寅產品）　　　　　　　　　　900,000

(三) 產成品銷售成本的結轉

【實務 4-37】甲公司上月結存子產品 200 件，實際總成本為 118,000 元，結存寅產品 100 件，實際總成本為 76,000 元；本月生產完工入庫子、寅產品資料見【實務 4-36】；本月銷售子產品 1,100 件，寅產品 1,200 件。甲公司採用月末一次加權平均法計算並結轉本月銷售子產品和寅產品的實際成本。根據有關資料，甲公司編製會計分錄如下：

子產品加權平均法單位成本 = (118,000+600,000)÷(200+1,000) = 598.33（元）
本月子產品銷售總成本 = 1,100×598.33 = 658,163（元）
寅產品加權平均單位成本 = (76,000+900,000)÷(100+1,200) = 750.77（元）
本月寅產品銷售總成本 = 1,200×750.77 = 900,924（元）

借：主營業務成本　　　　　　　　　　　　　　　　　　　　1,559,087
　貸：庫存商品——子產品　　　　　　　　　　　　　　　　　658,163
　　　　　　——寅產品　　　　　　　　　　　　　　　　　　900,924

二、商品流通企業

(一) 採用進價核算購入商品

商品流通企業的庫存商品主要是指外購或委託加工完成驗收入庫用於銷售的各種商品。商品流通企業購入商品有採用進價核算和售價核算兩種形式。批發企業購入商品通常採用進價核算。

商品流通企業購入商品採用進價核算時，企業「庫存商品」帳戶的設置和運用與工業企業相同。購進商品的核算與工業企業外購材料按實際成本計價的核算相似，購入在途的商品通過「在途物資」帳戶核算。庫存商品銷售成本的結轉與產成品銷售成本結轉相同，銷售商品的實際成本，可以採用先進先出法、月末一次加權平均法、移動加權平均法和個別計價法等方法計算確定。

(二) 採用售價核算購入商品

1.「庫存商品」和「商品進銷差價」帳戶的設置

商品流通企業購入商品採用售價核算是指在「庫存商品」明細分類帳中，對零售商品的購進、銷售、溢缺和庫存都按照商品零售價格記帳，按商品實物負責人分戶記載其經營商品的售價金額，通過庫存商品售價總金額控制庫存商品數量。庫存商品售價金額與進價成本之間的差額（即「進銷差價」）另設帳戶進行核算。在這種情況下，企業需要同時設置「庫存商品」和「商品進銷差價」兩個帳戶。「庫存商品」帳

戶期末借方余額減去「商品進銷差價」帳戶期末貸方余額，等於期末庫存商品的進價成本總額。

（1）商品流通企業「庫存商品」帳戶用來核算企業各種庫存商品收入、發出和結存的售價金額。「庫存商品」帳戶的借方登記已完成採購過程（或委託加工過程）並已驗收入庫的庫存商品的售價金額；貸方登記發出的商品的售價金額；期末余額在借方，反應企業期末庫存商品的售價總金額。「庫存商品」帳戶應當按照商品類別或實物負責人進行明細核算。

（2）商品流通企業「商品進銷差價」帳戶用來核算企業庫存商品售價金額與進價成本之間的差額。「商品進銷差價」帳戶的貸方登記入庫商品售價大於進價的差額；借方登記已銷商品應分攤的進銷差價和因商品發出加工、出租、發生損失等轉出的進銷差價；期末余額在貸方，反應企業庫存商品的進銷差價。「商品進銷差價」帳戶應當按照商品類別或實物負責人進行明細核算。

2. 商品購進的核算

【實務4-38】6月1日，乙公司所屬零售店從青山公司採購食品一批，增值稅專用發票載明商品進價為200,000元，增值稅為34,000元，青山公司代墊運雜費1,000元，貨款及運費已於當日支付。該批商品於6月6日運抵乙公司，交零售店驗收上櫃，零售價總額（含稅）為251,550元。根據有關憑證，乙公司編製會計分錄如下：

（1）支付貨款。

借：在途物資——青山公司　　　　　　　　　　　　　　　　201,000
　　應交稅費——應交增值稅（進項稅額）　　　　　　　　　　34,000
　　貸：銀行存款　　　　　　　　　　　　　　　　　　　　　235,000

（2）商品驗收入庫。

借：庫存商品——食品櫃　　　　　　　　　　　　　　　　　251,550
　　貸：在途物資——青山公司　　　　　　　　　　　　　　　201,000
　　　　商品進銷差價——食品櫃　　　　　　　　　　　　　　 50,550

3. 商品銷售成本的結轉

【實務4-39】6月1日，乙公司所屬零售店食品櫃實現銷售總額117,000元存入銀行，該日銷售款中，應確認營業收入為100,000元，應交增值稅為17,000元。根據有關憑證，乙公司編製會計分錄如下：

（1）登記銷售收入。

借：銀行存款　　　　　　　　　　　　　　　　　　　　　　117,000
　　貸：主營業務收入——食品櫃　　　　　　　　　　　　　　100,000
　　　　應交稅費——應交增值稅（銷項稅額）　　　　　　　　 17,000

（2）按照售價結轉已銷商品成本。

借：主營業務成本——食品櫃　　　　　　　　　　　　　　　100,000
　　貸：庫存商品——食品櫃　　　　　　　　　　　　　　　　100,000

4. 已銷商品進銷差價的分攤

【實務4-40】6月30日，根據「主營業務收入」帳戶貸方記錄，乙公司所屬零售

店食品櫃本月實現營業收入總額為 3,000,000 元；根據「庫存商品——食品櫃」帳戶記錄，該帳戶月初借方余額為 410,000 元，本月借方發生額為 2,900,000 元，貸方發生額為 3,000,000 元，月末借方余額為 310,000 元；根據「商品進銷差價——食品櫃」帳戶記錄，該帳戶月初貸方余額為 100,000 元，本月貸方發生額為 758,000 元，月末結轉商品進銷差價前借方發生額為零，貸方余額為 858,000 元。根據資料，乙公司有關商品進銷差價的計算和編製的會計分錄如下：

（1）計算本月已銷商品應分攤的進銷差價。

本月商品進銷差價率＝858,000÷(310,000＋3,000,000)×100％＝25.921,5％

〔或：(100,000＋758,000)÷(410,000＋2,900,000)×100％＝25.921,5％〕

本月已銷商品應分攤的進銷差價＝3,000,000×25.921,5％＝777,645（元）

（2）結轉本月已銷商品應分攤的進銷差價。

借：商品的進銷差價——食品櫃　　　　　　　　　777,645
　　貸：主營業務成本——食品櫃　　　　　　　　　　　777,645

（3）期末結轉進銷差價后商品實際進價（成本）的計算。

本月已銷商品實際進價（成本）＝3,000,000－777,645＝2,222,355（元）

本月已銷商品實際進價（成本）表現為「主營業務成本——食品櫃」帳戶借方發生額與貸方的差額。「主營業務成本」帳戶的這一差額，即月末結轉至「本年利潤」帳戶的金額。

月末庫存商品應分攤的進銷差價＝858,000－777,645＝80,355（元）

月末庫存商品應分攤的進銷差價表現為「商品進銷差價——食品櫃」帳戶的月末貸方余額。

月末庫存商品實際進價（成本）＝310,000－80,355＝229,645（元）

任務六　存貨的清查

存貨清查是指對存貨的實地盤點，確定存貨的實有數量，並與帳面結存數核對，從而確定存貨實存數與帳存數是否相符的一種專門方法。

由於存貨種類繁多、收發頻繁，在日常收發過程中可能發生計量錯誤、計算錯誤、自然損耗，還可能損壞變質以及發生貪污、盜竊等情況，造成帳實不符，形成存貨的盤盈、盤虧。

一、「待處理財產損溢」帳戶的設置

「待處理財產損溢」帳戶用來核算企業在清查財產過程中查明的各種財產盤盈、盤虧和毀損的價值。「待處理財產損溢」帳戶的借方登記企業在財產清查過程中查明的各種財產物資的盤虧、毀損的金額以及按管理權限經批准轉銷的財產物資的盤盈金額；貸方登記各種財產物資的盤盈金額以及按管理權限經批准轉銷的各種財產物資的盤虧、毀損金額。企業財產損益應當查明原因，在期末結帳前處理完畢，期末處理后「待處理財產損溢」帳戶應無余額。

「待處理財產損溢」帳戶應按盤盈、盤虧的資產種類和項目進行明細核算。

企業如有盤盈固定資產，應作為前期差錯記入「以前年度損益調整」帳戶，不記入「待處理財產損溢」帳戶。

二、存貨清查的帳務處理

【實務 4-41】甲公司在定期財產清查中，盤盈 C 材料 200 千克，同類材料的市場價格為 6 元/千克；盤虧 D 材料 400 千克，該材料帳面實際單位成本為 10 元/千克。經查明，材料盤盈、盤虧系收發計量方面的差錯，盤盈材料衝減管理費用；盤虧材料記入管理費用。根據「材料盤存盈虧報告單」，甲公司編製會計分錄如下：

(1) 按管理權限報經批准轉銷前的處理。

借：原材料——C 材料　　　　　　　　　　　　　　　　1,200
　貸：待處理財產損溢——待處理流動資產損溢　　　　　1,200
借：待處理財產損溢——待處理流動資產損溢　　　　　　4,000
　貸：原材料——D 材料　　　　　　　　　　　　　　　4,000

(2) 按管理權限報經批准轉銷的處理。

借：待處理財產損溢——待處理流動資產損溢　　　　　　1,200
　貸：管理費用　　　　　　　　　　　　　　　　　　　1,200
借：管理費用　　　　　　　　　　　　　　　　　　　　4,000
　貸：待處理財產損溢——待處理流動資產損溢　　　　　4,000

【實務 4-42】乙公司丙材料因自然災害毀損 1,200 千克，經清理，該材料帳面實際單位成本為 20 元/千克，購入時支付的增值稅為 4,080 元；保險公司已同意賠款 10,000 元，殘料處理收到現金 600 元。按管理權限報經批准後，淨損失列作營業外支出。根據「材料毀損報告單」等有關憑證，乙公司編製會計分錄如下：

(1) 按管理權限報經批准轉銷前。

借：待處理財產損溢——待處理流動資產損溢　　　　　24,000
　貸：原材料——丙材料　　　　　　　　　　　　　　24,000
借：庫存現金　　　　　　　　　　　　　　　　　　　　 600
　　其他應收款——應收保險賠款　　　　　　　　　　10,000
　貸：待處理財產損溢——待處理流動資產損溢　　　　10,600

(2) 按管理權限報經批准轉銷。

借：營業外支出——非常損失　　　　　　　　　　　　13,400
　貸：待處理財產損溢——待處理流動資產損溢　　　　13,400

任務七　存貨的期末計量

一、存貨期末計量原則

資產負債表日存貨應當按照成本與可變現淨值孰低計量。存貨成本高於其可變現

淨值的，應當計提存貨跌價準備，計入當期損益。其中，可變現淨值是指在日常活動中，存貨的估計售價減去至完工時估計將要發生的成本、估計的銷售費用以及相關稅費后的金額；存貨成本是指期末存貨的實際成本。

(一) 存貨可變現淨值的特徵

存貨的可變現淨值是指在企業日常活動中，存貨的估計售價減去至完工時估計將要發生的成本、估計的銷售費用以及相關稅費后的金額。也就是說，可變現淨值由存貨的估計售價、至完工時估計將要發生的成本、估計的銷售費用和估計的相關稅費等內容構成，它有以下三個基本特徵：

(1) 確定存貨可變現淨值的前提是企業在進行正常的生產經營活動。

(2) 可變現淨值表現存貨的預計未來淨現金流量，而不是存貨的售價或合同價。企業預計的銷售存貨現金流量，並不完全等於存貨的可變現淨值。由於存貨在銷售過程中可能發生相關稅費和銷售費用以及為達到預定可銷售狀態還可能發生加工成本等相關支出，構成現金流入的抵減項目。企業預計的銷售存貨現金流量，扣除這些抵減項目后，才能確定存貨的可變現淨值。

(3) 不同存貨可變現淨值的構成不同。例如，產成品、商品等直接用於出售的存貨，在正常生產經營過程中，其可變現淨值為估計售價減去估計的銷售費用和相關稅費后的金額；需要經過加工的材料存貨，其可變現淨值為估計售價減去至完工時估計將要發生的成本、估計的銷售費用和相關稅費后的金額。

(二) 不同存貨可變現淨值的確定

存貨可變現淨值通常應當按照單個存貨項目分別確定。在確定時應當考慮以下三點：

(1) 產成品、商品和用於出售的材料等直接用於出售的商品存貨，在正常生產經營過程中，應當以該存貨的估計售價減去估計的銷售費用和相關稅費后的金額確定其可變現淨值。

(2) 企業為生產而持有的材料等，其生產的產成品的可變現淨值高於成本的，該材料仍然應當按照成本計量；材料價格的下降表明產成品的可變現淨值低於成本的，該材料應當按照可變現淨值計量。也就是說，需要經過加工的材料存貨，在正常生產經營過程中，應當以所生產的產成品的估計售價減去至完工時估計將要發生的成本、估計的銷售費用和相關稅費后的金額，確定其可變現淨值。

(3) 企業為執行銷售合同或者勞務合同而持有的存貨，其可變現淨值應當以合同價格為基礎計算。資產負債表日，同一項存貨中一部分由合同價格約定，其他部分不存在合同價格的，應當分別確定其可變現淨值。企業持有存貨的數量多於銷售合同訂購數量的，超出部分的存貨的可變現淨值應當以一般銷售價格為基礎計算。

(三) 存貨跌價準備的計提方法

資產負債表日，企業應當確定存貨的可變現淨值。存貨成本高於其可變現淨值時，企業應當計提存貨跌價準備，計入當期損益。

（1）企業通常應當按照單個存貨項目計提存貨跌價準備。企業應當明確規定存貨項目的確定標準，將每個存貨項目的成本與其可變現淨值逐一比較，並且按存貨成本高於其可變現淨值的差額計提存貨跌價準備。

（2）對於數量繁多、單價較低的存貨，可以按照存貨類別計提存貨跌價準備。如果某一類存貨的數量繁多並且單價較低，企業可驗證存貨類別計量存貨成本與可變現淨值，將存貨類別的成本總額與其可變現淨值總額進行比較，按該類存貨總成本高於其可變現淨值總額的差額計提存貨跌價準備。

（3）與在同一地區生產和銷售的產品系列相關、具有相同或類似最終用途或目的，難以與其他項目分開計量的存貨，可以合併計提存貨跌價準備。存貨在同一地區生產和銷售，並且具有相同或類似最終用途或目的，意味著存貨所處的經濟、法律、市場等環境大體相同，具有相同的風險和報酬，可以合併計提存貨跌價準備。

（4）存貨存在下列情形之一的，通常表明存貨的可變現淨值低於成本：該存貨的市場價格持續下跌，並且在可以預見的未來無回升的希望；企業使用該項原材料生產的產品成本大於產品的銷售價格；企業因產品更新換代，原有庫存材料已不適應新產品生產的需要，並且該材料的市場價格又低於其帳面成本；因企業提供的商品或勞務過時，或消費者偏好改變而使市場需求發生變化，導致商品或勞務市場價格逐漸下跌；其他足以證明該存貨發生減值的情形。

（5）存貨存在下列情形之一的，通常表明存貨的可變現淨值為零：已經霉爛變質的存貨；已經過期且無轉讓價值的存貨；生產中已不再需要，並且已無使用價值和轉讓價值的存貨；其他足以證明已無使用價值和轉讓價值的存貨。

(四) 存貨減值的核算

1.「存貨跌價準備」帳戶的設置

企業在每一個資產負債表日都應當重新確定存貨的可變現淨值，當存貨成本高於其可變現淨值時，即存貨發生減值時，應當按照存貨成本高於可變現淨值的差額計提存貨跌價準備。企業計提的存貨跌價準備作為資產減值損失，計入當期損益。

「存貨跌價準備」帳戶用來核算企業存貨的跌價準備。該帳戶貸方登記企業按規定計提的存貨跌價準備；借方登記發出存貨結轉的存貨跌價準備以及已計提跌價準備的存貨價值以后又得以恢復時，恢復增加的金額；期末余額在貸方，反應企業已計提但尚未轉銷的存貨跌價準備。

「存貨跌價準備」帳戶應當按照存貨項目或類別進行明細核算。

2. 計提存貨跌價準備的帳務處理

【實務 4-43】甲公司按照單個存貨項目計提存貨跌價準備，A 項存貨本年年末確定的可變現淨值為 530,000 元，該項存貨帳面實際成本為 550,000 元，帳面沒有計提存貨跌價準備。根據資料，甲公司有關存貨跌價準備的計算和編製的會計分錄如下：

本年應計提存貨跌價準備＝550,000－530,000＝20,000（元）

借：資產減值損失——存貨跌價損失   20,000
  貸：存貨跌價準備——A 項存貨   20,000

【實務4-44】甲公司B項存貨本年年末確定的可變現淨值為530,000元，該項存貨帳面實際成本為550,000元，帳面原已計提存貨跌價準備8,000元。根據資料，甲公司有關存貨跌價準備的計算和編製的會計分錄如下：

本年應計提存貨跌價準備=(550,000-530,000)-8,000=12,000（元）

借：資產減值損失——存貨跌價損失　　　　　　　　　　12,000
　　貸：存貨跌價準備——B項存貨　　　　　　　　　　　　　12,000

3. 存貨跌價準備轉回的帳務處理

如果企業以前減記存貨價值的影響因素已經消失，則減記的金額應予以恢復，並在原已計提的存貨跌價準備金額內轉回，轉回的金額記入當期損益。

【實務4-45】甲公司A項存貨第二年6月30日確定的可變現淨值為546,000元，該項存貨帳面實際成本為550,000元，帳面已計提存貨跌價準備20,000元。根據資料，甲公司有關存貨跌價準備轉回的計算和編製的會計分錄如下：

A項存貨期末應當計提存貨跌價準備金額為4,000元（550,000-546,000），該項存貨原來已計提存貨跌價準備20,000元，由於該項存貨期末可變現淨值高於成本，不是當期其他影響因素造成的，而是以前減記存貨價值的影響因素已經消失。這時需要在原已計提的存貨跌價準備金額20,000元內轉回16,000元（20,000-4,000）。

借：存貨跌價準備——A項存貨　　　　　　　　　　　　16,000
　　貸：資產減值損失——存貨跌價損失　　　　　　　　　　16,000

【實務4-46】甲公司B項存貨第二年6月30日確定的可變現淨值為560,000元，該項存貨帳面實際成本為550,000元，帳面已計提存貨跌價準備20,000元。根據資料，甲公司有關存貨跌價準備轉回的計算和編製的會計分錄如下：

B項存貨可變現淨值大於帳面實際成本，期末應當按其成本計量，不計提存貨跌價準備，如果該項存貨原來沒有計提存貨跌價準備，不需要進行會計處理。但是該項存貨原來已計提存貨跌價準備20,000元，同時該項存貨期末可變現淨值高於成本，不是當期其他影響因素造成的，而是以前減記存貨價值的影響因素已經消失。這時需要在原已計提的存貨跌價準備金額20,000元內轉回。

借：存貨跌價準備——B項存貨　　　　　　　　　　　　20,000
　　貸：資產減值損失——存貨跌價損失　　　　　　　　　　20,000

◆ 仿真操作

1. 根據【實務4-10】至【實務4-46】編寫有關的記帳憑證。
2. 登記原材料及庫存商品有關明細帳。

◆ 崗位業務認知

利用節假日，去當地的一些企業（工商企業），瞭解企業的存貨收支業務，瞭解企業會計人員是如何進行相應帳務處理的。

◆工作思考

1. 期末存貨計價為什麼採用成本與可變現淨值孰低法？
2. 會計準則中允許採用的發出存貨的計價方法有哪些？
3. 什麼是五五攤銷法？
4. 售價金額核算法適用的範圍是什麼？
5. 簡述存貨的核算範圍。

項目五　固定資產核算業務

　　固定資產是企業開展生產經營活動必不可少的生產資料，固定資產業務是企業的日常業務，固定資產核算業務涉及固定資產初始成本的確定、折舊的計算以及固定資產的后續計量與期末計量。本項目涉及的主要會計崗位是資產崗位。作為企業的財會人員，應該能夠正確確定固定資產的初始成本，能選擇合適的折舊方法計算固定資產的折舊額，財務人員要加強資產管理，為企業獲取更大的經濟效益。

● 項目工作目標

⊙ 知識目標

　　掌握固定資產的概念及初始計量；熟悉固定資產的折舊範圍與折舊方法，瞭解固定資產的后續計量、處置及期末計量。

⊙ 技能目標

　　通過本項目的學習，會確定固定資產的初始成本，能採用不同的方法計算固定資產的折舊；能對固定資產處置業務進行相關的帳務處理。

⊙ 任務引入

　　2015 年，誠信公司為提高工作效率，將一臺已提足折舊但尚可使用的設備轉入報廢清理。報廢設備的原始價值為 62,000 元，已計提折舊 59,520 元。報廢時發生清理費 360 元，殘值收入為 450 元（殘料）。請問該固定資產的處置損益怎樣計算？

⊙ 進入任務

　　任務一　固定資產概述
　　任務二　固定資產的初始計量
　　任務三　固定資產的后續計量
　　任務四　固定資產的后續支出
　　任務五　固定資產的清查
　　任務六　固定資產的處置
　　任務七　固定資產的期末計量

任務一　固定資產概述

一、固定資產的定義和特徵

　　固定資產是指為生產產品、提供勞務、出租或經營管理而持有的，使用年限超過

一年，單位價值較高的有形資產，包括企業的主要勞動資料和非生產經營的房屋、設備。

具體來說，作為企業的固定資產，其特徵主要表現在以下幾個方面：

(一) 具有實物形態

固定資產都是有形的、具有實體的資產，如房屋及建築物、機器設備、運輸設備等。

(二) 單項價值較高

單項固定資產的價值比較高，有的企業規定，在一定限額以上才算固定資產，限額以下為低值易耗品。

(三) 價值逐漸轉移

固定資產在使用過程中的磨損價值，以折舊的形式，逐漸轉移到產品成本中去，通過產品銷售得到補償。

二、固定資產的確認條件

某一資產項目，如果要作為固定資產加以確認，除需要符合固定資產的定義外，還必須同時滿足以下條件：

(一) 與該固定資產有關的經濟利益很可能流入企業

資產最主要的特徵是預期能給企業帶來經濟利益，如果某一資產預期不能給企業帶來經濟利益，就不能確認為企業的資產。企業在確認固定資產時，需要判斷該項固定資產所包含的經濟利益是否很可能流入企業。如果某一固定資產包含的經濟利益不是很可能流入企業，那麼即使滿足固定資產確認的其他條件，企業也不應將其確認為固定資產；如果某一固定資產包含的經濟利益很可能流入企業，並同時滿足固定資產確認的其他條件，那麼企業應將其確認為固定資產。

在實務工作中，判斷某項固定資產包含的經濟利益是否很可能流入企業，主要依據是與該固定資產所有權相關的風險與報酬是否轉移到了企業。通常，取得固定資產的所有權是判斷與固定資產所有權相關的風險和報酬轉移到企業的一個重要標誌。凡是所有權已屬於企業，無論企業是否收到或持有該固定資產，均應將其作為企業的固定資產；反之，如果沒有取得所有權，即使存放在企業，也不能作為企業的固定資產。

但是，所有權是否轉移，不是判斷與固定資產所有權相關的風險和報酬是否轉移到企業的唯一標誌。企業雖然有時不能取得固定資產的所有權，但與固定資產所有權相關的風險和報酬實質上已經轉移給企業，那企業就能夠控制該項固定資產所包含的經濟利益流入企業。例如，融資租入固定資產，企業雖然不擁有固定資產的所有權，但與固定資產所有權相關的風險和報酬實質上已轉移到企業（承租方），此時企業能夠控制該項固定資產所包含的經濟利益，因此滿足確認固定資產的第一個條件。

(二) 該固定資產的成本能夠可靠地計量

成本能夠可靠地計量是資產確認的一項基本條件。固定資產作為企業資產的重要

組成部分，要予以確認，其為取得固定資產而發生的支出也必須能夠可靠計量。如果固定資產的成本能夠可靠計量，並同時滿足其他確認條件，就可以對固定資產加以確認；否則，企業不應加以確認。

企業在確認固定資產成本時，有時需要根據所獲得的最新資料，對固定資產的成本進行合理的估計。例如，企業對於已達到預定可使用狀態的固定資產，在尚未辦理竣工決算時，需要根據工程預算、工程造價或者工程實際發生的成本等資料，按暫估價值確認資產的入帳價值，待辦理了竣工決算手續後再進行調整。

三、固定資產的分類

為了加強固定資產的核算與管理，需要對固定資產進行分類。固定資產的分類主要有以下幾種：

(一) 固定資產按經濟用途分類

固定資產按經濟用途分類，可以分為生產經營用固定資產和非生產經營用固定資產。

(1) 生產經營用固定資產是指直接服務於企業生產、經營過程的各種固定資產，如生產經營用的房屋、建築物、機器、設備、器具、工具等。

(2) 非生產經營用固定資產是指不直接服務於生產、經營過程的各種固定資產，如職工宿舍、食堂、理髮室等使用房屋、設備和其他固定資產等。

這種分類有利於核算和管理固定資產，發揮固定資產的作用，提高固定資產的使用效率，合理配置固定資產。

(二) 固定資產按使用情況分類

固定資產按使用情況分類，可以分為使用中固定資產、未使用固定資產和不需用固定資產。

(1) 使用中固定資產是指正在使用中的生產經營用和非生產經營用固定資產。由於季節性或大修理等原因暫時停止使用的固定資產，仍屬於企業使用中的固定資產，企業以經營租賃方式租給其他單位使用的固定資產也屬於使用中的固定資產。

(2) 未使用固定資產是指已完工或已購建的、尚未交付使用的新增固定資產以及因進行改建、擴建等原因暫時停止使用的固定資產。

(3) 不需用固定資產是指本企業多余或不適用，需要調配處理的各種固定資產。

這種分類有利於合理使用固定資產，加強管理固定資產，處理和盤盈固定資產。

(三) 固定資產按所有權分類

固定資產按所有權分類，可以分為自有固定資產和租入固定資產。

(1) 自有固定資產是企業擁有的可供長期使用的固定資產。

(2) 租入固定資產是企業向外單位租入，供企業在一定時期內使用的固定資產。租入固定資產的所有權屬於出租單位，租入固定資產可分為經營租入固定資產和融資租入固定資產。

這種分類有利於核算和管理固定資產，合理使用資金，提高資金使用效率。

（四）固定資產按經濟用途和使用情況綜合分類

固定資產按經濟用途和使用情況綜合分類，可以分為以下7類：

（1）生產經營用固定資產是指直接使用於生產經營過程的固定資產，如生產用的房屋及建築物、機器設備、運輸設備、工具器具等。

（2）非生產經營用固定資產是指直接使用於非生產經營過程的固定資產，如非生產經營用的職工宿舍、食堂、浴室等。

（3）租出固定資產是指在經營性租賃方式下，租給其他單位並收取租金的固定資產。

（4）不需用固定資產是指不適應企業生產經營需要的、等待處理的固定資產。

（5）未使用固定資產是指已完工或已購入的尚未交付使用或尚待安裝的新增加的固定資產，因改擴建等原因暫停使用的固定資產，經批准停止使用的固定資產。

（6）土地是指過去已估價入帳的土地。因徵地而支付的補償費，應計入與土地有關的房屋、建築物的價值內，不單獨作為土地價值入帳。企業取得的土地使用權，應作為無形資產，而不作為固定資產。

（7）融資租入固定資產是指在融資性租賃方式下，租入其他單位的並支付租金的固定資產。融資租入固定資產在租賃期內，應視同自有固定資產進行管理。

由於企業的經營性質不同、經營規模各異，對固定資產的分類不可能完全一致。在實際工作中，大多數企業採用綜合分類的方法作為編製固定資產目錄、進行固定資產核算的依據。

任務二　固定資產的初始計量

固定資產的初始計量是指固定資產初始成本的確定。固定資產應按成本進行初始計量。固定資產成本是指企業購建某項固定資產達到預定可使用狀態前發生的一切合理的、必要的支出。這些支出既包括直接發生的價款、相關稅費、運雜費、包裝費和安裝成本等，也包括間接發生的其他一些費用。

一、固定資產初始成本的構成

固定資產取得的方式不同，其初始成本也各不相同。

（一）外購的固定資產

外購的固定資產的成本為實際支付的買價、進口關稅等相關稅費以及為使固定資產達到預定可使用狀態前發生的可直接歸屬於該資產的其他支出，如運輸費、裝卸費、安裝費和專業人員服務費等。

（二）自行建造的固定資產

自行建造的固定資產的成本為建造該項資產達到預定可使用狀態前所發生的必要

支出構成。符合資本化的借款費用應計入自行建造固定資產的成本。

(三) 投資者投入的固定資產

投資者投入固定資產的成本應當按照投資合同或協議約定的價值確定，但合同或協議約定的價值不公允的除外。

(四) 接受捐贈的固定資產

接受捐贈的固定資產，捐贈方提供了有關憑據的，按憑據上標明的金額加上應支付的相關稅費入帳；如果捐贈方未提供有關憑據，則按其市價或同類、類似固定資產的市場價格估計的金額，加上由企業負擔的運輸費、保險費、安裝調試費等入帳，或按照捐贈固定資產的預計未來現金流量的現值入帳。

(五) 盤盈的固定資產

盤盈的固定資產，按其市價或同類、類似的固定資產的市場價格，減去按該項固定資產的新舊程度估計的價值損耗後的余額入帳。

(六) 經批准無償調入的固定資產

經批准無償調入的固定資產，按調出單位的帳面價值加上發生的運輸費、安裝費等相關費用入帳。

二、外購的固定資產

外購的固定資產的成本，包括買價、進口關稅等相關稅費以及為使固定資產達到預定可使用狀態前發生的可直接歸屬於該資產的其他支出，如運輸費、裝卸費、安裝費和專業人員服務費等。

外購固定資產分為購入不需要安裝的固定資產和購入需要安裝的固定資產兩類。

(一) 購入不需要安裝的固定資產

購入不需要安裝的固定資產時，需要按實際支付的價款，包括買價和支付的運輸費、保險費、包裝費等，借記「固定資產」帳戶。

【實務5-1】2015年1月12日，甲公司購入一臺不需要安裝的設備，取得的增值稅專用發票上註明的設備價款為100,000元，增值稅稅額為17,000元，發生的運輸費為3,000元，發生的保險費為2,000元，以銀行存款轉帳支付。假定不考慮其他相關稅費，甲公司的帳務處理如下：

借：固定資產　　　　　　　　　　　　　　　　　　　　　105,000
　　應交稅費——應交增值稅（進項稅額）　　　　　　　　17,000
　　貸：銀行存款　　　　　　　　　　　　　　　　　　　122,000

(二) 購入需要安裝的固定資產

購入需要安裝的固定資產，購入後經安裝調試符合要求才能交付使用。其原始價值包括實際支付的價款（包括買價、包裝費、運輸費）和安裝調試費用等。購入需要安裝的固定資產，先通過「在建工程」帳戶核算，待安裝調試完工交付使用後，轉

入「固定資產」帳戶核算。

【實務 5-2】2015 年 2 月 13 日，乙公司購入一臺需要安裝的機器設備，購入需要安裝的機器設備，取得的增值稅專用發票上註明的設備價款為 150,000 元，增值稅稅額為 25,500 元，支付的裝卸費為 1,800 元，款項已通過銀行轉帳支付；安裝設備時領用一批原材料，其帳面成本為 15,200 元，未計提存貨跌價準備，購進該批原材料時支付的增值稅進項稅額為 2,584 元；應支付安裝工人薪酬為 3,600 元。假定不考慮其他相關稅費，乙公司的帳務處理如下：

(1) 支付設備價款、增值稅、裝卸費。

借：在建工程　　　　　　　　　　　　　　　　　　151,800
　　應交稅費——應交增值稅（進項稅額）　　　　　25,500
　貸：銀行存款　　　　　　　　　　　　　　　　　177,300

(2) 領用本公司原材料、支付安裝工人薪酬等費用。

借：在建工程　　　　　　　　　　　　　　　　　　18,800
　貸：原材料　　　　　　　　　　　　　　　　　　15,200
　　　應付職工薪酬　　　　　　　　　　　　　　　　3,600

(3) 設備安裝完畢達到預定可使用狀態時，結轉成本。

借：固定資產　　　　　　　　　　　　　　　　　　170,600
　貸：在建工程　　　　　　　　　　　　　　　　　170,600

三、自行建造的固定資產

自行建造的固定資產按建造該項資產達到預定可使用狀態前所發生的必要支出作為入帳價值。其中，「建造該項資產達到預定可使用狀態前所發生的必要支出」包括工程用物資成本、人工成本、交納的相關稅費、應予以資本化的借款費用及應分攤的間接費用等。自行建造的固定資產通過「在建工程」帳戶核算。企業為建造固定資產通過出讓方式取得土地使用權而支付的土地出讓金不計入在建工程成本，應確認為無形資產。企業自行建造的固定資產包括自營建造和出包建造兩種方式。

(一) 自營工程

自營工程是指企業自行組織工程物資採購，自行組織施工人員施工的建築工程和安裝工程。購入工程物資時，借記「工程物資」科目，貸記「銀行存款」科目。領用工程物資時，借記「在建工程」科目，貸記「工程物資」科目。在建工程領用本企業原材料時，借記「在建工程」科目，貸記「原材料」等科目。在建工程領用本企業生產的產品時，借記「在建工程」科目，貸記「庫存商品」「應交稅費——應交增值稅（銷項稅額）」等科目。自營工程發生的其他費用（如人工費用等），借記「在建工程」科目，貸記「銀行存款」「應付職工薪酬」等科目。自營工程達到預定可使用狀態時，按其實際發生的支出，借記「固定資產」科目，貸記「在建工程」科目。

【實務 5-3】2015 年 3 月，丙公司準備自行建造一座廠房，購入為工程準備的一批物資，價款為 200,000 元，支付的增值稅進項稅額為 34,000 元，款項以銀行存款支付。

3~9月，工程先后領用物資為128,700元，剩余工程物資轉為該公司的存貨；工程領用生產原材料一批，帳面成本為30,000元，原材料適用增值稅稅率為17%，未計提存貨跌價準備；輔助生產車間為工程提供的有關勞務支出為26,000元；應支付工程人員薪酬為58,000元。9月底，工程達到預定可使用狀態並交付使用。丙公司的帳務處理如下：

(1) 購入為工程準備的物資。

借：工程物資　　　　　　　　　　　　　　　　　　　　234,000
　貸：銀行存款　　　　　　　　　　　　　　　　　　　　234,000

(2) 工程領用物資。

借：在建工程　　　　　　　　　　　　　　　　　　　　128,700
　貸：工程物資　　　　　　　　　　　　　　　　　　　　128,700

(3) 工程領用原材料。

借：在建工程　　　　　　　　　　　　　　　　　　　　35,100
　貸：原材料　　　　　　　　　　　　　　　　　　　　　30,000
　　　應交稅費——應交增值稅（進項稅額轉出）　　　　　5,100

(4) 輔助生產車間為工程提供勞務支出。

借：在建工程　　　　　　　　　　　　　　　　　　　　26,000
　貸：生產成本——輔助生產成本　　　　　　　　　　　　26,000

(5) 計提工程人員薪酬。

借：在建工程　　　　　　　　　　　　　　　　　　　　58,000
　貸：應付職工薪酬　　　　　　　　　　　　　　　　　　58,000

(6) 9月底，工程達到預定可使用狀態並交付使用。

借：固定資產　　　　　　　　　　　　　　　　　　　　247,800
　貸：在建工程　　　　　　　　　　　　　　　　　　　　247,800

(7) 剩余工程物資轉作存貨。

借：原材料　　　　　　　　　　　　　　　　　　　　　90,000
　　應交稅費——應交增值稅（進項稅額）　　　　　　　15,300
　貸：工程物資　　　　　　　　　　　　　　　　　　　　105,300

(二) 出包工程

出包工程是指企業通過招標方式將工程項目發包給建造承包商，由建造承包商組織施工的建築工程和安裝工程。企業採用出包方式開展的固定資產工程，其工程的具體支出主要由建造承包商核算。在這種方式下，「在建工程」科目主要是反應企業與建築承包商辦理工程價款結算的情況，企業支付給建造承包商的工程價款作為工程成本，通過「在建工程」科目核算。企業按合理估計的發包工程進度和合同規定向建造承包商結算的進度款，借記「在建工程」科目，貸記「銀行存款」等科目；工程達到預定可使用狀態時，按其成本，借記「固定資產」科目，貸記「在建工程」科目。

【實務5-4】2015年3月，甲企業將一幢廠房的建造工程出包給丙公司承建。按合

理估計發包工程進度和合同規定，甲企業向丙公司結算工程進度款 600,000 元；工程完工后，甲企業收到丙公司有關工程結算單據，補付工程款 400,000 元。工程完工並達到預定可使用狀態。甲企業的帳務處理如下：

(1) 按合理估計的發包工程進度和合同規定向丙公司結算工程進度款。

借：在建工程　　　　　　　　　　　　　　　　　　　　　600,000
　　貸：銀行存款　　　　　　　　　　　　　　　　　　　　　　600,000

(2) 補付工程款。

借：在建工程　　　　　　　　　　　　　　　　　　　　　400,000
　　貸：銀行存款　　　　　　　　　　　　　　　　　　　　　　400,000

(3) 工程完工並達到預定可使用狀態。

借：固定資產　　　　　　　　　　　　　　　　　　　　1,000,000
　　貸：在建工程　　　　　　　　　　　　　　　　　　　　　1,000,000

四、投資者投入的固定資產

企業接受外單位以固定資產作為投資，應按投資合同或協議約定的價值加上應支付的相關稅費作為固定資產的入帳價值，但合同或協議約定的價值不公允的，應以公允價值計量，公允價值與合同約定價之間的差額計入資本公積。

【實務 5-5】2015 年 3 月 21 日，甲公司接受乙公司投入的固定資產一臺，乙公司記錄的該項固定資產的帳面原價為 90,000 元，已提折舊 10,000 元；甲公司接受投資時，雙方同意按原固定資產的淨值確認投資額，但經評估該固定資產的價格為 60,000 元。甲公司的帳務處理如下：

借：固定資產　　　　　　　　　　　　　　　　　　　　　60,000
　　資本公積　　　　　　　　　　　　　　　　　　　　　　20,000
　　貸：實收資本（股本）　　　　　　　　　　　　　　　　　80,000

五、接受捐贈的固定資產

(一) 接受新固定資產捐贈

捐贈方提供了有關憑據的，按憑據上標明的金額加上應支付的相關稅費，作為入帳價值；捐贈方未能提供有關憑據的，應按其公允價值入帳。

(二) 接受舊固定資產捐贈

如接受捐贈的是舊的固定資產，則按上述方法確定該項固定資產價值，減去按該項資產新舊程度估計的價值損耗后的余額，作為入帳價值。

【實務 5-6】某公司接受 B 公司捐贈固定資產一臺，其公允價值為 36,000 元。該公司的帳務處理如下：

借：固定資產　　　　　　　　　　　　　　　　　　　　　36,000
　　貸：營業外收入——捐贈利得　　　　　　　　　　　　　　36,000

任務三　固定資產的後續計量

固定資產折舊是指在固定資產使用壽命內，按照確定的方法對應計提折舊額進行系統分攤。其中，應計折舊額是指應當計提折舊的固定資產的原價扣除其預計淨殘值後的金額；已計提減值準備的固定資產，還應當扣除已計提的固定資產減值準備累計金額。預計淨殘值是指假定固定資產預計使用壽命已滿並處於壽命終了時的預期狀態，企業目前從該項資產處置中獲得的扣除預計處置費用后的金額。

企業應當根據固定資產的性質和使用情況，合理確定固定資產的使用壽命和預計淨殘值。固定資產的使用壽命、預計淨殘值一經確定，不得隨意變更。

一、固定資產的折舊範圍

根據《企業會計準則第 4 號——固定資產》的規定，企業應對所有的固定資產計提折舊，但是已提足折舊仍繼續使用的固定資產和單獨計價入帳的土地除外。

提足折舊是指已經提足該項固定資產的應計折舊額。固定資產提足折舊後，不論能否繼續使用，均不再計提折舊。提前報廢的固定資產也不再補提折舊。

已達到預定可使用狀態但尚未辦理竣工決算的固定資產，應當按照估計價值確定其成本，並計提折舊；待辦理竣工決算后再按實際成本調整原來的暫估價值，但不需調整原已計提的折舊額。

處於更新改造過程中停止使用的固定資產，應將其帳面價值轉入在建工程，不再計提折舊。更新改造項目達到預定可使用狀態轉為固定資產後，再按照重新確定的折舊方法和該項固定資產尚可使用年限計提折舊。

二、固定資產的折舊方法

企業應當根據與固定資產有關的經濟利益的預期實現形式，合理選擇折舊方法。固定資產折舊方法包括年限平均法、工作量法、雙倍余額遞減法和年數總和法等。企業選用不同的固定資產折舊方法，將影響固定資產使用壽命期間內不同時期的折舊費用。因此，固定資產的折舊方法一經確定，不得隨意變更。

(一) 年限平均法

年限平均法又稱直線法，是指將固定資產的應計折舊額均衡地分攤到固定資產預計使用壽命內的一種方法。採用這種方法計算的每期折舊額相等。計算公式如下：

年折舊率＝(1-預計淨殘值率)÷預計使用壽命
月折舊率＝年折舊率÷12
月折舊額＝固定資產原價×月折舊率

(二) 工作量法

工作量法是根據實際工作量計算每期應提折舊額的一種方法。計算公式如下：
單位工作量折舊額＝固定資產原價×(1-預計淨殘值率)÷預計總工作量

某項固定資產月折舊額＝該項固定資產當月工作量×單位工作量折舊額

（三）雙倍餘額遞減法

雙倍餘額遞減法是指在不考慮固定資產預計淨殘值的情況下，根據每期期初固定資產原價減去累計折舊後的金額和雙倍的直線法折舊率計算固定資產折舊的一種方法。應用這種方法計算折舊時，由於每年年初固定資產淨值沒有扣除預計淨殘值，所以在計算固定資產折舊時應在其折舊年限到期前兩年內，將固定資產淨值扣除預計淨殘值後的餘額平均攤銷。計算公式如下：

年折舊率＝2÷預計使用年限×100%

月折舊率＝年折舊率÷12

月折舊額＝(固定資產原價－累計折舊)×月折舊率

【實務 5-7】某公司有一臺設備，原值為 50,000 元，預計殘值為 2,000 元，預計使用 5 年，採用雙倍餘額遞減法計算各年的折舊額如表 5-1 所示。

表 5-1　　　　　　　　　　　　　折舊計算表　　　　　　　　　　　　　單位：元

年次	年初帳面淨值	折舊率（%）	折舊額	累計折舊額	期末帳面淨值
1	50,000	40	20,000	20,000	30,000
2	30,000	40	12,000	32,000	18,000
3	18,000	40	7,200	39,200	10,800
4	10,800		4,400	43,600	6,400
5	6,400		4,400	48,000	2,000

（四）年數總和法

年數總和法是將固定資產的原值減去預計淨殘值後的餘額，乘以一個逐年遞減的分數計算每年的折舊額，這個分數的分子代表固定資產尚可使用年限，分母代表使用年數之和。計算公式如下：

年折舊率＝尚可使用年限÷預計使用的年數總和×100%

月折舊率＝年折舊率÷12

月折舊額＝(固定資產原價－預計淨殘值)×月折舊率

企業應當按月計提固定資產折舊，當月增加的固定資產，當月不計提折舊，從下月起計提折舊；當月減少的固定資產，當月仍計提折舊，從下月起不計提折舊。

企業計提的固定資產折舊，應當根據用途計入相關資產的成本或者當期損益。例如，基本生產車間使用的固定資產，其計提的折舊應計入製造費用；管理部門使用的固定資產，其計提的折舊應計入管理費用；銷售部門計提使用的固定資產，其計提的折舊應計入銷售費用；未使用固定資產，其計提的折舊應計入管理費用。

【實務 5-8】某公司有一臺設備，原值為 48,000 元，預計殘值為 3,000 元，預計使用 5 年，採用年限總和法計算各年的折舊額如表 5-2 所示。

表 5-2　　　　　　　　　　　　折舊計算表　　　　　　　　　　單位：元

年次	原值-淨殘值	折舊率	折舊額	累計折舊額	期末帳面淨值
1	45,000	5/15	15,000	15,000	33,000
2	45,000	4/15	12,000	27,000	21,000
3	5/15	3/15	9,000	36,000	12,000
4	45,000	2/15	6,000	42,000	6,000
5	45,000	1/15	3,000	45,000	3,000

任務四　固定資產的後續支出

固定資產的后續支出是指固定資產使用過程中發生的更新改造支出、修理費用等。企業的固定資產在投入使用后，為了適應新技術發展的需要，或者為維護或提高固定資產的使用效能，往往需要對現有固定資產進行維護、改建、擴建或者改良。

后續支出的處理原則：符合固定資產確定條件的，應當計入固定資產的成本，同時將被替換部分的帳面價值扣除；不符合固定資產確定條件的，應當計入當期損益。

一、資本化的後續支出

固定資產發生可資本化的后續支出時，企業一般應將該固定資產的原價、已計提的累計折舊和減值準備轉銷，將其帳面淨值轉入在建工程，並停止計提折舊。發生的可資本化的后續支出，通過「在建工程」科目核算。在固定資產發生的后續支出完工並達到預定可使用狀態時，再從在建工程轉為固定資產，並按重新確定的使用壽命、預計淨殘值和折舊方法計提折舊。

【實務 5-9】甲公司是一家飲料生產企業，有關業務資料如下：

（1）2012 年 12 月，甲公司自行建成了一條飲料生產線並投入使用，建造成本為 600,000 元，採用年限平均法計提折舊，預計淨殘值率為固定資產原價的 3%，預計使用年限為 6 年。

（2）2014 年 12 月 31 日，由於生產的產品適銷對路，甲公司現有的這條飲料生產線的生產能力已難以滿足甲公司生產發展的需要，但若新建生產線成本過高、週期過長，甲公司於是決定對現有生產線進行擴建，以提供其生產力（假定該生產線未發生過減值）。

（3）至 2015 年 4 月 30 日，甲公司完成了對這條生產線的改擴建工程，該生產線達到預定可使用狀態。改擴建過程中甲公司發生以下支出：用銀行存款購買工程物資一批，增值稅專用發票上註明的價款為 210,000 元，增值稅稅額為 35,700 元，已全部用於改擴建工程；發生有關人員薪酬 84,000 元。

（4）該生產線改擴建后達到預定使用狀態，大大提高了生產能力，預計尚可使用年限為 7 年。假定改擴建后的生產線的預計淨殘值率為改擴建后其帳面價值的 4%，折

舊方法仍為年限平均法。

假定甲公司按年度計提固定資產折舊，為了簡化計算過程，整個過程不考慮其他相關稅費，甲公司的帳務處理如下：

(1) 飲料生產線改擴建後能力大大提高，能夠為企業帶來更多經濟利益，改擴建的支出金額也能可靠計量，因此該后續支出符合固定資產的確定條件，應計入固定資產的成本。

固定資產后續支出發生前，該條飲料生產線的應計折舊額＝600,000×（1-3%）
$$=582,00（元）$$
年折舊額＝582,000÷6＝97,000（元）
2013年1月1日至2014年12月31日兩年間，各年計提固定資產折舊。

借：製造費用　　　　　　　　　　　　　　　　　　　97,000
　　貸：累計折舊　　　　　　　　　　　　　　　　　　　97,000

(2) 2014年12月31日，該生產線的帳面價值406,000元[600,000-(97,000×2)]轉入在建工程。

借：在建工程——飲料生產線　　　　　　　　　　　　406,000
　　累計折舊　　　　　　　　　　　　　　　　　　　194,000
　　貸：固定資產——飲料生產線　　　　　　　　　　　600,000

(3) 發生改擴建工程支出。

借：工程物資　　　　　　　　　　　　　　　　　　　210,000
　　應交稅費——應交增值稅（進項稅額）　　　　　　　　35,700
　　貸：銀行存款　　　　　　　　　　　　　　　　　　245,700
借：在建工程——飲料生產線　　　　　　　　　　　　294,000
　　貸：工程物資　　　　　　　　　　　　　　　　　　210,000
　　　　應付職工薪酬　　　　　　　　　　　　　　　　84,000

(4) 2015年4月30日，生產線改擴建工程達到預定可使用狀態，轉為固定資產。

借：固定資產——飲料生產線　　　　　　　　　　　　700,000
　　貸：在建工程——飲料生產線　　　　　　　　　　　700,000

(5) 2015年4月30日，轉為固定資產后，按重新確定的使用壽命、預計淨殘值和折舊方法計提折舊。

應計折舊額＝700,000×(1-4%)＝672,000（元）
月折舊額＝672,000÷(7×12)＝8,000（元）
2015年應計提的折舊額為64,000元（8,000×8），會計分錄為：

借：製造費用　　　　　　　　　　　　　　　　　　　64,000
　　貸：累計折舊　　　　　　　　　　　　　　　　　　64,000
2016年至2021年每年應計提折舊額為96,000元（8,000×12），會計分錄為：

借：製造費用　　　　　　　　　　　　　　　　　　　96,000
　　貸：累計折舊　　　　　　　　　　　　　　　　　　96,000
2022年應計提的折舊額為32,000元（8,000×4），會計分錄為：

借：製造費用　　　　　　　　　　　　　　　　　　　　　　32,000
　　　　貸：累計折舊　　　　　　　　　　　　　　　　　　　　　　32,000
　　企業對固定資產進行定期檢查發生的大修理費用，符合資本化條件的，可以計入固定資產成本，不符合資本化條件的，計入當期損益。

二、費用化的后續支出

　　一般情況下，固定資產投入使用后，由於固定資產磨損、各組成部分耐用程度不同，可能導致固定資產的局部損壞。為了維護固定資產的正常運轉和使用，充分發揮其使用效能，企業會對固定資產進行必要的維護。

　　固定資產日常維護支出通常不滿足固定資產的確認條件，應在發生時直接計入當期益。企業生產車間和行政管理部門等發生的固定資產修理費用等后續支出計入管理費用；企業專設銷售機構的，其發生的與專設銷售機構相關的固定資產修理費用等后續支出，計入銷售費用。固定資產更新改造支出不滿足固定資產確認條件的，也應在發生時直接計入當期損益。

任務五　固定資產的清查

一、盤盈的固定資產

　　盤盈的固定資產應作為會計差錯更正來處理，在按管理權限報經批准處理前應先通過「以前年度損益調整」科目核算。

　　【實務5-10】某公司在財產清查中，發現多出機器設備一臺，其公允價值為40,000元，該公司適用的企業所得稅稅率為25%，提取法定盈余公積的比例為10%。該公司的帳務處理如下：

　　借：固定資產　　　　　　　　　　　　　　　　　　　　　　40,000
　　　　貸：以前年度損益調整　　　　　　　　　　　　　　　　　　40,000
　　借：以前年度損益調整　　　　　　　　　　　　　　　　　　　10,000
　　　　貸：應交稅費——應交所得稅　　　　　　　　　　　　　　　10,000
　　借：以前年度損益調整　　　　　　　　　　　　　　　　　　　30,000
　　　　貸：盈余公積——法定盈余公積　　　　　　　　　　　　　　 3,000
　　　　　　利潤分配——未分配利潤　　　　　　　　　　　　　　　27,000

二、盤虧的固定資產

　　固定資產出現盤虧的原因主要有自然災害、責任事故、失竊等。對不同情況出現的固定資產盤虧，應進行不同的帳務處理。

　　批准前，借記「待處理財產損溢——待處理固定資產損溢」「累計折舊」科目，貸記「固定資產」科目；批准後，借記「其他應收款」科目，貸記「營業外支出」「待處理財產損溢——待處理固定資產損溢」科目。

任務六 固定資產的處置

一、固定資產終止確認的條件

固定資產處置包括固定資產的出售、轉讓、報廢和毀損、對外投資、非貨幣性資產交換、債務重組等。

固定資產滿足下列條件之一的，應當予以終止確認。

(1) 該固定資產處於處置狀態。

(2) 該固定資產預期通過使用或處置不能產生經濟利益。

二、固定資產處置的核算業務

企業出售、轉讓、報廢固定資產或發生固定資產毀損，應當將處置收入扣除帳面價值和相關稅費后的金額計入當期損益。固定資產帳面價值是固定資產成本扣減累計折舊和累計減值準備后的金額。固定資產處理一般通過「固定資產清理」科目進行核算。

(一) 固定資產出售、報廢和毀損的會計處理

固定資產出售、報廢和毀損，是企業固定資產的數量減少，需要通過「固定資產清理」帳戶進行核算。固定資產清理后發生的淨收益或淨損失，要轉入「營業外收支」帳戶。

【實務 5-11】甲公司有一臺設備，因使用期滿經批准報廢。該設備原價為 106,800 元，累計已提折舊為 98,000 元，已提減值準備為 2,600 元。在清理過程中，甲公司以銀行存款支付清理費用 4,800 元，殘料變賣收入為 5,600 元。甲公司的帳務處理如下：

(1) 固定資產轉入清理。

借：固定資產清理　　　　　　　　　　　　　　　6,200
　　累計折舊　　　　　　　　　　　　　　　　　98,000
　　固定資產減值準備　　　　　　　　　　　　　2,600
　貸：固定資產　　　　　　　　　　　　　　　　106,800

(2) 發生清理費用。

借：固定資產清理　　　　　　　　　　　　　　　4,800
　貸：銀行存款　　　　　　　　　　　　　　　　4,800

(3) 收到殘料變價收入。

借：銀行存款　　　　　　　　　　　　　　　　　5,600
　貸：固定資產清理　　　　　　　　　　　　　　5,600

(4) 結轉固定資產淨損益。

借：營業外支出　　　　　　　　　　　　　　　　5,400
　貸：固定資產清理　　　　　　　　　　　　　　5,400

（二）其他方式減少的固定資產

其他方式減少的固定資產，如以固定資產清償債務、投資轉出固定資產、以非貨幣性資產交換換出固定資產等，分別按照債務重組、非貨幣性交易等的處理原則核算。

任務七　固定資產的期末計量

固定資產減值是指由於固定資產發生損壞、技術陳舊或其他經濟原因，所導致的其可收回金額低於其帳面價值的情況。

企業固定資產在使用過程中，由於存在有形損耗（如自然磨損）和無形損耗（如技術陳舊等）及其他經濟原因，發生資產價值的減值是必然的。對於已經發生的資產價值的減值如果不予以確認，必然導致虛誇資產的價值，這不符合真實性原則，也有悖於穩健性原則。因此，企業應當在期末或者至少在每年年度終了，對固定資產逐項進行檢查，如發現存在下列情況，應當計算固定資產的可收回金額，以確定資產是否已經發生減值：

（1）固定資產市價大幅度下跌，其跌價幅度大大高於因時間推移或正常使用而預計的下跌，並且預計在近期內不可能恢復。

（2）企業經營所處的經濟、技術或者法律環境等及資產所處的市場在當期或者將在近期發生重大變化，並對企業產生不良影響。

（3）市場利率或者其他市場投資報酬率在當期已經提高，從而影響企業計算固定資產預計未來現金流量限制的折現率，導致固定資產可收回金額大幅度降低。

（4）有證據表明固定資產已經陳舊過時或者其實體已經損壞。

（5）固定資產預計使用方式發生重大不利變化，如企業計劃終止使用、提前處置資產等情形，從而對企業產生負面影響。

（6）其他有可能表明資產已發生減值的情況。

如果固定資產的可收回金額低於其帳面價值，企業應當按可收回金額低於帳面價值的差額計提減值準備，並設置「固定資產減值準備」科目進行核算。固定資產減值準備應按單項資產計提，計提時，借記「資產減值損失」科目，貸記「固定資產減值準備」科目。

【實務5-12】某企業有一臺機器設備，帳面原值為200,000元，已提累計折舊120,000元，經檢查該設備的性能已經陳舊，預計可收回金額僅為30,000元，則對可收回金額低於其淨值80,000元（200,000-120,000）的50,000元（80,000-30,000）提取減值準備。會計處理如下：

　　借：資產減值損失　　　　　　　　　　　　　　　　　　　　50,000
　　　　貸：固定資產減值準備　　　　　　　　　　　　　　　　　　50,000

企業在對固定資產檢查時，如發現某項固定資產存在以下幾種情況應按該項固定資產的帳面價值全額提取減值準備：

（1）長期閒置不用、在可預見的未來不會再使用，並且已無轉讓價值。

（2）由於技術進步等原因，已不可使用。

（3）雖尚可使用，但使用后會嚴重影響產品的質量及其他實質上已經不能再給企業帶來經濟利益等。已全額計提減值準備的固定資產，不再計提折舊。

◆ 仿真操作

1. 根據【實務5-1】至【實務5-12】編寫有關的記帳憑證。
2. 登記固定資產明細帳。

◆ 崗位業務認知

1. 利用節假日，去當地的一些企業，瞭解企業的固定資產是如何分類的。簡述一般採用什麼方法計提固定資產折舊。
2. 參與企業固定資產的清查工作。

◆ 工作思考

1. 什麼是固定資產？在實際工作中，固定資產是如何分類的？
2. 怎樣確定通過各種渠道取得的固定資產的原始價值？
3. 什麼是固定資產減值？什麼情況下要計提固定資產減值準備？
4. 計提固定資產折舊的方法有哪些？加速折舊法對企業的資產和損益有什麼影響？
5. 固定資產處置與盤虧在核算上有什麼不同？

項目六　無形資產核算業務

隨著市場經濟的發展和知識創新步伐的加快，無形資產在企業中的地位日益突出，已成為企業的一項重要的經濟資源，在企業資產中的比重越來越大。加強對無形資產的會計核算和相關信息的披露也就顯得日益重要。本項目涉及的主要會計崗位是無形資產核算崗位，作為該崗位的會計人員，一定要熟練掌握無形資產的確認、計量、處置等方面的知識和技能。

● 項目工作目標

⊙ 知識目標

瞭解無形資產的概念、種類；掌握無形資產的初始計量和后續計量；掌握無形資產的處置、清查與減值的會計核算。

⊙ 技能目標

能對無形資產的后續支出、處置、清查與減值進行帳務處理。

⊙ 任務引入

企業現有作為無形資產核算的一項商標權和一項專有技術，商標權的使用壽命為10年，專有技術的使用壽命不確定，請問這兩項無形資產都需要攤銷嗎？為什麼？

⊙ 進入任務

任務一　無形資產的確認和初始計量
任務二　內部研究開發支出的確認和計量
任務三　無形資產的后續計量
任務四　無形資產的處置和報廢
任務五　其他非流動資產

任務一　無形資產的確認和初始計量

一、無形資產的概念與特徵

無形資產是指企業擁有或者控制的沒有實物形態的可辨認非貨幣性資產。無形資產通常包括專利權、非專利技術、商標權、著作權、特許權、土地使用權等。相對於其他資產，無形資產具有以下特徵：

（一）由企業擁有或者控制並能為其帶來未來經濟利益的資源

客戶關係、人力資源等，由於企業無法控制其帶來的未來經濟利益，不符合無形

資產的定義，不應將其確認為無形資產。

（二）無形資產不具有實物形態

無形資產通常表現為某種權利、某項技術或是某種獲取超額利潤的綜合能力，它們不具有實物形態，如土地使用權、非專利技術等。

（三）無形資產具有可辨認性

符合以下條件之一，則認為其具有可辨認性：

（1）能夠從企業中分離或者劃分出來，並能單獨用於出售或轉讓等，而不需要同時處置在同一獲利活動中的其他資產，表明無形資產可以辨認。商譽的存在無法與企業自身分離，不具有可辨認性，不屬於本項目所指無形資產。

（2）產生於合同權利或其他法定權利，無論這些權利是否可以從企業或其他權利和義務中轉移或者分離。例如，一方簽訂特許權合同而獲得的特許使用權、通過法律程序申請獲得的商標權和專利權等。

（四）無形資產屬於非貨幣性資產

貨幣性資產是指企業持有的貨幣資金和將以固定或可確定的金額收取的資產，包括現金、銀行存款、應收帳款和應收票據以及準備持有至到期的債券投資等。非貨幣性資產是指貨幣性資產以外的資產，該類資產在將來為企業帶來的經濟利益不固定或不可確定，包括存貨（如原材料、庫存商品等）、長期股權投資、投資性房地產、固定資產、在建工程、無形資產等。

二、無形資產的確認

無形資產同時滿足下列條件的，才能予以確認：

（1）與該無形資產有關的經濟利益很可能流入企業。

（2）該無形資產的成本能夠可靠地計量。

三、無形資產的初始計量

無形資產通常是按實際成本計量，即以取得無形資產並使之達到預定用途而發生的全部支出，作為無形資產成本。

（一）購入方式

外購無形資產的成本包括購買價款、相關稅費以及直接歸屬於使該項資產達到預定用途所發生的其他支出，比如使無形資產達到預定用途發生的專業服務費用、測試無形資產是否能夠正常發揮作用的費用等。

購買無形資產的價款超過正常信用條件延期支付，實質上具有融資性質的，無形資產的成本以購買價款的現值為基礎確定。實際支付的價款與購買價款的現值之間的差額，除按照《企業會計準則第17號——借款費用》應予資本化的以外，應當在信用期間內計入當期損益。

下列費用不構成無形資產的取得成本：

(1) 為引入新產品進行宣傳發生的廣告費、管理費用及其他間接費用。
(2) 無形資產達到預定用途之后發生的費用。

【實務 6-1】根據《關於在全國開展交通運輸業和部分現代服務業營業稅改徵增值稅試點稅收政策的通知》的規定，甲公司被認定為增值稅一般納稅人，適用的增值稅稅率為 6%。2015 年 2 月 5 日，甲公司以 2,014 萬元的價格（含增值稅 114 萬元）從產權交易中心競價獲得一項商標權，另支付其他相關稅費 90 萬元。為推廣該商標，甲公司發生廣告宣傳費用 25 萬元、展覽費 15 萬元，上述款項均用銀行存款支付。計算甲公司取得該項無形資產的入帳價值。

甲公司取得該項無形資產的入帳價值＝(2,014−114)＋90＝1,990（萬元）

(二) 投資者投入方式

投資者投入無形資產的成本，應當按照投資合同或協議約定的價值確定，如果合同或協議約定價值不公允時，應按無形資產的公允價值作為無形資產的初始成本。

(三) 非貨幣性資產交換方式換入

詳見非貨幣性資產交換部分。

(四) 債務重組方式換入

詳見債務重組部分。

(五) 通過政府補助取得的無形資產

通過政府補助取得的無形資產按公允價值計量；公允價值不能可靠取得的，按名義金額計量。

(六) 土地使用權的處理

企業應按實際支付的價款加上相關稅費認定土地使用權的成本。如果此土地使用權用於自行開發廠房則與建築物分開核算。

下列情況下土地使用權必須與房產合併反應：

(1) 房地產開發企業取得的土地使用權用於開發對外出售的房產，相應的土地使用權應並入房產的成本。

(2) 企業外購房屋建築物，如果能夠合理地分割土地和地上建築物，則分開核算；否則，應當全部作為固定資產核算。

任務二　內部研究開發支出的確認和計量

一、研究與開發階段的區分

研究開發項目區分為研究階段與開發階段。企業應當根據研究與開發的實際情況加以判斷。

（一）研究階段

研究是指為獲取並理解新的科學或技術知識而進行的獨創性的、有計劃的調查。研究階段基本上是探索性的，為進一步開發活動進行資料及相關方面的準備，已進行的研究活動將來是否會轉入開發、開發后是否會形成無形資產等均具有較大的不確定性。

研究階段的特點如下：

（1）計劃性，即研究階段是建立在有計劃的調查的基礎之上的。

（2）探索性。研究階段基本上是探索性的，為進一步開發活動進行資料及相關方面的準備，在這一階段不會形成階段性成果。

（二）開發階段

開發是指在進行商業性生產或使用前，將研究成果或其他知識應用於某項計劃或設計，以生產出新的或具有實質性改進的材料、裝置、產品等。相對於研究階段而言，開發階段應當是已完成研究階段的工作，在很大程度上具備了形成一項新產品或新技術的基本條件。

開發階段的特點如下：

（1）具有針對性。

（2）形成成果的可能性較大。

二、研究與開發支出的確認

（一）研究階段的支出

對於企業內部研究開發項目，研究階段的有關支出應當在發生時全部費用化，計入當期損益（管理費用）。

（二）開發階段的支出

對於企業內部研究開發項目，開發階段的支出同時滿足下列條件的才能資本化，計入無形資產成本，否則應當計入當期損益（管理費用）。

（1）完成該無形資產以使其能夠使用或出售在技術上具有可行性。

（2）具有完成該無形資產並使用或出售的意圖。

（3）很可能為企業帶來未來經濟利益。

（4）有足夠的技術、財務資源和其他資源支持，以完成該無形資產的開發，並有能力使用或出售該無形資產。

（5）歸屬於該無形資產開發階段的支出能夠可靠地計量。

（三）無法區分研究階段和開發階段的支出

無法區分研究階段和開發階段的支出，應當在發生時費用化，計入當期損益（管理費用）。

三、內部開發的無形資產的計量

內部研發形成的無形資產成本，由可直接歸屬於該資產的創造、生產並使該資產能夠以管理層預定的方式運作的所有必要支出構成。

內部開發無形資產的支出僅包括在滿足資本化條件的時點至無形資產達到預定用途前發生的支出總和，對於同一項無形資產在開發過程中達到資本化條件之前已經費用化計入當期損益的支出不再進行調整。

四、內部研究開發費用的會計處理

設置了「研發支出」科目，「研發支出」科目余額計入資產負債表中「開發支出」項目。

企業發生的研發支出，通過「研發支出」科目歸集。

（1）企業研究階段的支出全部費用化，計入當期損益（管理費用）。會計核算時，首先在「研發支出——費用化支出」科目中歸集，期末結轉到管理費用。

（2）開發階段的支出符合條件的才能資本化，不符合資本化條件的計入當期損益（首先在研發支出中歸集，期末結轉管理費用）。

內部研究開發費用的會計處理如圖 6-1 所示。

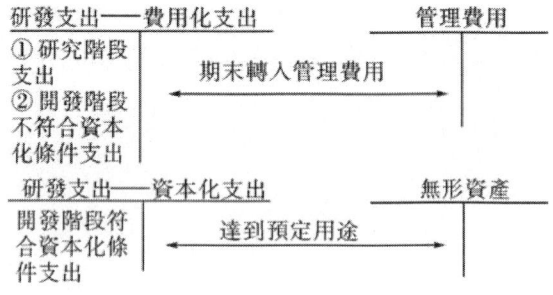

```
研發支出——費用化支出              管理費用
①研究階段
支出              期末轉入管理費用
②開發階段
不符合資本
化條件支出

研發支出——資本化支出              無形資產
開發階段符
合資本化條    達到預定用途
件支出
```

圖 6-1　內部研究開發費用的會計處理

【實務 6-2】2015 年 1 月 1 日，甲公司的董事會批准研發某項新型技術，該公司董事會認為，研發該項目具有可靠的技術和財務等資源的支持，並且一旦研發成功將降低該公司的生產成本。2016 年 1 月 31 日，該項新型技術研發成功並已達到預定用途。研發過程中所發生的直接相關的必要支出情況如下：

（1）2015 年度發生材料費用 9,000,000 元，人工費用 4,500,000 元，計提專用設備折舊 750,000 元，以銀行存款支付其他費用 3,000,000 元，總計 17,250,000 元，其中符合資本化條件的支出為 7,500,000 元。

（2）2016 年 1 月 31 日前發生材料費用 800,000 元，人工費用 500,000 元，計提專用設備折舊 50,000 元，其他費用 20,000 元，總計 1,370,000 元。

甲公司經董事會批准研發某項新型技術，並認為完成該項新型技術無論從技術上，還是財務等方面都能夠得到可靠的資源支持，研發成功將降低公司的生產成本，並且

有確鑿證據予以支持。因此，符合條件的開發費用可以資本化。

甲公司在開發該項新型技術時，累計發生了18,620,000元的研究與開發支出，其中符合資本化條件的開發支出為8,870,000元，符合「歸屬於該無形資產開發階段的支出能夠可靠地計量」的條件。

甲公司的財務處理如下：
(1) 2015年度發生研發支出。

借：研發支出——××技術——費用支出	9,750,000
——資本化支出	7,500,000
貸：原材料	9,000,000
應付職工薪酬	4,500,000
累計折舊	750,000
銀行存款	3,000,000

(2) 2015年12月31日，將不符合資本化條件的研發支出轉入當期管理費用。

借：管理費用——研究費用	9,750,000
貸：研發支出——××技術——費用化支出	9,750,000

(3) 2016年1月份發生研發支出。

借：研發支出——××技術——資本化支出	1,370,000
貸：原材料	800,000
應付職工薪酬	500,000
累計折舊	50,000
銀行存款	20,000

(4) 2016年1月31日，該項新型技術已經達到預定用途。

借：無形資產——××技術	8,870,000
貸：研發支出——××技術——資本化支出	8,870,000

任務三　無形資產的后續計量

一、無形資產使用壽命的確定

無形資產的后續計量以其使用壽命為基礎。無形資產的使用壽命有限的，應當估計該使用壽命的年限或者構成使用壽命的產量等類似計量單位數量；無法預見無形資產為企業帶來未來經濟利益期限的，應當視為使用壽命不確定的無形資產。

(一) 估計無形資產使用壽命應考慮的因素

在估計無形資產的使用壽命時，應當綜合考慮各方面相關因素的影響，其中通常應當考慮的因素有：

(1) 運用該資產生產的產品通常的壽命週期、可獲得的類似資產使用壽命的信息。
(2) 技術、工藝等方面的現實情況及對未來發展的估計。

（3）以該資產生產的產品或提供的服務的市場需求情況。

（4）現在或潛在的競爭者預期將採取的行動。

（5）為維持該資產產生未來經濟利益的能力預期的維護支出以及企業預計支付有關支出的能力。

（6）對該資產的控制期限以及對該資產使用的法律或類似限制，如特許使用期間、租賃期等。

（7）與企業持有的其他資產使用壽命的關聯性等。

(二) 無形資產使用壽命的確定

源自合同性權利或其他法定權利取得的無形資產，其使用壽命通常不應超過合同性權利或其他法定權利的期限。但如果企業使用資產的預期期限短於合同性權利或其他法定權利規定的期限的，則應當按照企業預期使用的期限來確定其使用壽命。

如果合同性權利或其他法定權利能夠在到期時因續約等延續，則僅當有證據表明企業續約不需要付出重大成本時，續約期才能夠包括在使用壽命的估計中。

(三) 無形資產使用壽命的復核

企業至少應當於每年年度終了，對使用壽命有限的無形資產的使用壽命進行復核。如果有證據表明無形資產的使用壽命與以前估計不同的，應當改變其攤銷期限，並按照會計估計變更進行處理。

企業應當在每個會計期間對使用壽命不確定的無形資產的使用壽命進行復核。如果有證據表明該無形資產的使用壽命是有限的，應當按照會計估計變更進行處理。

二、使用壽命有限的無形資產攤銷

使用壽命有限的無形資產應以成本減去累計攤銷額和累計減值損失后的余額（帳面價值）進行后續計量。使用壽命有限的無形資產應在其預計的使用壽命內採用系統合理的方法對應攤銷金額進行攤銷。

(一) 應攤銷金額

無形資產的應攤銷金額是指其成本扣除預計殘值后的金額。已計提減值準備的無形資產還應扣除已計提的無形資產減值準備累計金額。無形資產的殘值一般為零，但下列情況除外：

（1）有第三方承諾在無形資產使用壽命結束時願以一定的價格購買該無形資產。

（2）可以根據活躍市場得到預計殘值信息，並且從目前情況看，該市場在無形資產使用壽命結束時還可能存在。

殘值確定以后，在持有無形資產的期間內，至少應於每年年末進行復核，預計其殘值與原估計金額不同的，應按照會計估計變更進行處理。如果無形資產的殘值重新估計以后高於其帳面價值，則無形資產不再攤銷，直至殘值降至低於帳面價值時再恢復攤銷。

（二）攤銷期和攤銷方法

無形資產的攤銷期自其可供使用（即其達到預定用途）時起至終止確認時止（當月增加當月開始攤銷，當月減少當月不再攤銷）。

企業選擇的無形資產攤銷方法，應當能夠反應與該項無形資產有關的經濟利益的預期實現方式，並一致地運用於不同會計期間。具體攤銷方法有多種，包括直線法、產量法等。有特定產量限制的經營特許權或專利權，應採用產量法進行攤銷；無法可靠確定其預期實現方式的，應當採用直線法進行攤銷。

企業至少應當於每年年度終了，對使用壽命有限的無形資產的使用壽命及攤銷方法進行復核，如果有證據表明無形資產的使用壽命及攤銷方法與以前估計不同的，應當改變其攤銷年限和攤銷方法，並按照會計估計變更進行會計處理。

持有待售的無形資產不進行攤銷，按照帳面價值與公允價值減去處置費用后的淨額孰低進行計量。

（三）使用壽命有限的無形資產攤銷的會計處理

無形資產的攤銷金額一般應當計入當期損益（管理費用或其他業務成本），但如果某項無形資產是專門用於生產某種產品或其他資產的，其所包含的經濟利益是通過轉入所生產的產品或其他資產中實現的，其攤銷金額應構成所生產產品成本的一部分，計入製造該產品的製造費用。

其帳務處理模板如下：

借：管理費用（自用無形資產攤銷）
　　其他業務成本（出租無形資產攤銷）
　貸：累計攤銷
借：製造費用（用於特定產品生產的列入該產品的成本）
　貸：累計攤銷

【實務6-3】2015年1月1日，甲公司從外單位購得一項新專利技術用於產品生產，支付價款75,000,000元，款項已支付。該項專利技術法律保護期間為15年，甲公司預計運用該專利生產的產品在未來10年內會為公司帶來經濟利益。假定這項無形資產的淨殘值均為零，並按年採用直線法攤銷。

甲公司外購的專利技術的預計使用期限（10年）短於法律保護期間（15年），則應當按照企業預期使用期限確定其使用壽命，同時這也就表明該項專利技術是使用壽命有限的無形資產，並且該無形資產用於產品生產，因此應當將其攤銷金額計入相關產品的成本。

甲公司的帳務處理如下：

（1）取得無形資產時。

借：無形資產——專利權　　　　　　　　　　　　75,000,000
　貸：銀行存款　　　　　　　　　　　　　　　　　75,000,000

（2）按年攤銷時。

借：製造費用——專利權攤銷　　　　　　　　　　 7,500,000

　　　　貸：累計攤銷　　　　　　　　　　　　　　　　　　　　　7,500,000

三、使用壽命不確定的無形資產減值測試

　　根據可獲得的情況判斷，無法合理估計其使用壽命的無形資產，應作為使用壽命不確定的無形資產。按照企業會計準則的規定，對於使用壽命不確定的無形資產，在持有期間內不需要攤銷，但應當在每一會計期末進行減值測試。發生減值時，借記「資產減值損失」科目，貸記「無形資產減值準備」科目。

　　【實務6-4】2016年1月1日，甲公司自行研發的某項非專利技術已經達到預定可使用狀態，累計研究支出為800,000元，累計開發支出為2,500,000元（其中符合資本化條件的支出為2,000,000元）。有關調查表明，根據產品生命週期、市場競爭等方面情況綜合判斷，該非專利技術將在不確定的期間內為企業帶來經濟利益。

　　由於該非專利技術可視為使用壽命不確定的無形資產，在持有期間內不需要進行攤銷。

　　2016年年底，甲公司對該項非專利技術按照資產減值的原則進行減值測試，經測試表明其已發生減值。2016年年底，該非專利技術的可收回金額為1,800,000元。

　　甲公司的帳務處理如下：

（1）2015年1月1日，非專利技術達到預定用途。

　　借：無形資產——非專利技術　　　　　　　　　　　　　2,000,000
　　　　貸：研發支出——資本化支出　　　　　　　　　　　　　　2,000,000

（2）2016年12月31日，非專利技術發生減值。

　　借：資產減值損失——非專利技術　　　　　　　　　　　　200,000
　　　　貸：無形資產減值準備——非專利技術　　　　　　　　　　200,000

無形資產的後續計量如圖6-2所示。

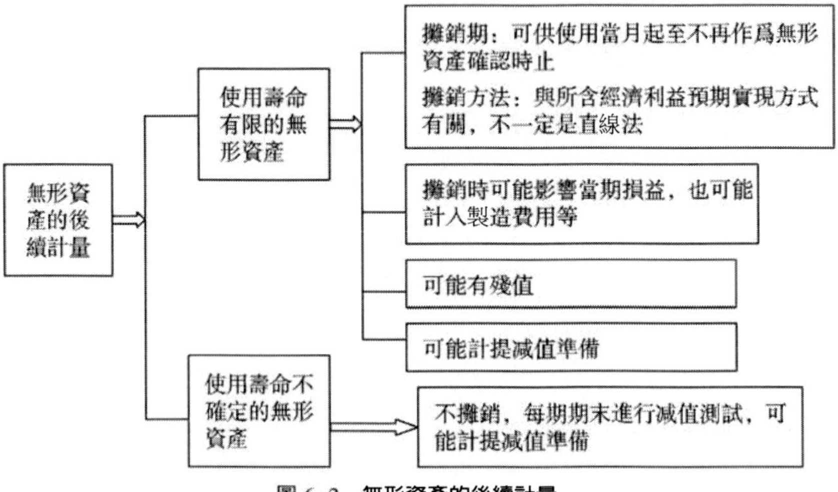

圖6-2　無形資產的後續計量

任務四　無形資產的處置和報廢

一、無形資產出租

（一）應當按照有關收入確認原則確認所取得的轉讓收入

其帳務處理模板如下：
借：銀行存款
　　貸：其他業務收入

（二）將發生的與該轉讓有關的相關費用計入其他業務成本

其帳務處理模板如下：
借：其他業務成本
　　貸：累計攤銷
　　　　銀行存款

（三）涉及營業稅的處理（土地使用權等）

其帳務處理模板如下：
借：營業稅金及附加
　　貸：應交稅費——應交營業稅

【實務 6-5】甲公司將某商標使用權出租給乙公司，合同規定出租期限為 3 年，每月租金收入 200,000 元，每月月末收取當月租金。2015 年 7 月 31 日，甲公司收到當月的租金及增值稅合計 212,000 元，已辦理進帳手續。該商標權每月的攤銷額為 100,000 元。甲公司帳務處理如下：

借：銀行存款　　　　　　　　　　　　　　　　　212,000
　　貸：其他業務收入　　　　　　　　　　　　　200,000
　　　　應交稅費——應交增值稅（銷項稅額）　　 12,000
借：其他業務成本　　　　　　　　　　　　　　　100,000
　　貸：累計攤銷　　　　　　　　　　　　　　　100,000

二、無形資產出售

企業出售無形資產應當將取得的價款與該無形資產帳面價值的差額計入當期損益（營業外收入或營業外支出）。

其帳務處理模板如下：
借：銀行存款
　　無形資產減值準備
　　累計攤銷
　　營業外支出（借方差額）

貸：無形資產
　　　　應交稅費——應交增值稅（銷項稅額）（如果涉及）
　　　　應交稅費——應交營業稅（土地使用權等）
　　　　營業外收入（貸方差額）

【實務6-6】甲企業出售一項商標權，所得價款為 1,200,000 元（不含增值稅），根據《關於在全國開展交通運輸業和部分服務業營業稅改徵增值稅試點稅收政策的通知》（財稅［2013］37號）的規定，其應交納的增值稅為 72,000 元（適用的增值稅稅率為6%，不考慮其他稅費）。該商標權成本為 3,000,000 元，出售時已攤銷金額為 1,800,000 元，已計提的減值準備為 300,000 元。

甲企業的帳務處理如下：

借：銀行存款　　　　　　　　　　　　　　　　1,272,000 （1,200,000+72,000）
　　累計攤銷　　　　　　　　　　　　　　　　1,800,000
　　無形資產減值準備——商標權　　　　　　　　300,000
　　貸：無形資產——商標權　　　　　　　　　　3,000,000
　　　　應交稅費——應交增值稅（銷項稅額）　　72,000
　　　　營業外收入——處置非流動資產利得　　　300,000

三、無形資產報廢

無形資產預期不能為企業帶來經濟利益的，應當將該無形資產的帳面價值予以轉銷，其帳面價值轉作當期損益（營業外支出）。

其帳務處理模板如下：

借：營業外支出
　　累計攤銷
　　無形資產減值準備
　　貸：無形資產

【實務6-7】甲企業原擁有一項非專利技術，採用直線法進行攤銷，預計使用期限為10年。現該項非專利技術已被內部研發成功的新技術替代，並且根據市場調查，用該非專利技術生產的產品已沒有市場，預期不能再為企業帶來任何經濟利益，故應當予以轉銷。轉銷時，該項非專利技術的成本為 9,000,000 元，已攤銷6年，累計計提減值準備 2,400,000 元，該項非專利技術的殘值為0（假定不考慮其他相關因素）。

甲企業的帳務處理如下：

借：累計攤銷　　　　　　　　　　　　　　　　5,400,000
　　無形資產減值準備——專利權　　　　　　　　2,400,000
　　營業外支出——處置非流動資產損失　　　　　1,200,000
　　貸：無形資產——專利權　　　　　　　　　　9,000,000

任務五　其他非流動資產

一、長期應收款

長期應收款核算企業的長期應收款項，包括融資租賃產生的應收款項以及採用遞延方式具有融資性質的銷售商品和提供勞務等產生的應收款項等。

採用遞延方式分期收款銷售商品或提供勞務等經營活動產生的長期應收款，滿足收入確認條件的，按應收的合同或協議價款，借記「長期應收款」科目，按應收的合同或協議價款的公允價值（折現值），貸記「主營業收入」等科目，按其差額，貸記「未實現融資收益」科目。涉及增值稅的，還應進行相應的處理。

【實務 6-8】2015 年 1 月 1 日，A 公司採用分期收款方式向 B 公司銷售一臺機器設備，合同約定的銷售價格為 1,500,000 元，分 3 次於每年 12 月 31 日等額收取。在現銷方式下，該設備的銷售價格為 1,200,000 元（假定不考慮其他因素）。

甲企業的帳務處理如下：

借：長期應收款　　　　　　　　　　　　　　　　　　　　　1,500,000
　　貸：主營業務收入　　　　　　　　　　　　　　　　　　1,200,000
　　　　未實現融資收益　　　　　　　　　　　　　　　　　　300,000

二、長期待攤費用

長期待攤費用是指企業已經發生但應由本期和以後各期負擔的分攤期限在 1 年以上的各項費用，如以經營租賃方式租入的固定資產發生的改良支出等。

企業發生長期待攤費用時，借記「長期待攤費用」科目，貸記有關科目。攤銷長期待攤費用時，借記「管理費用」「銷售費用」等科目，貸記「長期待攤費用」科目。

【實務 6-9】2015 年 6 月 1 日，A 公司對其以經營租賃方式租入的辦公樓進行裝修，發生以下有關支出：領用生產用原材料 100,000 元，購進該批原材料時支付的增值稅進項稅額為 17,000 元，有關人員工資為 87,000 元。2016 年 12 月 1 日，該辦公樓裝修完工，達到預定可使用狀態並交付使用，按租賃期 10 年進行攤銷。假定不考慮其他因素，A 公司帳務處理如下：

（1）裝修領用原材料。

借：長期待攤費用　　　　　　　　　　　　　　　　　　　　　117,000
　　貸：原材料　　　　　　　　　　　　　　　　　　　　　　100,000
　　　　應交稅費——應交增值稅（進項稅額）　　　　　　　　　17,000

（2）確認有關人員工資。

借：長期待攤費用　　　　　　　　　　　　　　　　　　　　　　87,000
　　貸：應付職工薪酬　　　　　　　　　　　　　　　　　　　　87,000

（3）2016 年攤銷裝修支出。

借：管理費用　　　　　　　　　　　　　　　　　　　　　　　　1,700

　　　　貸：長期待攤費用　　　　　　　　　　　　　　　　　1,700

◆ 仿真操作

根據【實務6-1】至【實務6-9】編寫有關的記帳憑證。

◆ 崗位業務認知

利用節假日，去當地的一些企業（工商企業），瞭解無形資產核算方面的基本情況，對一般企業的無形資產的取得、確認、后續計量、處置等情況有初步的認識和掌握。

◆ 工作思考

1. 無形資產具有哪些特點？包括哪些內容？
2. 無形資產內部開發費用如何處理？
3. 無形資產的使用壽命怎樣進行判斷？應考慮哪些因素？
4. 無形資產如何進行攤銷？
5. 什麼是長期應收款？什麼是長期待攤費用？

項目七　投資核算業務

企業在正常的生產經營之外，可能會為了有效地利用暫時閒置的資金，進行各種投資，以獲取一定的經濟利益。本項目涉及的主要會計崗位是投資核算崗位。作為該崗位的會計人員，應該熟悉企業的投資環境、投資策略及投資收益的分析，及時地反饋企業投資經營活動情況信息，以便企業做出正確的投資決策。

● 項目工作目標

⊙ 知識目標

掌握金融資產、長期股權投資、投資性房地產的概念及長期股權投資成本法與權益法核算的範圍，清楚投資性房地產成本模式及公允價值模式的運用範圍。

⊙ 技能目標

通過本項目的學習，會金融資產各類的核算；會長期股權投資初始計量、后續計量及處置的核算；會進行投資性房地產初始計量、后續計量、轉換及處置的核算。

⊙ 任務引入

很多人對於雅戈爾的最初印象是從服裝開始的，然而近幾年雅戈爾卻因為在證券金融領域的投資成功而迅速走紅全國。一時間，雅戈爾成了國內民營企業涉足金融投資領域的典範。然而股市風雲突變，金融風暴席捲全球，從美洲、歐洲到亞洲，無不受到波及。事實證明，風暴襲來，首當其衝的就是金融資產，市場價格應聲而落，慘不忍睹。如今雅戈爾的金融資產已經從最高處的 200 億元縮水至 100 億元左右。雅戈爾股票本身的市值更是在 2008 年蒸發 385.65 億元，位列浙江省上市公司之首。

分析與思考：什麼是金融資產，金融資產有哪些分類，上述案例中提到的股票可以劃分為哪類金融資產，應該如何進行會計核算。

⊙ 進入任務

子項目一　金融資產
　　任務一　以公允價值計量且變動計入當期損益的金融資產
　　任務二　持有至到期投資
　　任務三　可供出售金融資產
　　任務四　金融資產減值
子項目二　長期股權投資
　　任務一　長期股權投資的初始計量
　　任務二　長期股權投資的后續計量
　　任務三　長期股權投資的處置

子項目三　投資性房地產
　任務一　投資性房地產的確認和初始計量
　任務二　投資性房地產的后續計量
　任務三　投資性房地產的轉換和處置

子項目一　金融資產

金融資產主要包括庫存現金、應收帳款、應收票據、貸款、墊款、其他應收款、應收利息、債權投資、股權投資、基金投資、衍生金融資產等。企業應當結合自身業務特點和風險管理要求，將取得的金融資產在初始確認時分為以下幾類：
（1）以公允價值計量且變動計入當期損益的金融資產。
（2）持有至到期投資。
（3）貸款和應收款項。
（4）可供出售金融資產。
上述分類一經確定，不得隨意變更。

任務一　以公允價值計量且變動計入當期損益的金融資產

一、以公允價值計量且其變動計入當期損益的金融資產概述

以公允價值計量且其變動計入當期損益的金融資產，可以進一步劃分為交易性金融資產和直接指定為以公允價值計量且其變動計入當期損益的金融資產。

（一）交易性金融資產

金融資產滿足下列條件之一的，應當劃分為交易性金融資產：
（1）取得該金融資產的目的，主要是為了近期內出售。
（2）屬於進行集中管理的可辨認金融工具組合的一部分，並且有客觀證據表明企業近期採用短期獲利方式對該組合進行管理。
（3）屬於衍生工具，但是被指定且為有效套期工具的衍生工具、屬於財務擔保合同的衍生工具、與在活躍市場中沒有報價且其公允價值不能可靠計量的權益工具投資掛勾並須通過交付該權益工具結算的衍生工具除外。

（二）直接指定為以公允價值計量且其變動計入當期損益的金融資產

只有滿足下列條件之一的金融資產，才可以在初始確認時指定為以公允價值計量且其變動計入當期損益的金融資產：
（1）該指定可以消除或明顯減少由於該金融資產的計量基礎不同所導致的相關利得或損失在確認或計量方面不一致的情況。
（2）企業風險管理或投資策略的正式書面文件已載明，該金融資產組合等，以公

允價值為基礎進行管理、評價並向關鍵管理人員報告。

在活躍市場中沒有報價、公允價值不能可靠計量的權益工具投資，不得指定為以公允價值計量且其變動計入當期損益的金融資產。

二、以公允價值計量且其變動計入當期損益的金融資產的會計處理

企業取得交易性金融資產，按其公允價值，借記「交易性金融資產——成本」科目，按發生的交易費用，借記「投資收益」科目，按已到付息期但尚未領取的利息或已宣告但尚未發放的現金股利，借記「應收利息」或「應收股利」科目，按實際支付的金額，貸記「銀行存款」等科目。

交易性金融資產持有期間被投資單位宣告發放的現金股利，或在資產負債表日按分期付息、一次還本債券投資的票面利率計算的利息，借記「應收股利」或「應收利息」科目，貸記「投資收益」科目。

資產負債表日，交易性金融資產的公允價值高於其帳面餘額的差額，借記「交易性金融資產——公允價值變動」科目，貸記「公允價值變動損益」科目；公允價值低於其帳面餘額的差額編製相反的會計分錄。

出售交易性金融資產，應按實際收到的金額，借記「銀行存款」等科目，按該金融資產的帳面餘額，貸記「交易性金融資產」科目，按其差額，貸記或借記「投資收益」科目。同時，將原計入該金融資產的公允價值變動轉出，借記或貸記「公允價值變動損益」科目，貸記或借記「投資收益」科目。

【實務 7-1】2014 年 1 月 1 日，甲企業從二級市場支付價款 1,020,000 元（含已付息但尚未領取的利息 20,000 元）購入某公司發行的債券，另發生交易費用 20,000 元。該債券面值為 1,000,000 元，剩餘期限為 2 年，票面年利率為 4%，每半年付息一次，甲企業將其劃分為交易性金融資產。其他資料如下：

（1）2014 年 1 月 5 日，收到該債券 2013 年下半年利息 20,000 元。
（2）2014 年 6 月 30 日，該債券的公允價值為 1,150,000 元（不含利息）。
（3）2014 年 7 月 5 日，收到該債券半年利息。
（4）2014 年 12 月 31 日，該債券的公允價值為 1,100,000 元（不含利息）。
（5）2015 年 1 月 5 日，收到該債券 2014 年下半年利息。
（6）2015 年 3 月 31 日，甲企業將該債券出售，取得價款 1,180,000 元（含第 1 季度利息 10,000 元）。

假定不考慮其他因素，甲企業的帳務處理如下：

（1）2014 年 1 月 1 日，購入債券。

借：交易性金融資產——成本　　　　　　　　　　1,000,000
　　應收利息　　　　　　　　　　　　　　　　　　20,000
　　投資收益　　　　　　　　　　　　　　　　　　20,000
　　　貸：銀行存款　　　　　　　　　　　　　　　　　1,040,000

（2）2014 年 1 月 5 日，收到該債券 2013 年下半年利息。

借：銀行存款　　　　　　　　　　　　　　　　　20,000

貸：應收利息　　　　　　　　　　　　　　　　　　　　　　20,000
（3）2014年6月30日，確認債券公允價值變動和投資收益。
　　借：交易性金融資產——公允價值變動　　　　　　　　　150,000
　　　　貸：公允價值變動損益　　　　　　　　　　　　　　　150,000
　　借：應收利息　　　　　　　　　　　　　　　　　　　　　20,000
　　　　貸：投資收益　　　　　　　　　　　　　　　　　　　　20,000
（4）2014年7月5日，收到該債券半年利息。
　　借：銀行存款　　　　　　　　　　　　　　　　　　　　　20,000
　　　　貸：應收利息　　　　　　　　　　　　　　　　　　　　20,000
（5）2014年12月31日，確認債券公允價值變動和投資收益。
　　借：公允價值變動損益　　　　　　　　　　　　　　　　　50,000
　　　　貸：交易性金融資產——公允價值變動　　　　　　　　50,000
　　借：應收利息　　　　　　　　　　　　　　　　　　　　　20,000
　　　　貸：投資收益　　　　　　　　　　　　　　　　　　　　20,000
（6）2015年1月5日，收到該債券2014年下半年利息。
　　借：銀行存款　　　　　　　　　　　　　　　　　　　　　20,000
　　　　貸：應收利息　　　　　　　　　　　　　　　　　　　　20,000
（7）2015年3月31日，將該債券予以出售。
　　借：應收利息　　　　　　　　　　　　　　　　　　　　　10,000
　　　　貸：投資收益　　　　　　　　　　　　　　　　　　　　10,000
　　借：銀行存款　　　　　　　　　　　　　　　　　　　　1,170,000
　　　　公允價值變動損益　　　　　　　　　　　　　　　　 100,000
　　　　貸：交易性金融資產——成本　　　　　　　　　　　1,000,000
　　　　　　　　　　　　——公允價值變動　　　　　　　　 100,000
　　　　　　投資收益　　　　　　　　　　　　　　　　　　 170,000
　　借：銀行存款　　　　　　　　　　　　　　　　　　　　　10,000
　　　　貸：應收利息　　　　　　　　　　　　　　　　　　　　10,000

任務二　持有至到期投資

一、持有至到期投資概述

　　持有至到期投資是指到期日固定、回收金額固定或可確定，並且企業有明確意圖和能力持有至到期的非衍生金融資產。企業不能將下列非衍生金融資產劃分為持有至到期投資：

　　（1）初始確認時即被指定為以公允價值計量且其變動計入當期損益的非衍生金融資產。

　　（2）初始確認時被指定為可供出售的非衍生金融資產。

（3）符合貸款和應收款項的定義的非衍生金融資產。

如果企業管理層決定將某項金融資產持有至到期，則在該金融資產未到期前，不能隨意地改變其「最初意圖」。也就是說，投資者在取得投資時意圖就應當是明確的，除非遇到一些企業所不能控制、預期不會重複發生且難以合理預計的獨立事件，否則將持有至到期。

（一）到期日固定、回收金額固定或可確定

到期日固定、回收金額固定或可確定是指相關合同明確了投資者在確定的期間內獲得或應收取現金流量（如投資利息和本金等）的金額和時間。因此，從投資者角度看，如果不考慮其他條件，在將某項投資劃分為持有至到期投資時可以不考慮可能存在的發行方重大支持風險。由於要求到期日固定，權益工具投資不能劃分為持有至到期投資。如果符合其他條件，不能由於某債務工具投資是浮動利率投資而不將其劃分為持有至到期投資。

（二）有明確意圖持有至到期

有明確意圖持有至到期是指投資者在取得投資時意圖就是明確的，除非遇到一些企業所不能控制、預期不會重複發生且難以合理預計的獨立事件，否則將持有至到期。存在下列情況之一的，表明企業沒有明確意圖將金融資產投資持有至到期：

（1）持有該金融資產的期限不確定。

（2）發生市場利率變化、流動性需要變化、替代投資機會及其投資收益率變化、融資來源和條件變化、外匯風險變化等情況時，將出售該金融資產。但是，無法控制、預期不會重複發生且難以合理預計的獨立事項引起的金融資產出售除外。

（3）該金融資產的發行方可以按照明顯低於其攤餘成本的金額清償。

（4）其他表明企業沒有明確意圖將該金融資產持有至到期的情況。

據此，對於發行方可以贖回的債務工具，如發行方行使贖回權，投資者仍可收回其幾乎所有初始淨投資（含支付的溢價和交易費用），那麼投資者可以將此類投資劃分為持有至到期投資。但是，對於投資者有權要求發行方贖回的債務工具投資，投資者不能將其劃分為持有至到期投資。

（三）有能力持有至到期

有能力持有至到期是指企業有足夠的財務資源，並不受外部因素影響將投資持有至到期。

存在下列情況之一的，表明企業沒有能力將具有固定期限的金融資產持有至到期：

（1）沒有可利用的財務資源持續地為該金融資產投資提供資金支持，以使該金融資產投資持有至到期。

（2）受法律、行政法規的限制，使企業難以將該金融資產投資持有至到期。

（3）其他表明企業沒有能力將具有固定期限的金融資產投資持有至到期的情況。

企業應當於每個資產負債表日對持有至到期投資的意圖和能力進行評價。發生變化的，應當將其重分類為可供出售金額資產進行處理。

(四) 到期前處置或重分類對所持有剩餘非衍生金融資產的影響

企業將持有至到期投資在到期前處置或重分類，通常表明其違背了將投資持有至到期的最初意圖。如果處置或重分類為其他類金融資產的金額相對於該類投資（即企業全部持有至到期投資）在出售或重分類前的總額較大，則企業在處置或重分類後應立即將其剩餘的持有至到期投資（即全部持有至到期投資扣除已處置或重分類的部分）重分類為可供出售金融資產。例如，某企業在 2013 年將某項持有至到期投資重分類為可供出售金融資產或出售了一部分，並且重分類或出售部分的金額相對於該企業沒有重分類或出售之前全部持有至到期投資總額比例較大，那麼該企業應當將剩餘的其他持有至到期投資劃分為可供出售金融資產，而且在 2014 年和 2015 年兩個完整的會計年度內不能將任何金融資產劃分為持有至到期投資。

需要說明的是，遇到以下情況時可以例外：

（1）出售日或重分類日距離該項投資到期日或贖回日較近（如到期前 3 個月內），並且市場利率變化對該項投資的公允價值沒有顯著影響。

（2）根據合同約定的償付方式，企業已收回幾乎所有初始本金。

（3）出售或重分類是由於企業無法控制、預期不會發生重複且難以合理預計的獨立事件所引起。此種情況主要包括：

①因被投資單位信用狀況嚴重惡化，將持有至到期投資予以出售。

②因相關稅收法規取消了持有至到期投資的利息稅前可抵扣政策，或顯著減少了稅前可抵扣金額，將持有至到期投資予以出售。

③因發生重大企業合併或重大處置，為保持現行利率風險頭寸或維持現行信用風險政策，將持有至到期投資予以出售。

④因法律、行政法規對允許投資的範圍或特定投資品種的投資限額做出重大調整，將持有至到期投資予以出售。

⑤因監管部門要求大幅度提高資產流動性，或大幅度提高持有至到期投資在計算資本充足率時的風險權重，將持有至到期投資予以出售。

【實務 7-2】2013 年 7 月，某銀行支付 19,900,000 美元從市場上以折價方式購入一批美國甲汽車金融公司發行的 3 年期固定利率債券，票面年利率 4.5%，債券面值為 20,000,000 美元。該銀行將其劃分為持有至到期投資。

2015 年年初，美國汽車行業受燃油價格上漲、勞資糾紛、成本攀升等諸多因素影響，盈利能力明顯減弱，甲汽車金融公司所發行債券的二級市場價格嚴重下滑。為此，國際公認的評級公司將甲汽車金融公司的長期信貸等級從「Baa2」下調至「Baa3」，認為甲汽車金融公司的清償能力較弱，風險相對越來越大，對經營環境和其他內外部條件變化較為敏感，容易受到衝擊，具有較大的不確定性。

綜合考慮上述因素，該銀行認為，儘管所持有的甲汽車金融公司債券剩餘期限較短，但由於其未來表現存在相當大的不確定性，繼續持有這些債券會有較大的信用風險。因此，該銀行於 2015 年 8 月將該持有至到期債券按低於面值的價格出售。

該銀行出售所持有的甲汽車金融公司債券主要是由於其本身無法控制、預期不會

重複發生且難以合理預計的獨立事件所引起，因而不會影響其對其他持有至到期投資的分類。

【實務7-3】甲銀行和乙銀行是非同一控制下的兩家銀行。2015年11月，甲銀行採用控股合併方式合併了乙銀行，甲銀行的管理層也因此進行了調整。甲銀行的新管理層認為，乙銀行的某些持有至到期債券時間趨長，合併完成後再將其劃分為持有至到期投資不合理。因此，在購買日編製的合併資產負債表內，甲銀行決定將這部分持有至到期投資債券重分類為可供出售金融資產。根據企業會計準則的規定，甲銀行在合併日資產負債表內進行這種重分類沒有違背劃分為持有至到期投資所要求的「有明確意圖和能力」。

值得說明的是，甲銀行如果因為要合併乙銀行而將其自身的持有至到期投資的較大部分予以出售，則違背了劃分為持有至到期投資所要求的「有明確意圖和能力」。

二、持有至到期投資的會計處理

持有至到期投資的會計處理著重於該金融資產的持有者打算「持有至到期」，未到期前通常不會出售或重分類。因此，持有至到期投資的會計處理主要應解決該金融資產實際利率的計算、攤餘成本的確定、持有期間的收益確認及將其處置時損益的處理。

相關帳務處理如下：

（1）企業取得的持有至到期投資應按該投資的面值，借記「持有至到期投資——成本」科目，按支付的價款中包含的已到付息期但尚未領取的利息，借記「應收利息」科目，按實際支付的金額，貸記「銀行存款」等科目，按其差額，借記或貸記「持有至到期投資——利息調整」科目。

（2）資產負債表日，持有至到期投資為分期付息、一次還本債券投資的，應按票面利率計算確定的應收未收利息，借記「應收利息」科目，按持有至到期投資攤餘成本和實際利率計算確定的利息收入，貸記「投資收益」科目，按其差額，借記或貸記「持有至到期投資——利息調整」科目。

持有至到期投資為一次還本付息債券投資的，應於資產負債表日按票面利率計算確定的應收未收利息，借記「持有至到期投資——應計利息」科目，按持有至到期投資攤餘成本和實際利率計算確定的利息收入，貸記「投資收益」科目，按其差額，借記或貸記「持有至到期投資——利息調整」科目。

（3）將持有至到期投資重分類為可供出售金融資產的，應在重分類日按其公允價值，借記「可供出售金融資產」科目，按其帳面餘額，貸記「持有至到期投資——成本、利息調整、應計利息」科目，按其差額，貸記或借記「其他綜合收益」科目。已計提減值準備的，還應同時結轉減值準備。

（4）出售持有至到期投資，應按實際收到的金額，借記「銀行存款」等科目，按其帳面餘額，貸記「持有至到期投資——成本、利息調整、應計利息」科目，按其差額，貸記或借記「投資收益」科目。已計提減值準備的，還應同時結轉減值準備。

【實務7-4】2011年1月1日，甲公司支付價款1,000元（含交易費用）從活躍市場上購入某公司5年期債券，面值為1,250元，票面利率為4.72%，按年支付利息

（即每年59元），本金最后一次支付。合同約定，該債券的發行方在遇到特定情況時可以將債券贖回，並且不需要為提前贖回支付額外款項。甲公司在購買該債券時，預計發行方不會提前贖回（不考慮所得稅、減值損失等因素）。

計算實際利率 $r=59\times(1+r)^{-1}+59\times(1+r)^{-2}+59\times(1+r)^{-3}+59(1+r)^{-4}+(59+1,250)\times(1+r)^{-5}=1,000$（元）

採用插值法計算得出 $r=10\%$。

表 7-1　　　　　　　　　　　　　　　　　　　　　　　　　　　　　　　　　　單位：元

年份	期初攤餘成本 (a)	實際利息 (b)（按10%計算）	現金流入 (c)	期末攤餘成本 (d=a+b-c)
2011	1,000	100	59	1,041
2012	1,041	104	59	1,086
2013	1,086	109	59	1,136
2014	1,136	113	59	1,190
2015	1,190	119	1,250+59	0

根據上述數據，甲公司的有關帳務處理如下：

(1) 2011年1月1日，購入債券。

借：持有至到期投資——成本　　　　　　　　　　　　　　　1,250
　貸：銀行存款　　　　　　　　　　　　　　　　　　　　　　1,000
　　　持有至到期投資——利息調整　　　　　　　　　　　　　　250

(2) 2011年12月31日，確認實際利息收入、收到票面利息等。

借：應收利息　　　　　　　　　　　　　　　　　　　　　　　59
　　持有至到期投資——利息調整　　　　　　　　　　　　　　41
　貸：投資收益　　　　　　　　　　　　　　　　　　　　　　100
借：銀行存款　　　　　　　　　　　　　　　　　　　　　　　59
　貸：應收利息　　　　　　　　　　　　　　　　　　　　　　　59

(3) 2012年12月31日，確認實際利息收入、收到票面利息等。

借：應收利息　　　　　　　　　　　　　　　　　　　　　　　59
　　持有至到期投資——利息調整　　　　　　　　　　　　　　45
　貸：投資收益　　　　　　　　　　　　　　　　　　　　　　104
借：銀行存款　　　　　　　　　　　　　　　　　　　　　　　59
　貸：應收利息　　　　　　　　　　　　　　　　　　　　　　　59

(4) 2013年12月31日，確認實際利息收入、收到票面利息等。

借：應收利息　　　　　　　　　　　　　　　　　　　　　　　59
　　持有至到期投資——利息調整　　　　　　　　　　　　　　50
　貸：投資收益　　　　　　　　　　　　　　　　　　　　　　109
借：銀行存款　　　　　　　　　　　　　　　　　　　　　　　59

　　　　貸：應收利息　　　　　　　　　　　　　　　　　　　　　59
　（5）2014年12月31日，確認實際利息收入、收到票面利息等。
　　　　借：應收利息　　　　　　　　　　　　　　　　　　　　　59
　　　　　　持有至到期投資——利息調整　　　　　　　　　　　　54
　　　　　　貸：投資收益　　　　　　　　　　　　　　　　　　　113
　　　　借：銀行存款　　　　　　　　　　　　　　　　　　　　　59
　　　　　　貸：應收利息　　　　　　　　　　　　　　　　　　　59
　（6）2015年12月31日，確認實際利息收入、收到票面利息和本金等。
　　　　借：應收利息　　　　　　　　　　　　　　　　　　　　　59
　　　　　　持有至到期投資——利息調整　　　　　　　　　　　　60
　　　　　　貸：投資收益　　　　　　　　　　　　　　　　　　　119
　　　　借：銀行存款　　　　　　　　　　　　　　　　　　　　　59
　　　　　　貸：應收利息　　　　　　　　　　　　　　　　　　　59
　　　　借：銀行存款等　　　　　　　　　　　　　　　　　　　1,250
　　　　　　貸：持有至到期投資——成本　　　　　　　　　　　1,250

任務三　可供出售金融資產

一、可供出售金融資產概述

　　可供出售金融資產是指初始確認時即被指定為可供出售的非衍生金融資產以及除下列各類資產以外的金融資產：
　（1）貸款和應收款項。
　（2）持有至到期投資。
　（3）以公允價值計量且其變動計入當期損益的金融資產。
　　例如，企業購入的在活躍市場上有報價的股票、債券和基金等，沒有劃分為以公允價值計量且其變動計入當期損益的金融資產或持有至到期投資等金融資產的，可歸為此類。

二、可供出售金融資產的會計處理

　　可供出售金融資產的會計處理與以公允價值計量且其變動計入當期損益的金融資產的會計處理有些類似。例如，均要求按公允價值進行后續計量。但是，也有一些不同。例如，可供出售金融資產取得時發生的交易費用應當計入初始入帳金額，可供出售金融資產后續計量時公允價值變動計入所有者權益，可供出售外幣股權投資因資產負債表日匯率變動形成的匯兌損益計入所有者權益等。
　　另外，以下幾點需要特別說明：
　（1）企業因持有意圖或能力發生改變，使某項投資不再適合劃分為持有至到期投資的，應當將其重分類為可供出售金融資產，並以公允價值進行后續計量。重分類日，

該投資的帳面價值與公允價值之間的差額計入所有者權益，在該可供出售金融資產發生減值或終止確認時轉出，計入當期損益。

（2）持有至到期投資部分出售或重分類的金額較大，並且不屬於例外情況，使該投資的剩餘部分不再適合劃分為持有至到期投資的，企業應當將該投資的剩餘部分重分類為可供出售的金額資產，並以公允價值進行后續計量。重分類日，該投資剩餘部分的帳面價值與其公允價值之間的差額計入所有者權益，在該可供出售金融資產發生減值或終止確認時轉出，計入當期損益。

（3）因持有意圖或能力發生改變，或可供出售金融資產的公允價值不再能夠可靠計量（極少出現），或可供出售金融資產持有期限已超過企業會計準則所指「兩個完整的會計年度」，使金融資產不再適合按照公允價值計量時，企業可以將該金融資產改按成本或攤余成本計量，該成本或攤余成本為重分類日該金融資產的公允價值或帳面價值。

相關帳務處理如下：

（1）企業取得可供出售的金融資產，應按其公允價值與交易費用之和，借記「可供出售金融資產——成本」科目，按支付的價款中包含的已宣告但尚未發放的現金股利，借記「應收股利」科目，按實際支付的金額，貸記「銀行存款」等科目。

企業取得的可供出售金融資產為債券投資的，應按債券的面值，借記「可供出售金融資產——成本」科目，按支付的價款中包含的已到付息期但尚未發放的現金股利，借記「應收利息」科目，按實際支付的金額，貸記「銀行存款」等科目，按其差額，借記或貸記「可供出售金融資產——利息調整」科目。

（2）資產負債表日，可供出售債券為分期付息、一次還本債券投資的，應按票面利率計算確定的應收未收利息，借記「應收利息」科目，按可供出售債券的攤余成本和實際利率計算確定的利息收入，貸記「投資收益」科目，按其差額，借記或貸記「可供出售金融資產——利息調整」科目。

可供出售債券為一次還本付息債券投資的，應於資產負債表日按票面利率計算確定的應收未收利息，借記「可供出售金額資產——應計利息」科目，按可供出售債券的攤余成本或實際利率計算確定利息收入，貸記「投資收益」科目，按其差額，借記或貸記「可供出售金融資產——利息調整」科目。

（3）資產負債表日，可供出售金融資產應當按照公允價值計量。

①可供出售金融資產公允價值變動應當作為其他綜合收益，計入所有者權益，不構成當期利潤。「其他綜合收益」科目核算企業可供出售金融資產公允價值變動而形成的應計入所有者權益的利得或損失等。「其他綜合收益」科目的借方登記資產負債表日企業持有的可供出售金融資產的公允價值低於帳面餘額的差額等；貸方登記資產負債表日企業持有的可供出售金融資產公允價值高於帳面餘額的差額等。

可供出售金融資產的公允價值高於其帳面餘額的差額，借記「可供出售金融資產——公允價值變動」科目，貸記「其他綜合收益」科目；公允價值低於其帳面餘額的差額編製相反的會計分錄。

②確定可供出售金額資產發生減值的，按應減計的金額，借記「資產減值損失」

科目，按應從所有者權益中轉出原計入其他綜合收益的累計損失金額，貸記「其他綜合收益」科目，按其差額，貸記「可供出售金融資產——減值準備」科目。

③對於已確認減值損失的可供出售金額資產，在隨后會計期間內公允價值已上升且客觀上與確認原減值損失事項有關的，應按原確認的減值損失，借記「可供出售金融資產——減值準備」科目，貸記「資產減值損失」科目；但可供出售金融資產為股票等權益投資工具投資的（不含在活躍市場上沒有報價、公允價值不能可靠計量的權益工具投資），借記「可供出售金融資產——減值準備」科目，貸記「其他綜合收益」科目。

（4）將持有至到期投資重分類為可供出售金融資產的，應在重分類日按其公允價值，借記「可供出售金融資產」科目，按其帳面餘額，貸記「持有至到期投資」科目，按其差額，貸記或借記「其他綜合收益」科目。

（5）出售可供出售的金額資產，應按實際收到的金額，借記「銀行存款」「其他貨幣資金」等科目，按其帳面餘額，貸記「可供出售金融資產——成本、公允價值變動、利息調整、應計利息」科目，按其差額，貸記或借記「投資收益」科目。同時，按照應從所有者權益中轉出的公允價值累計變動額，借記或貸記「其他綜合收益」科目，貸記或借記「投資收益」科目。

【實務7-5】乙公司於2014年7月13日從二級市場購入股票1,000,000股，每股市價為15元，手續費為30,000元；初始確認時，該股票劃分為可供出售金融資產。

乙公司至2014年12月31日仍持有該股票，該股票當時的市價為16元。

2015年2月1日，乙公司將該股票售出，售價為每股13元，另支付交易費用13,000元，假定不考慮其他因素，乙公司的帳務處理如下：

（1）2014年7月13日，購入股票。

借：可供出售金融資產——成本　　　　　　　　　15,030,000
　　貸：銀行存款　　　　　　　　　　　　　　　　　　15,030,000

（2）2014年12月31日，確認股票價格變動。

借：可供出售金融資產——公允價值變動　　　　　　970,000
　　貸：其他綜合收益——可供出售金融資產公允價值變動　970,000

（3）2015年2月1日，出售股票。

借：銀行存款　　　　　　　　　　　　　　　　　12,987,000
　　其他綜合收益——可供出售金融資產公允價值變動　970,000
　　投資收益　　　　　　　　　　　　　　　　　　2,043,000
　　貸：可供出售金融資產——成本　　　　　　　　　15,030,000
　　　　　　　　　　　　——公允價值變動　　　　　　970,000

【實務7-6】2014年1月1日，甲保險公司支付價款1,028.244元購入某公司發行的3年期公司債券，該公司債券的票面總金額為1,000元，票面年利率為4%，實際利率為3%，利息每年末支付，本金到期支付。甲保險公司將該公司債券劃分為可供出售金融資產。2014年12月31日，該債券的市場價格為1,000.094元。假定不考慮交易費用和其他因素影響，甲保險公司的帳務處理如下：

(1) 2014 年 1 月 1 日，購入債券。

借：可供出售金融資產——成本　　　　　　　　　　　　　　1,000
　　　　　　　　　　——利息調整　　　　　　　　　　　　28.244
　　貸：銀行存款　　　　　　　　　　　　　　　　　　　1,028.244

(2) 2014 年 12 月 31 日，收到債券利息、確認公允價值變動。

實際利息 = 1,028.244×3% = 30.847,32 ≈ 30.85（元）

應收利息 = 1,000×4% = 40（元）

年末攤餘成本 = 1,028.244+30.85-40 = 1,019.094（元）

借：應收利息　　　　　　　　　　　　　　　　　　　　　　40
　　貸：投資收益　　　　　　　　　　　　　　　　　　　　30.85
　　　　可供出售金融資產——利息調整　　　　　　　　　　　9.15

借：銀行存款　　　　　　　　　　　　　　　　　　　　　　40
　　貸：應收利息　　　　　　　　　　　　　　　　　　　　40

借：其他綜合收益——可供出售金融資產公允價值變動　　　　　19
　　貸：可供出售金融資產——公允價值變動　　　　　　　　　19

【實務 7-7】2014 年 5 月 6 日，甲公司支付價款 10,160,000 元（含交易費用 10,000 元和已宣告發放現金股利 150,000 元）購入乙公司發行的股票 2,000,000 股，占乙公司有表決權股份的 0.5%。甲公司將其劃分為可供出售金融資產。

2014 年 5 月 10 日，甲公司收到乙公司發放的現金股利 150,000 元。

2014 年 6 月 30 日，該股價市價為每股 5.2 元。

2014 年 12 月 31 日，甲公司仍持有該股票，當日，該股票市價為每股 5 元。

2015 年 5 月 9 日，乙公司宣告發放股利 40,000,000 元。

2015 年 5 月 13 日，甲公司收到乙公司發放的現金股利。

2015 年 5 月 20 日，甲公司以每股 4.9 元的價格將股票全部轉讓。

假定不考慮其他因素，甲公司的帳務處理如下：

(1) 2014 年 5 月 6 日，購入股票。

借：應收股利　　　　　　　　　　　　　　　　　　　　150,000
　　可供出售金融資產——成本　　　　　　　　　　　10,010,000
　　貸：銀行存款　　　　　　　　　　　　　　　　10,160,000

(2) 2014 年 5 月 10 日，收到現金股利。

借：銀行存款　　　　　　　　　　　　　　　　　　　　150,000
　　貸：應收股利　　　　　　　　　　　　　　　　　　150,000

(3) 2014 年 6 月 30 日，確認股票的價格變動。

借：可供出售金額資產——公允價值變動　　　　　　　　390,000
　　貸：其他綜合收益——可供出售金融資產公允價值變動　390,000

(4) 2014 年 12 月 31 日，確認股票價格變動。

借：其他綜合收益——可供出售金融資產公允價值變動　　400,000
　　貸：可供出售金融資產——公允價值變動　　　　　　400,000

(5) 2015 年 5 月 9 日，確認應收現金股利。
借：應收股利 200,000
　　貸：投資收益 200,000
(6) 2015 年 5 月 13 日，收到現金股利。
借：銀行存款 200,000
　　貸：應收股利 200,000
(7) 2015 年 5 月 20 日，出售股票。
借：銀行存款 9,800,000
　　投資收益 210,000
　　可供出售金融資產——公允價值變動 10,000
　　貸：可供出售金融資產——成本 10,010,000
　　　　其他綜合收益——可供出售金融資產公允價值變動 10,000

假定甲公司將購入的乙公司股票劃分為交易性金融資產，並且 2014 年 12 月 31 日乙公司股票市價為每股 4.8 元，其他資料不變，則甲公司應進行如下帳務處理：

(1) 2014 年 5 月 6 日，購入股票。
借：應收股利 150,000
　　交易性金融資產——成本 10,000,000
　　投資收益 10,000
　　貸：銀行存款 10,160,000
(2) 2014 年 5 月 10 日，收到現金股利。
借：銀行存款 150,000
　　貸：應收股利 150,000
(3) 2014 年 6 月 30 日，確認股票的價格變動。
借：交易性金融資產——公允價值變動 400,000
　　貸：公允價值變動損益 400,000
(4) 2014 年 12 月 31 日，確認股票價格變動。
借：公允價值變動損益 800,000
　　貸：交易性金融資產——公允價值變動 800,000
公允價值變動=2,000,000×(4.8-5.2)=-800,000（元）
(5) 2015 年 5 月 9 日，確認應收現金股利。
借：應收股利 200,000
　　貸：投資收益 200,000
(6) 2015 年 5 月 13 日，收到現金股利。
借：銀行存款 200,000
　　貸：應收股利 200,000
(7) 2015 年 5 月 20 日，出售股票。
借：銀行存款 9,800,000
　　交易性金融資產——公允價值變動 400,000

貸：交易性金融資產——成本		10,000,000
投資收益		200,000
借：投資收益	400,000	
貸：公允價值變動損益		400,000

任務四　金融資產減值

一、金融資產減值損失的確認

　　企業應當在資產負債表日對以公允價值計量且其變動計入當期損益的金融資產以外的金融資產（含單項金融資產或一組金融資產，下同）的帳面價值進行檢查，有客觀證據表明該金融資產發生減值的，應當確認減值損失，計提減值準備。

　　表明金融資產發生減值的客觀證據是指金融資產初始確認后實際發生的、對該金融資產的預計未來現金流量有影響，並且企業能夠對該影響進行可靠計量的事項。金融資產發生減值的客觀證據，包括下列各項：

　　（1）發行方或債務人發生嚴重財務困難。

　　（2）債務人違反了合同條款，如償付利息或本金發生違約或逾期等。

　　（3）債權人出於經濟或法律等方面因素的考慮，對發生財務困難的債務人作出讓步。

　　（4）債務人很可能倒閉或進行其他財務重組。

　　（5）因發行方發生重大財務困難，該金融資產無法在活躍市場繼續交易。

　　（6）無法辨認一組金融資產中的某項資產的現金流量是否已經減少，但根據公開的數據對其進行總體評價後發現，該組金融資產自初始確認以來的預計未來現金流量確已減少且可計量，如該組金融資產的債務人支付能力逐步惡化，或債務人所在國家或地區失業率提高、擔保物在其所在地區的價格明細下降、所處行業不景氣等。

　　（7）債務人經營所處的技術、市場、經濟或法律環境等發生重大不利變化，使權益工具投資人可能無法收回投資成本。

　　（8）權益工具投資的公允價值發生嚴重或非暫時性下跌。

　　（9）其他表明金融資產發生減值的客觀證據。

　　企業在根據以上客觀證據判斷金融資產是否發生減值損失時，應注意以下幾點：

　　（1）這些客觀證據相關的事項（也稱「損失事項」）必須影響金融資產的預計未來現金流量，並且能夠可靠地計量。對於預期未來事項可能導致的損失，無論其發生的可能性有多大，均不能作為減值損失予以確認。

　　（2）企業通常難以找到某項單獨的證據來認定金融資產是否已發生減值，因而應綜合考慮相關證據的總體影響進行判斷。

　　（3）債務方或金融資產發行方信用等級下降本身不足以說明企業所持有的金融資產發生了減值。但是，如果企業將債務人或金融資產發行方的信用等級下降因素，與可獲得的其他客觀的減值依據聯繫起來，往往能夠對金融資產是否已發生減值作出

判斷。

（4）對於可供出售權益工具投資，其公允價值低於其成本本身尚不足以說明可供出售權益工具投資已發生減值，而應當綜合相關因素判斷該投資公允價值下降是否嚴重（通常指下降幅度超過 20%）或非暫時性（通常指公允價值持續低於其成本超過 6 個月）下跌的。同時，企業應當從持有可供出售權益工具投資的整個期間來判斷。

如果權益工具投資在活躍市場上沒有報價，從而不能根據其公允價值下降的嚴重程度或持續時間來進行減值判斷時，應當綜合考慮其他因素（如被投資單位經營所處的技術、市場、經濟或法律環境等）是否發生重大不利變化。

對於以外幣計價的權益工具投資，企業在判斷其是否發生減值時，應當將該投資在初始確認時以記帳本位幣反應的成本，與資產負債表日以記帳本位幣反應的公允價值進行比較，同時考慮其他相關因素。

二、金融資產減值損失的計量

（一）持有至到期投資、貸款和應收款項減值損失的計量

（1）持有至到期投資、貸款和應收款項以攤余成本后續計量，其發生減值時，應當將該金融資產的帳面價值減記至預計未來現金流量現值（不包括尚未發生的未來信用損失），減記的金額確認為資產減值損失，計入當期損益。

以攤余成本計量的金融資產的預計未來現金流量現值應當按照該金融資產的原實際利率折現確定，並考慮相關擔保物的價值（取得和出售該擔保物發生的費用應當予以扣除）。原實際利率是初始確認該金融資產時計算確定的實際利率。對於浮動利率貸款、應收款項或持有至到期投資，在計算未來現金流量現值時可採用合同規定的現行實際利率作為折現率。即使合同條款因債務方或金融資產發行方發生財務困難而重新商定或修改，在確認減值損失時，仍用條款修改前所確定的該金融資產的原實際利率計算。

短期應收款項的預計未來現金流量與其現值相差很小的，在確定相關減值損失時，可不對其預計未來現金流量進行折現。

（2）對於存在大量性質類似且以攤余成本后續計量金融資產的企業，在考慮金融資產減值測試時，應當先將單項金額重大的金融資產區分開來，單獨進行減值測試。如有客觀證據表明其已發生減值，應當確認減值損失，計入當期損益。對單項金額不重大的金融資產，可以單獨進行減值測試，或包括在具有類似信用風險特徵的金融資產組合中進行減值測試。實務中，企業可以根據具體情況確定單項金額重大的標準。該項標準一經確定，應當一致運用，不得隨意變更。

單獨測試未發生減值的金融資產（包括單項金額重大和不重大的金融資產），應當包括在具有類似信用風險特徵的金融資產組合中再進行減值測試。已單項確認減值損失的金融資產，不應包括在具有類似信用風險特徵的金融資產組合中進行減值測試。

企業對金融資產採用組合方式進行減值測試時，應當注意以下方面：
①應當將具有類似信用風險特徵的金融資產組合一起，如可按資產類型、行業分

佈、區域分佈、擔保物類型、逾期狀態等進行組合。

②對於已包括在某金融資產組合中的某項特定資產，一旦有客觀證據表明其發生了減值，則應當將其從該組合中分出來，單獨確認減值損失。

③在對某金融資產組合的未來現金流量進行預計時，應當以與其具有類似風險特徵組合的歷史損失率為基礎。如企業缺乏這方面的數據或經驗不足，則應當盡量採用具有可比性的其他資產組合的經驗數據，並進行必要調整。企業應當對預計資產組合未來現金流量的方法和假設進行定期檢查，以最大限度地消除損失預計數和實際發生數之間的差異。

（3）對持有至到期投資、貸款和應收款項等以攤余成本計量的金融資產確認減值損失後，如有客觀證據表明該金融資產價值已恢復，並且客觀上與確認該損失後發生的事項有關（如債務人的信用評級已提高等），原確認的減值損失應當予以轉回，計入當期損益。但是，該轉回後的帳面價值不應當超過假定不計提減值準備情況下該金融資產在轉回日的攤余成本。

（4）外幣金融資產發生減值的，預計未來現金流量現值應先按外幣確定，在計量減值時再按資產負債表日即期匯率折成記帳本位幣反應的金額。該項金額小於相關外幣金融資產以記帳本位幣反應的帳面價值的部分，確認為減值損失，計入當期損益。

（5）持有至到期投資、貸款和應收款項等金融資產確認減值損失後，利息收入應當按照確定減值損失時對未來現金流量進行折現採用的折現率作為利率計算確認。

【實務7-8】甲銀行1年前向客戶A發放了一筆3年期貸款，劃分為貸款和應收款項，並且屬金額重大者。本年，由於外部新技術衝擊，客戶A的產品市場銷路不暢，存在嚴重財務困難，故不能按期及時償還甲銀行的貸款本金和利息。為此，客戶A提出與甲銀行調整貸款條款，以便順利度過財務難關。甲銀行同意客戶A提出的要求。以下是五種可供選擇的貸款條款調整方案；

（1）客戶A在貸款原到期日5年內償還貸款的全部本金，但不包括按原條款應計的利息。

（2）在原到期日，客戶A償還貸款的全部本金，但不包括按原條款應計的利息。

（3）在原到期日，客戶A償還貸款的全部本金以及償還低於原貸款應計的利息。

（4）客戶A在原到期日5年內償還貸款的全部本金以及原貸款期間應計的利息，但貸款展期期間不支付任何利息。

（5）客戶A在原到期日5年內償還貸款的全部本金、原貸款期間和展期期間應計的利息。

上述五種可供選擇的貸款條款調整方案，哪一種需要在今年年末確認減值損失？

不難看出，在上述方案（1）至（4）中，貸款未來現金流量現值一定小於當前帳面價值，因此甲銀行採用方案（1）至（4）中的任何一種，都需要在調整貸款日確認和計量貸款減值損失。對於方案（5），雖然客戶A償付貸款本金和利息的時間發生變化，但甲銀行仍能收到延遲支付的利息所形成的利息。在這種情況下，如果按貸款發放時確定的實際利率計算，貸款未來現金流入（本金和利息）現值將與當前帳面價值相等，因此不需要確認和計量貸款減值損失。

(二) 可供出售金融資產

(1) 可供出售金融資產發生減值時，即使該金融資產沒有終止確認，原直接計入所有者權益中的因公允價值下降形成的累計損失，應當予以轉出，計入當期損益。該轉出的累計損失，等於可供出售金融資產的初始取得成本扣除已收回本金和已攤余金額、當前公允價值和原已計入損益的減值損失后的余額。

在活躍市場中沒有報價且其公允價值不能可靠計量的權益工具投資，發生減值時，應當將該權益工具投資或衍生金融資產的帳面價值，與按照類似金融資產當時市場收益率對未來現金流量折現確定的現值之間的差額，確認為減值損失，計入當期損益。與該權益工具掛勾並須通過交付該權益工具結算的衍生金融資產發生減值的，也應當採用類似的方法確認減值損失。

(2) 對於已確認減值損失的可供出售債務工具，在隨后的會計期間公允價值已上升且客觀上與確認原減值損失確認后發生的事項有關的，原確認的減值損失應當予以轉回，計入當期損益。

可供出售權益工具投資發生的減值損失，不得通過損益轉回。但是，在活躍市場中沒有報價且其公允價值不能可靠計量的權益工具投資，或與該權益工具掛勾並須通過交付該權益工具結算的衍生金融資產發生的減值損失，不得轉回。

(3) 可供出售金融資產發生減值后，利息收入應當按照確定減值損失時對未來現金流量進行折現採用的折現率作為利率計算確認。

【實務 7-9】2013 年 1 月 1 日，ABC 公司按面值從債券二級市場購入 MNO 公司公開發行的債券 10,000 張，每張面值為 100 元，票面利率為 3%，劃分為可供出售金融資產。

2013 年 12 月 31 日，該債券的市場價格為每張 100 元。

2014 年，MNO 公司因投資決策失誤，發生嚴重財務困難，但仍可支付該債券當年的票面利息。2014 年 12 月 31 日，該債券的公允價值下降為每張 80 元。ABC 公司預計，如果 MNO 公司不採取措施，該債券的公允價值預計會持續下跌。

2015 年，MNO 公司調整產品結構並整合其他資源，致使 2014 年發生的財務困難大為好轉。2015 年 12 月 31 日，該債券（即 MNO 公司發行的上述債券）的公允價值已上升至每張 95 元。

假定 ABC 公司初始確認該債券時計算確定的債券實際利率為 3%，並且不考慮其他因素，則 ABC 公司有關的帳務處理如下：

(1) 2013 年 1 月 1 日購入債券。

借：可供出售金融資產——成本　　　　　　　　　　　1,000,000
　　貸：銀行存款　　　　　　　　　　　　　　　　　　1,000,000

(2) 2013 年 12 月 31 日確認利息、公允價值變動。

借：應收利息　　　　　　　　　　　　　　　　　　　　30,000
　　貸：投資收益　　　　　　　　　　　　　　　　　　　30,000
借：銀行存款　　　　　　　　　　　　　　　　　　　　30,000

　　　　貸：應收利息　　　　　　　　　　　　　　　　　　　　　　30,000
　　債券的公允價值變動為零，故不進行帳務處理。
　　（3）2014 年 12 月 31 日確認利息收入及減值損失。
　　　　借：應收利息　　　　　　　　　　　　　　　　　　　　　　30,000
　　　　　　貸：投資收益　　　　　　　　　　　　　　　　　　　　30,000
　　　　借：銀行存款　　　　　　　　　　　　　　　　　　　　　　30,000
　　　　　　貸：應收利息　　　　　　　　　　　　　　　　　　　　30,000
　　　　借：資產減值損失　　　　　　　　　　　　　　　　　　　200,000
　　　　　　貸：可供出售金融資產——減值準備　　　　　　　　　200,000
　　由於該債券的公允價值預計會持續下跌，ABC 公司應確認減值損失。
　　（4）2015 年 12 月 31 日確認利息收入及減值損失轉回。
　　應確認的利息收入=（期初攤余成本 1,000,000-發生的減值損失 200,000）×3%
　　　　　　　　　　=24,000（元）
　　　　借：應收利息　　　　　　　　　　　　　　　　　　　　　　30,000
　　　　　　貸：投資收益　　　　　　　　　　　　　　　　　　　　24,000
　　　　　　　　可供出售金融資產——利息調整　　　　　　　　　　6,000
　　　　借：銀行存款　　　　　　　　　　　　　　　　　　　　　　30,000
　　　　　　貸：應收利息　　　　　　　　　　　　　　　　　　　　30,000
　　減值損失回轉前，該債券的攤余成本=1,000,000-200,000-6,000=794,000（元）
　　2015 年 12 月 31 日，該債券的公允價值=950,000（元）
　　應回轉的金額=950,000-794,000=156,000（元）
　　　　借：可供出售金融資產——減值準備　　　　　　　　　　　156,000
　　　　　　貸：資產減值損失　　　　　　　　　　　　　　　　　156,000
　　【實務 7-10】2013 年 1 月 1 日，DEF 公司從股票二級市場以每股 15 元的價格購入 XYZ 公司發行的股票 2,000,000 股，占 XYZ 公司有表決權股份的 5%，對 XYZ 公司無重大影響，劃分為可供出售金融資產。
　　2013 年 5 月 10 日，DEF 公司收到 XYZ 公司發放的 2012 年現金股利 400,000 元。
　　2013 年 12 月 31 日，該股票的市場價格為每股 13 元。DEF 公司預計該股票的價格下跌是暫時的。
　　2014 年，XYZ 公司因違反相關證券法規，受到證券監管部門查處。受此影響，XYZ 公司股票的價格發生下跌。至 2013 年 12 月 31 日，該股票的市場價格下跌到每股 6 元。
　　2015 年，XYZ 公司整改完成，加之市場宏觀面好轉，股票價格有所回升，至 12 月 31 日，該股票的市場價格上升到每股 10 元。
　　假定 2014 年和 2015 年均未分派現金股利，不考慮其他因素，則 DEF 公司有關的帳務處理如下：
　　（1）2013 年 1 月 1 日購入股票。
　　　　借：可供出售金融資產——成本　　　　　　　　　　　　30,000,000

貸：銀行存款　　　　　　　　　　　　　　　　　　　　30,000,000
（2）2013 年 5 月確認現金股利。
　　　借：應收股利　　　　　　　　　　　　　　　　　　　　　400,000
　　　貸：投資收益　　　　　　　　　　　　　　　　　　　　　400,000
　　　借：銀行存款　　　　　　　　　　　　　　　　　　　　　400,000
　　　貸：應收股利　　　　　　　　　　　　　　　　　　　　　400,000
（3）2013 年 12 月 31 日確認股票公允價值變動。
　　　借：其他綜合收益——可供出售金融資產公允價值變動　4,000,000
　　　貸：可供出售金融資產——公允價值變動　　　　　　　4,000,000
（4）2014 年 12 月 31 日，確認股票投資的減值損失。
　　　借：資產減值損失　　　　　　　　　　　　　　　　　18,000,000
　　　貸：其他綜合收益——可供出售金融資產公允價值變動　4,000,000
　　　　　可供出售金融資產——減值準備　　　　　　　　14,000,000
（5）2015 年 12 月 31 日確認股票價格上漲。
　　　借：可供出售金融資產——減值準備　　　　　　　　　8,000,000
　　　貸：其他綜合收益——可供出售金融資產公允價值變動　8,000,000

子項目二　長期股權投資

本項目所指長期股權投資包括：
（1）控制：企業持有的能夠對被投資單位實施控制的權益性投資，即對子公司投資（定量：大於50%。定性：小於或等於50%，但有實質控制權）。
（2）共同控制：企業持有的能夠與其他合營方一同對被投資單位實施共同控制的權益性投資，即對合營企業投資。
（3）重大影響：企業持有的能夠對被投資單位施加重大影響的權益性投資，即對聯營企業投資（定量：大於等於20%但小於等於50%。定性：實質上達到重大影響）。
（4）企業對被投資單位不具有控制、共同控制或重大影響，在活躍市場上沒有報價且公允價值不能可靠計量的權益性投資（定量：小於20%）。

企業對被投資單位不具有控制、共同控制或重大影響、在活躍市場上有報價、公允價值能夠可靠計量的權益性投資，應按《企業會計準則第22號——金融工具確認和計量》準則相關規定進行會計核算。

對子公司、合營企業和聯營企業的投資，無論是否有公允價值，均應按長期股權投資核算。

任務一　長期股權投資的初始計量

長期股權投資在取得時，應按初始投資成本入帳。長期股權投資的初始投資成本

應區分企業合併和非企業合併兩種情況確定［上述第（1）種投資稱企業合併，又分同一控制下的企業合併和非同一控制下的企業合併，第（2）、（3）、（4）種投資稱非企業合併］。

一、企業合併形成的長期股權投資

長期股權投資初始計算如表 7-2 所示。

表 7-2　　　　　　　　　　　長期股權投資初始計量

取得方式		初始計量
企業合併方式	同一控制	被投資單位所有者權益帳面價值的份額，付出資產帳面價值與享有被投資單位所有者權益帳面價值的份額之間的差額計入資本公積
	非同一控制	付出資產的公允價值，付出資產公允價值與帳面價值的差額計入當期損益
非企業合併方式（或稱企業合併以外的方式）		付出資產的公允價值或發行權益性證券的公允價值，付出資產公允價值與帳面價值的差額計入當期損益

（一）同一控制下的企業合併形成的長期股權投資

同一控制下的企業合併，合併方以支付現金、轉讓非現金資產或承擔債務方式作為合併對價的，應當在合併日按照取得被合併方所有者權益帳面價值的份額作為長期股權投資的初始投資成本。長期股權投資初始投資成本與支付的現金、轉讓的非現金資產以及所承擔債務帳面價值之間的差額，應當調整資本公積（資本溢價或股本溢價）；資本公積（資本溢價或股本溢價）不足衝減的，應當調整留存收益。

這裡調整的是「資本公積（資本溢價或股本溢價）」而不是「資本公積」的全部。

合併方以發行權益性證券作為合併對價的，應當在合併日按照取得被合併方所有者權益帳面價值的份額作為長期股權投資的初始投資成本。按照發行股份的面值總額作為股本，長期股權投資初始投資成本與所發行股份面值總額之間的差額，應當調整資本公積（資本溢價或股本溢價）；資本公積（資本溢價或股本溢價）不足衝減的，應當調整留存收益。發行權益性證券的發行費用應衝減資本公積。

【實務 7-11】甲公司以定向增發股票的方式購買同一集團內另一企業持有的 A 公司 80% 股權。為取得該股權，甲公司增發 2,000 萬股普通股，每股面值為 1 元，每股公允價值為 5 元，支付承銷商佣金 50 萬元。取得該股權時，A 公司淨資產帳面價值為 9,000 萬元，公允價值為 12,000 萬元。假定甲公司和 A 公司採用的會計政策相同，甲公司取得該股權時應確認的資本公積為多少？

甲公司取得該股權時應確認的資本公積 = 9,000×80% - 2,000×1 - 50 = 5,150（萬元）

【實務 7-12】2015 年 6 月 30 日，A 公司向其母公司 P 公司發行 1,000 萬股普通股（每股面值為 1 元，市價為 4.34 元），取得母公司 P 公司擁有對 S 公司 100% 的股權，並於當日起能夠對 S 公司實施控制。合併后 S 公司仍維持其獨立法人地位繼續經營。2015 年 6 月 30 日，S 公司淨資產的帳面價值為 40,020,000 元。假定 A 公司和 S 公司在

企業合併前採用的會計政策相同。合併日，A公司與S公司所有者權益的構成如表7-3所示。

表7-3　　　　　　　　A公司與S公司所有者權益的構成表

2015年6月30日　　　　　　　　　　　　單位：元

	A公司	S公司
實收資本	30,000,000	10,000,000
資本公積	20,000,000	6,000,000
盈餘公積	20,000,000	20,000,000
未分配利潤	23,550,000	4,020,000
合計	93,550,000	40,020,000

S公司在合併後維持其法人資格繼續經營，合併日A公司在其帳簿及個別財務報表中應確認對S公司的長期股權投資，其成本為合併日享有S公司帳面所有者權益的份額。A公司的帳務處理如下：

借：長期股權投資——S公司　　　　　　　　　　　40,020,000
　　貸：股本　　　　　　　　　　　　　　　　　　10,000,000
　　　　資本公積——股本溢價　　　　　　　　　　30,020,000

（二）非同一控制下的企業合併形成的長期股權投資

非同一控制下的企業合併，購買方在購買日應當區別下列情況確定合併成本，並將其作為長期股權投資的初始投資成本。

（1）一次交換交易實現的企業合併，合併成本為購買方在購買日為取得對被購買方的控制權而付出的資產、發生或承擔的負債以及發行的權益性證券的公允價值。

（2）通過多次交換交易分步實現的企業合併，合併成本為每一單項交易成本之和。

【實務7-13】A公司於2014年3月以3,000萬元取得B公司30%的股權，並對所取得的投資採用權益法核算。A公司於2014年確認對B公司的投資收益100萬元。2015年4月，A公司又投資3,750萬元取得B公司另外30%的股權。假定A公司在取得對B公司的長期股權投資以後，B公司並未宣告發放現金股利或利潤。A公司按淨利潤的10%提取盈餘公積。A公司未對該項長期股權投資計提任何減值準備。2015年4月，再次投資之後，A公司對B公司長期股權投資的帳面價值為多少萬元？

合併成本為每一單項交易之和。長期股權投資的帳面價值＝3,000+3,750
　　　　　　　　　　　　　　　　　　　　　　　　＝6,750（萬元）。

（3）購買方為進行企業合併發生的各項直接相關費用於發生時計入當期損益，該直接相關費用不包括為企業合併發行的債券或承擔其他債務支付的手續費、佣金等，也不包括企業合併中發行權益性證券發生的手續費、佣金等費用。

（4）非同一控制下企業合併形成的長期股權投資，應在購買日按企業合併成本，借記「長期股權投資」科目，按支付合併對價的帳面價值，貸記或借記有關資產、負債科

目，按發生的直接相關費用，貸記「銀行存款」等科目，企業合併成本中包含的應自被投資單位收取的已宣告但尚未發放的現金股利或利潤，應作為應收股利進行核算。

非同一控制下的企業合併，投出資產為非貨幣性資產時，投出資產公允價值與其帳面價值的差額應分以下不同資產進行會計處理：

（1）投出資產為固定資產或無形資產，其差額計入營業外收入或營業外支出。

（2）投出資產為存貨，按其公允價值確認主營業務收入或其他業務收入，按其成本結轉主營業務成本或其他業務成本。

（3）投出資產為可供出售金融資產等投資的，其差額計入投資收益。可供出售金融資產持有期間公允價值變動形成的「其他綜合收益」應一併轉入投資收益。

【實務 7-14】2015 年 1 月 1 日，甲公司以一臺固定資產和銀行存款 200 萬元向乙公司投資（甲公司和乙公司不屬於同一控制的兩個公司），占乙公司註冊資本的 60%。該固定資產的帳面原價為 8,000 萬元，已計提累計折舊 500 萬元，已計提固定資產減值準備 200 萬元，公允價值為 7,600 萬元。不考慮其他相關稅費，甲公司的會計處理如下：

借：固定資產清理	73,000,000
累計折舊	5,000,000
固定資產減值準備	2,000,000
貸：固定資產	80,000,000
借：長期股權投資	78,000,000
貸：固定資產清理	73,000,000
銀行存款	2,000,000
營業外收入	3,000,000

【實務 7-15】2015 年 5 月 1 日，甲公司以一項專利權和銀行存款 200 萬元向丙公司投資（甲公司和丙公司不屬於同一控制的兩個公司），占丙公司註冊資本的 70%。該專利權的帳面原價為 5,000 萬元，已計提累計攤銷 600 萬元，已計提無形資產減值準備 200 萬元，公允價值為 4,000 萬元。不考慮其他相關稅費，甲公司的會計處理如下：

借：長期股權投資	42,000,000
累計攤銷	6,000,000
無形資產減值準備	2,000,000
營業外支出	2,000,000
貸：無形資產	50,000,000
銀行存款	2,000,000

【實務 7-16】甲公司於 2015 年 4 月 1 日與乙公司原投資者 A 公司簽訂協議，甲公司和乙公司不屬於同一控制下的公司。甲公司以存貨和承擔 A 公司的短期還貸款義務換取 A 公司持有的乙公司股權，2015 年 7 月 1 日合併日乙公司可辨認淨資產公允價值為 1,000 萬元，甲公司取得 70% 的份額。甲公司投出存貨的公允價值為 500 萬元，增值稅為 85 萬元，帳面成本為 400 萬元，承擔歸還短期貸款義務為 200 萬元。甲公司會計處理如下：

借：長期股權投資　　　　　　　　　　　　　　　　　7,850,000
　　貸：短期借款　　　　　　　　　　　　　　　　　　2,000,000
　　　　主營業務收入　　　　　　　　　　　　　　　　5,000,000
　　　　應交稅費——應交增值稅（銷項稅額）　　　　　850,000
借：主營業務成本　　　　　　　　　　　　　　　　　4,000,000
　　貸：庫存商品　　　　　　　　　　　　　　　　　　4,000,000

註：合併成本＝500+85+200＝785（萬元）

【實務7-17】2015年5月1日，甲公司以一項可供出售金融資產向丙公司投資（甲公司和丙公司不屬於同一控制的兩個公司），占丙公司註冊資本的70%。該可供出售金融資產的帳面為3,000萬元（其中成本為2,500萬元，公允價值變動為500萬元），公允價值為3,200萬元。不考慮其他相關稅費，甲公司的會計處理如下：

借：長期股權投資　　　　　　　　　　　　　　　　　32,000,000
　　貸：可供出售金融資產——成本　　　　　　　　　　25,000,000
　　　　　　　　　　　　——公允價值變動　　　　　　5,000,000
　　　　投資收益　　　　　　　　　　　　　　　　　　2,000,000
借：其他綜合收益　　　　　　　　　　　　　　　　　5,000,000
　　貸：投資收益　　　　　　　　　　　　　　　　　　5,000,000

【實務7-18】A公司於2015年3月31日取得了B公司70%的股權。合併中，A公司支付的有關資產在購買日的帳面價值與公允價值如表7-4所示。合併中，A公司為核實B公司的資產價值，聘請專業資產評估機構對B公司的資產進行評估，支付評估費用1,000,000元。假定合併前A公司與B公司及其股東不存在任何關聯方關係。

表7-4　　　　　　　　　　　有關資產帳面價值與公允價值
　　　　　　　　　　　　　　　2015年3月31日　　　　　　　　　　單位：元

項目	帳面價值	公允價值
土地使用權	20,000,000 （成本為30,000,000，累計攤銷10,000,000）	32,000,000
專利技術	8,000,000 （成本為10,000,000，累計攤銷2,000,000）	10,000,000
銀行存款	8,000,000	8,000,000
合計	36,000,000	50,000,000

因A公司與B公司及其股東在合併前不存在任何關聯方關係，應作為非同一控制下的企業合併處理。

A公司對於合併形成的對B公司的長期股權投資，應按支付對價的公允價值確定其初始投資成本。A公司應進行的帳務處理如下：

借：長期股權投資　　　　　　　　　　　　　　　　　50,000,000
　　累計攤銷　　　　　　　　　　　　　　　　　　　12,000,000
　　管理費用　　　　　　　　　　　　　　　　　　　1,000,000

貸：無形資產	40,000,000
銀行存款	9,000,000
營業外收入	14,000,000

二、非企業合併（或企業合併以外方式）取得的長期股權投資

除企業合併形成的長期股權投資以外，以其他方式取得的長期股權投資，應當按照下列規定確定其初始投資成本：

（1）以支付現金取得的長期股權投資，應當按照實際支付的購買價款作為初始投資成本。初始投資成本包括與取得長期股權投資直接相關的費用、稅金及其他必要支出。企業取得長期股權投資，實際支付的價款或對價中包含的已宣告但尚未發放的現金股利或利潤，應作為應收項目處理。

【實務7-19】2015年4月1日，甲公司從證券市場上購入丁公司發行在外1,000萬股股票作為長期股權投資，每股8元（含已宣告但尚未發放的現金股利0.5元），實際支付價款8,000萬元，另支付相關稅費40萬元。甲公司的會計處理如下：

借：長期股權投資	75,400,000
應收股利	5,000,000
貸：銀行存款	80,400,000

（2）以發行權益性證券取得的長期股權投資，應當按照發行權益性證券的公允價值作為初始投資成本。為發行權益性證券支付的手續費、佣金等應自權益性證券的溢價發行收入中扣除，溢價收入不足的，應衝減盈余公積和未分配利潤。

【實務7-20】2015年7月1日，甲公司發行股票1,000萬股作為對價向A公司投資，每股面值為1元，實際發行價為每股3元，另支付相關費用9萬元。不考慮相關稅費，甲公司的會計處理如下：

借：長期股權投資	30,000,000
貸：股本	10,000,000
資本公積——股本溢價	20,000,000
借：資本公積——股本溢價	90,000
貸：銀行存款	90,000

（3）投資者投入的長期股權投資，應當按照投資合同或協議約定的價值作為初始投資成本，但合同或協議約定價值不公允的除外。

【實務7-21】2015年8月1日，A公司接受B公司投資，B公司將持有的對C公司的長期股權投資投入到A公司。B公司持有的對C公司的長期股權投資的帳面余額為800萬元，未計提減值準備。A公司和B公司投資合同約定的價值為1,000萬元，A公司的註冊資本為5,000萬元，B公司投資持股比例為20%。A公司的會計處理如下：

借：長期股權投資	10,000,000
貸：實收資本	10,000,000

【實務7-22】A公司以其持有的對B公司的長期股權投資作為出資，在C股份公

司增資擴股的過程中投入 C 公司，取得 C 公司 1,000 萬股普通股（每股面值為 1 元）。該項對 B 公司的投資本身不存在活躍的市場，無法取得其公允價值信息，但根據 C 公司股票在增資擴股後的價格判斷，該項作為出資的長期股權投資的公允價值約為 4,000 萬元。C 公司取得 B 公司股權後，無法對 B 公司實施控制、共同控制或是施加重大影響，也無法通過合理的方式確定其公允價值。C 公司的會計處理如下：

借：長期股權投資——B 公司——投資成本　　　40,000,000
　貸：股本　　　　　　　　　　　　　　　　　　10,000,000
　　　資本公積——股本溢價　　　　　　　　　　30,000,000

（4）通過非貨幣性資產交換取得的長期股權投資，其初始投資成本應當參照本教材「非貨幣性資產交換」有關規定處理；通過債務重組取得的長期股權投資，其初始投資成本參照本教材「債務重組」有關規定處理。

（5）初始投資成本的調整（只針對共同控制、重大影響這兩種方式的投資）。對於共同控制、重大影響這兩種方式的長期股權投資，當初始投資成本大於投資時應享有被投資單位可辨認淨資產公允價值份額的，不調整長期股權投資的初始投資成本；當初始投資成本小於投資時應享有被投資單位可辨認淨資產公允價值份額的，應按其差額，借記「長期股權投資」科目，貸記「營業外收入」科目。

【實務 7-23】A 公司以銀行存款 1,000 萬元取得 B 公司 30% 的股權，取得投資時被投資單位可辨認淨資產的公允價值為 3,000 萬元。

（1）如 A 公司能夠對 B 公司施加重大影響，則 A 公司應進行的會計處理如下：
借：長期股權投資　　　　　　　　　　　　　　10,000,000
　貸：銀行存款　　　　　　　　　　　　　　　　10,000,000
註：商譽為 100 萬元（1,000-3,000×30%）體現在長期股權投資成本中。

（2）如投資時 B 公司可辨認淨資產的公允價值為 3,500 萬元，則 A 公司應進行的會計處理如下：
借：長期股權投資　　　　　　　　　　　　　　10,000,000
　貸：銀行存款　　　　　　　　　　　　　　　　10,000,000
借：長期股權投資　　　　　　　　　　　　　　　　500,000
　貸：營業外收入　　　　　　　　　　　　　　　　500,000

【實務 7-24】A 公司於 2015 年 1 月 1 日取得 B 公司 30% 的股權，實際支付價款 3,000 萬元。A 公司取得投資時被投資單位帳面所有者權益的構成如下（假定該時點被投資單位各項可辨認資產、負債的公允價值與其帳面價值相同，單位：元）：

實收資本　　　　　　　　　　　30,000,000
資本公積　　　　　　　　　　　24,000,000
盈余公積　　　　　　　　　　　 6,000,000
未分配利潤　　　　　　　　　　15,000,000
所有者權益總額　　　　　　　　75,000,000

假定在 B 公司的董事會中，所有股東均以其持股比例行使表決權。A 公司在取得對 B 公司的股權後，派人參與了 B 公司的財務和生產經營決策。因能夠對 B 公司的生

產經營決策施加重大影響，A公司對該項投資採用權益法核算。取得投資時，A公司應進行的帳務處理如下：

借：長期股權投資——B公司——投資成本　　　30,000,000
　　貸：銀行存款　　　　　　　　　　　　　　　　30,000,000

長期股權投資的成本30,000,000元大於取得投資時應享有B公司可辨認淨資產公允價值的份額22,500,000元（75,000,000×30%），不對其初始投資成本進行調整。

假定取得投資時B公司可辨認淨資產公允價值為120,000,000元，A公司按持股比例的30%計算確定應享有36,000,000元，則初始投資成本與應享有B公司可辨認淨資產公允價值份額之間的差額6,000,000元應計入取得投資當期的損益。

借：長期股權投資——B公司——投資成本　　　36,000,000
　　貸：銀行存款　　　　　　　　　　　　　　　　30,000,000
　　　　營業外收　　　　　　　　　　　　　　　　 6,000,000

三、投資成本中包含的已宣告尚未發放現金股利或利潤的處理

企業無論是以何種方式取得長期股權投資，取得投資時，對於支付的對價中包含的應享有被投資單位已經宣告但尚未發放的現金股利或利潤應確認為應收項目，不構成取得長期股權投資的初始投資成本。

任務二　長期股權投資的後續計量

一、成本法及權益法核算的範圍

長期股權投資後續計量方法如表7-5所示。

表7-5　　　　　　　　　　長期股權投資的後續計量

取得方式		後續計量
企業合併方式	同一控制	成本法核算
	非同一控制	成本法核算
企業合併以外的方式		（1）不具有控制、共同控制或重大影響，並且在活躍市場中沒有報價、公允價值不能可靠計量的投資用成本法核算 （2）共同控制或重大影響的投資按權益法核算

二、長期股權投資的成本法

採用成本法核算的長期股權投資，除取得投資時實際支付的價款或對價中包含的已宣告但尚未發放的現金股利或利潤外，投資企業應當按照享有被投資單位宣告發放的現金股利或利潤確認投資收益，不再劃分是否屬於投資前和投資后被投資單位實現的淨利潤。

企業按照上述規定確認自被投資單位應分得的現金股利或利潤后，應當考慮長期

股權投資是否發生減值。在判斷該類長期股權投資是否存在減值跡象時，應當關注長期股權投資的帳面價值是否大於享有被投資單位淨資產（包括相關商譽）帳面價值的份額等類似情況。出現類似情況時，企業應當按照《企業會計準則第 8 號——資產減值》對長期股權投資進行減值測試，可收回金額低於長期股權投資帳面價值的，應當計提減值準備。

【實務 7-25】甲公司與 A 公司 2015 年與投資有關資料如下：

（1）2015 年 1 月 1 日，甲公司支付現金 1,000 萬元取得 A 公司 15% 的股權（不具有重大影響），發生相關稅費 3 萬元，假定該項投資無公允價值。

（2）2015 年 4 月 1 日，A 公司宣告分配 2013 年實現的淨利潤，分配現金股利 200 萬元。

（3）甲公司於 2015 年 4 月 10 日收到現金股利。

（4）2015 年，A 公司發生虧損 200 萬元。

甲公司上述與投資有關業務的會計分錄如下（金額單位用萬元表示）：

（1）借：長期股權投資——A 公司　　　　　　　　1,003
　　　　貸：銀行存款　　　　　　　　　　　　　　　　　　1,003

（2）借：應收股利　　　　　　　　　　　　　30　（200×15%）
　　　　貸：投資收益　　　　　　　　　　　　　　　　　　　30

（3）借：銀行存款　　　　　　　　　　　　　　30
　　　　貸：應收股利　　　　　　　　　　　　　　　　　　　30

（4）甲公司採用成本法核算，不進行帳務處理。

【實務 7-26】甲公司於 2014 年 4 月 10 日取得乙公司 6% 的股權，成本為 12,000,000 元。2015 年 2 月 6 日，乙公司宣告分派利潤，甲公司按照持股比例可取得 100,000 元。假定甲公司在取得乙公司股權後，對乙公司的財務和經營不具有控制、共同控制或重大影響，並且該投資不存在活躍的交易市場、公允價值無法可靠取得。乙公司於 2015 年 2 月 12 日實際分派利潤。甲公司應進行的帳務處理如下：

借：長期股權投資——乙公司　　　　　　　　12,000,000
　　貸：銀行存款　　　　　　　　　　　　　　　　　12,000,000
借：應收股利　　　　　　　　　　　　　　　　　100,000
　　貸：投資收益　　　　　　　　　　　　　　　　　　100,000
借：銀行存款　　　　　　　　　　　　　　　　　100,000
　　貸：應收股利　　　　　　　　　　　　　　　　　　100,000

三、長期股權投資的權益法

投資企業取得長期股權投資後，應當按照應享有或應分擔的被投資單位實現的淨損益的份額，確認投資損益並調整長期股權投資的帳面價值。投資企業按照被投資單位宣告分派的利潤或現金股利計算應分得的部分，相應減少長期股權投資的帳面價值。

（一）被投資企業實現盈利

投資企業帳務處理模塊如下：

借：長期股權投資——損益調整
　　貸：投資收益

(二) 被投資企業發生虧損

投資企業帳務處理模板如下：

借：投資收益
　　貸：長期股權投資——損益調整

(三) 被投資企業宣告分派股利

按照權益法核算的長期股權投資，投資企業自被投資單位取得的現金股利或利潤，應抵減長期股權投資的帳面價值。在被投資單位宣告分派現金股利或利潤時，借記「應收股利」科目，貸記「長期股權投資（損益調整）」科目；自被投資單位取得的現金股利或利潤超過已確認損益調整的部分應視同投資成本的收回，衝減長期股權投資的帳面價值。

投資企業帳務處理模板如下：

借：應收股利
　　貸：長期股權投資——損益調整

【實務7-27】2015 年 1 月 2 日，甲公司以貨幣資金取得乙公司 30%的股權，初始投資成本為 4,000 萬元。當日，乙公司可辨認淨資產公允價值為 14,000 萬元，與其帳面價值相同。甲公司取得投資後即派人參與乙公司的生產經營決策，但未能對乙公司形成控制。乙公司 2015 年實現淨利潤 1,000 萬元。假定不考慮所得稅等其他因素，2015 年甲公司下列各項與該項投資相關的會計處理中，正確的有（　　）。

A. 確認商譽 200 萬元　　　　　　B. 確認營業外收入 200 萬元
C. 確認投資收益 300 萬元　　　　D. 確認資本公積 200 萬元

【答案】BC

【解析】此實務題會計分錄如下（金額單位用萬元表示）：

2015 年 1 月 2 日初始入帳。

借：長期股權投資——乙公司——投資成本　　4,200（14,000×30%）
　　貸：銀行存款　　　　　　　　　　　　　　　　　　　4,000
　　　　營業外收入　　　　　　　　　　　　　　　　　　　200

2015 年 12 月 31 日後續計量。

借：長期股權投資——乙公司——損益調整　　300（1,000×30%）
　　貸：投資收益　　　　　　　　　　　　　　　　　　　　300

由此可知，甲公司應該確認營業外收入 200 萬元，確認投資收益 300 萬元。

【實務7-28】甲公司 2015 年 1 月 1 日以 3,000 萬元的價格購入乙公司 30%的股份，另支付相關費用 15 萬元。購入時乙公司可辨認淨資產的公允價值為 11,000 萬元（假定乙公司各項可辨認資產、負債的公允價值與帳面價值相等）。乙公司 2015 年實現淨利潤 600 萬元。甲公司取得該項投資後對乙公司具有重大影響。假定不考慮其他因素，該投資對甲公司 2015 年度利潤總額的影響為（　　）萬元。

A. 165　　　　　B. 180　　　　　C. 465　　　　　D. 480

【答案】C

【解析】該投資對甲公司 2015 年度利潤總額的影響＝［11,000×30%－(3,000+15)］+600×30%＝465（萬元）。

(四) 超額虧損的確認

按照權益法核算的長期股權投資，投資企業確認應分擔被投資單位發生的損失，原則上應以長期股權投資及其他實質上構成對被投資單位淨投資的長期權益減記至零為限，投資企業負有承擔額外損失義務的除外。這裡所講「其他實質上構成對被投資單位淨投資的長期權益」通常為長期應收項目，如企業對被投資單位的長期債權，該債權沒有明確的清收計劃、在可預見的未來期間不準備收回的，實質上構成對被投資單位的淨投資，但不包括投資企業與被投資單位之間因銷售商品、提供勞務等日常活動所產生的長期債權。

投資企業在確認應分擔被投資單位發生的虧損時，具體應按照以下順序處理：

首先，減記長期股權投資的帳面價值。

其次，在長期股權投資的帳面價值減記至零的情況下，對於未確認的投資損失，考慮除長期股權投資以外，帳面上是否有其他實質上構成對被投資單位淨投資的長期權益項目。如果有，則應以其他長期權益的帳面價值為限，繼續確認投資損失，衝減長期應收項目等的帳面價值。

最後，經過上述處理，按照投資合同或協議約定，投資企業仍需要承擔額外損失彌補等義務的，應按預計將承擔的義務金額確認預計負債，計入當期投資損失。

企業在實務操作過程中，在發生投資損失時，應借記「投資收益」科目，貸記「長期股權投資——損益調整」科目。在長期股權投資的帳面價值減記至零以後，考慮其他實質上構成對被投資單位淨投資的長期權益，繼續確認的投資損失，應借記「投資收益」科目，貸記「長期應收款」科目。因投資合同或協議約定導致投資企業需要承擔額外義務的，按照《企業會計準則第 13 號——或有事項》的規定，對於符合確認條件的義務，應確認為當期損失，同時確認預計負債，借記「投資收益」科目，貸記「預計負債」科目。除上述情況仍未確認的應分擔被投資單位的損失，應在帳外備查登記。

在確認了有關的投資損失以後，被投資單位於以後期間實現盈利的，應按以上相反順序分別減記帳外備查登記的金額、已確認的預計負債、恢復其他長期權益及長期股權投資的帳面價值，同時確認投資收益。應當按順序分別借記「預計負債」「長期應收款」「長期股權投資」科目，貸記「投資收益」科目。

【實務 7-29】甲企業持有乙企業 40%的股權，能夠對乙企業施加重大影響，2014 年 12 月 31 日該項長期股權投資的帳面價值為 6,000 萬元。乙企業在 2015 年由於一項主要經營業務市場條件發生變化，當年度虧損 9,000 萬元。假定甲企業在取得該投資時，乙企業各項可辨認資產、負債的公允價值與其帳面價值相等，雙方所採用的會計政策及會計期間也相同，則甲企業當年度應確認的投資損失為 3,600 萬元。確認上述

投資損失後，長期股權投資的帳面價值變為 2,400 萬元。

如果乙企業當年度的虧損額為 18,000 萬元，則甲企業按其持股比例確認應分擔的損失為 7,200 萬元，但長期股權投資的帳面價值僅為 6,000 萬元，如果沒有企業實質上構成對被投資單位淨投資的長期權益項目，則甲企業應確認的投資損失僅為 6,000 萬元，超額損失在帳外進行備查登記。在確認了 6,000 萬元投資損失，長期股權投資的帳面價值減記至零以後，如果甲企業帳上仍有應收乙企業的長期應收款 2,400 萬元，該款項從目前情況看，沒有明確的清償計劃（並非產生於商品購銷等日常活動），則在長期應收款的帳面價值大於 1,200 萬元的情況下，應以長期應收款的帳面價值為限進一步確認投資損失 1,200 萬元。甲企業應進行的帳務處理如下：

  借：投資收益   60,000,000
    貸：長期股權投資——損益調整   60,000,000
  借：投資收益   12,000,000
    貸：長期應收款   12,000,000

（五）被投資單位其他綜合收益

投資企業在持有長期股權投資期間，應當按照應享有或應分擔被投資單位實現其他綜合收益的份額，借記「長期股權投資——其他綜合收益」科目，貸記「其他綜合收益」科目。這裡所講的「其他綜合收益」是指企業根據其他會計準則規定未在當期損益中確認的各項利得和損失。

【實務 7-30】A 企業持有 B 企業 30%的股份，能夠對 B 企業施加重大影響。當期 B 企業因持有的可供出售金融資產公允價值的變動計入其他綜合收益的金額為 1,800 萬元，除該事項外，B 企業當期實現的淨損益為 9,600 萬元。A 企業在確認應享有被投資單位所有者權益的變動時，應進行的帳務處理如下：

  借：長期股權投資——損益調整   28,800,000
       ——其他綜合收益   5,400,000
    貸：投資收益   28,800,000
      其他綜合收益   5,400,000

（六）被投資單位所有者權益的其他變動

採用權益法核算時，投資企業對於被投資單位除淨損益、其他綜合收益和利潤分配外所有者權益的其他變動，應按照持股比例計算應享有的份額，借記或貸記「長期股權投資——其他權益變動」科目，貸記或借記「資本公積——其他資本公積」科目。

（七）股票股利的處理

被投資單位分派的股票股利，投資企業不進行帳務處理，但應於除權日註明所增加的股數，以反應股份的變化情況。

四、長期股權投資的減值

長期股權投資在按照規定進行核算確定其帳面價值的基礎上，如果存在減值跡象

的，應當按照相關企業會計準則的規定計提減值準備。投資企業應當按照《企業會計準則第8號——資產減值》的規定對長期股權投資進行減值測試，其可收回金額低於帳面價值的，應當將該長期股權投資的帳面價值減記至可收回金額，減記的金額確認為減值損失，計入當期損益，同時計提相應的資產減值準備。計提長期股權投資減值準備的帳務處理模板如下：

借：資產減值損失
　　貸：長期股權投資減值準備

長期股權投資的減值損失一經確認，在以后會計期間不得轉回。

任務三　長期股權投資的處置

企業處置長期股權投資時，應相應結轉與所售股權相對應的長期股權投資的帳面價值，出售所得價款與處置長期股權投資帳面價值之間的差額，應確認為投資收益。

採用權益法核算的長期股權投資，原計入其他綜合收益中的金額，在處置時亦應進行結轉，將與所出售股權相對應的部分在處置時從「其他綜合收益」「資本公積——其他資本公積」科目中轉入投資收益。

【實務7-31】A企業原持有B企業40%的股權，2015年12月20日，A企業決定出售持有的B企業10%的股權。出售時A企業帳面上對B企業長期股權投資的構成為：投資成本1,800萬元，損益調整480萬元，其他綜合收益300萬元，出售取得價款705萬元。

（1）A企業確認處置損益的帳務處理如下：

借：銀行存款　　　　　　　　　　　　　　　7,050,000
　　貸：長期股權投資——投資成本　　　　　　4,500,000
　　　　　　　　　　——損益調整　　　　　　1,200,000
　　　　　　　　　　——其他綜合收益　　　　　750,000
　　　　投資收益　　　　　　　　　　　　　　　600,000

（2）除應將實際取得價款與出售長期股權投資的帳面價值進行結轉，確認出售損益以外，還應將原計入其他綜合收益的部分按比例轉入當期損益。

借：其他綜合收益　　　　　　　750,000（3,000,000×25%）
　　貸：投資收益　　　　　　　　　　　　　　　750,000

如果是全部出售就將長期股權投資的帳面價值以及原計入其他綜合收益的數值全部轉出。

子項目三　投資性房地產

房地產是土地和房屋及其權屬的總稱。在我國，土地歸國家或集體所有，企業只能取得土地使用權。因此，房地產中的土地是指土地使用權。房屋是指土地上的房屋

145

等建築物及構建物。隨著我國社會主義市場經濟的發展和完善，房地產市場日益活躍，企業持有的房地產除了用作自身管理、生產經營活動場所和對外銷售之外，出現了將房地產用於賺取租金或增值收益的活動，這甚至是個別企業的主營業務。用於出租或增值的房地產就是投資性房地產，其在用途、狀態、目的等方面與企業自用的廠房、辦公樓等作為生產經營場所的房地產和房地產開發企業用於銷售的房地產是不同的。

任務一　投資性房地產的確認和初始計量

一、投資性房地產的概念

投資性房地產是指為賺取租金或資本增值，或兩者兼有而持有的房地產。投資性房地產主要包括已出租的土地使用權、持有並準備增值後轉讓的土地使用權和已出租的建築物。投資性房地產應當能夠單獨計量和出售。

(一) 投資性房地產的範圍

投資性房地產的範圍限定為已出租的土地使用權、持有並準備增值後轉讓的土地使用權、已出租的建築物。

1. 已出租的土地使用權

已出租的土地使用權是指企業通過出讓或轉讓方式取得並以經營租賃方式出租的土地使用權。企業取得的土地使用權通常包括在一級市場上以交納土地出讓金的方式取得的土地使用權，也包括在二級市場上接受其他單位轉讓的土地使用權。對於以經營租賃方式租入土地使用權再轉租給其他單位的，不能確認為投資性房地產。企業計劃用於出租但尚未出租的土地使用權，不屬於此類。

【實務7-32】A企業與B企業簽訂了一項經營租賃合同，B企業將其持有使用的一塊土地出租給A企業，以賺取租金，為期20年。A企業又將這塊土地轉租給C企業，以賺取租金差價，為期5年（假設不違反國家有關規定）。

對於A企業而言，這項土地使用權不能予以確認，也不屬於其投資性房地產。對於B企業而言，自租賃期開始日起，這項土地使用權屬於其投資性房地產。

2. 持有並準備增值後轉讓的土地使用權

持有並準備增值後轉讓的土地使用權是指企業取得的、準備增值後轉讓的土地使用權。這類土地使用權很可能給企業帶來資本增值收益，符合投資性房地產的定義。

企業依法取得土地使用權後，應當按照國有土地有償使用合同或建設用地批准書規定的期限動工開發建設。未經原批准用地的人民政府同意，超過規定的期限未動工開發建設的建設用地屬於閒置土地。按照國家有關規定認定的閒置土地，不屬於持有並準備增值後轉讓的土地使用權。

3. 已出租的建築物

已出租的建築物是指企業擁有產權並以經營租賃方式出租的建築物。已出租的建築物包括自行建造或開發活動完成後用於出租的建築物。企業在判斷和確認已出租的

建築物時，應當把握以下要點：

（1）用於出租的建築物是指企業擁有產權的建築物。企業以經營租賃方式租入再轉租的建築物不屬於投資性房地產。

【實務 7-33】A 企業與 B 企業簽訂了一項經營租賃合同，B 企業將其擁有產權的一棟辦公樓出租給 A 企業，為期 6 年。A 企業一開始將該辦公樓改裝后用於自行經營餐館。3 年后，由於連續虧損，A 企業將餐館轉租給 C 企業，以賺取租金差價。

對於 A 企業而言，這棟辦公樓產權不能予以確認，也不屬於投資性房地產。對於 B 企業而言，這屬於投資性房地產。

（2）已出租的建築物是企業已經與其他方簽訂了租賃協議，約定以經營租賃方式出租的建築物。自租賃協議規定的租賃期開始日起，經營租出的建築物才屬於已出租的建築物。企業計劃用於出租但尚未出租的建築物，不屬於已出租的建築物。

【實務 7-34】A 企業在當地房地產交易中心通過競拍取得一塊土地的使用權。A 企業按照合同規定對這塊土地進行了開發，並在這塊土地上建造了一棟商場，擬用於整體出租，但尚未找到合適的承租人。

這棟商場不屬於投資性房地產。直到 A 企業與承租人簽訂經營租賃合同，自租賃期開始日起，這棟商場才能轉換為投資性房地產。同時，相應的土地使用權（無形資產）也應當轉換為投資性房地產。

（3）企業將建築物出租，按租賃協議向承租人提供的相關輔助服務在整個協議中不重大的，如企業將辦公樓出租並向承租人提供保安、維修等輔助服務，應當將該建築物確認為投資性房地產。

【實務 7-35】A 企業在某地購買了一棟寫字樓，共 12 層。其中，1 層經營出租給某家大型超市，2~5 層經營出租給 B 企業，6~12 層經營出租給 C 企業。A 企業同時為該寫字樓提供保安、維修等日常輔助服務。

A 企業將寫字樓出租，同時提供的輔助服務不重大。對於 A 企業而言，這棟寫字樓屬於 A 企業的投資性房地產。

（二）不屬於投資性房地產的項目

1. 自用房地產

自用房地產，即為生產商品、提供勞務或者經營管理而持有的房地產。例如，企業擁有並自行經營的旅店，其經營目的主要是通過提供客房服務賺取服務收入，該旅店不確認為投資性房地產。又如，企業出租給本企業職工居住的宿舍，雖然也收取租金，但間接為企業自身的生產經營服務，因此具有自用房地產的性質，不屬於投資性房地產。

2. 作為存貨的房地產

作為存貨的房地產通常是指房地產開發企業在正常經營過程中銷售的或為銷售而正在開發的商品房和土地。這部分房地產屬於房地產開發企業的存貨，其生產、銷售構成企業的主營業務活動，產生的現金流量也與企業的其他資產密切相關。因此，具有存貨性質的房地產不屬於投資性房地產。

某項房地產，部分用於賺取租金或資本增值，部分用於生產商品、提供勞務或經營管理，能夠單獨計量和出售的、用於賺取租金或資本增值的部分，應當確認為投資性房地產；不能夠單獨計量和出售的、用於賺取租金或資本增值的部分，不確認為投資性房地產。

二、投資性房地產的確認和初始計量

（一）投資性房地產的確認

將某個項目確認為投資性房地產，首先應當符合投資性房地產的概念，其次要同時滿足投資性房地產的兩個確認條件：

（1）與該資產相關的經濟利益很可能流入企業。

（2）該投資性房地產的成本能夠可靠地計量。

（二）投資性房地產的初始計量

投資性房地產應當按照成本進行初始計量。

1. 外購的投資性房地產

對於企業外購的房地產，只有在購入房地產的同時開始對外出租（自租賃期開始日起，下同）或用於資本增值，才能稱之為外購的投資性房地產。外購投資性房地產的成本包括購買價款、相關稅費和可直接歸屬於該資產的其他支出。

企業購入房地產，自用一段時間之後再改為出租或用於資本增值的，應當先將外購的房地產確認為固定資產或無形資產，自租賃期開始日或用於資本增值之日開始，才能從固定資產或無形資產轉換為投資性房地產。

2. 自行建造的投資性房地產

企業自行建造（或開發，下同）的房地產，只有在自行建造或開發活動完成（即達到預定可使用狀態）的同時開始對外出租或用於資本增值，才能將自行建造的房地產確認為投資性房地產。自行建造投資性房地產的成本，由建造該項房地產達到預定可使用狀態前發生的必要支出構成。

企業自行建造房地產達到預定可使用狀態後一段時間才對外出租或用於資本增值的，應當先將自行建造的房地產確認為固定資產或無形資產，自租賃期開始日或用於資本增值之日開始，從固定資產或無形資產轉換為投資性房地產。

（三）以其他方式取得的投資性房地產

以其他方式取得的投資性房地產，其成本參照固定資產相關規定確定。

任務二　投資性房地產的後續計量

企業通常應當採用成本模式對投資性房地產進行後續計量，也可以採用公允價值模式對投資性房地產進行後續計量。但是，同一企業只能採用一種模式對所有投資性房地產進行後續計量，不得同時採用兩種計量模式。

一、採用成本模式後續的投資性房地產

企業通常應當採用成本模式對投資性房地產進行后續計量。採用成本模式進行后續計量的投資性房地產，應當遵循以下會計處理：

（1）外購投資性房地產或自行建造的投資性房地產達到預定可使用狀態時，按照其實際成本，借記「投資性房地產」科目，貸記「銀行存款」「在建工程」等科目。

（2）按照固定資產或無形資產的有關規定，按期（月）計提折舊或進行攤銷，借記「其他業務成本」等科目，貸記「投資性房地產累計折舊（攤銷）」科目。

（3）取得的租金收入，借記「銀行存款」等科目，貸記「其他業務收入」等科目。

（4）投資性房地產存在減值跡象的，應當適用資產減值的有關規定。經減值測試后確定發生減值的，應當計提減值準備，借記「資產減值損失」科目，貸記「投資性房地產減值準備」科目。如果已經計提減值準備的投資性房地產的價值又得以恢復，不得轉回。

【實務 7-36】2015 年 3 月，A 企業計劃購入一棟寫字樓用於對外出租。3 月 15 日，A 企業與 B 企業簽訂了經營租賃合同，約定自寫字樓購買日起將這棟寫字樓出租給 B 企業，為期 5 年；4 月 5 日，A 企業實際購入寫字樓，支付價款共計 1,200 萬元（假設不考慮其他因素，A 企業採用成本模式進行后續計量）。

A 企業的帳務處理如下：

借：投資性房地產——寫字樓　　　　　　　　　　　　　12,000,000
　　貸：銀行存款　　　　　　　　　　　　　　　　　　　　　　12,000,000

【實務 7-37】A 企業將其一棟辦公樓出租給 B 企業使用，已確認為投資性房地產，採用成本模式進行后續計量。假設該棟辦公樓的成本為 1,800 萬元，按照直線法計提折舊，使用壽命為 20 年，預計淨殘值為零。按照經營租賃合同約定，B 企業每月支付 A 企業租金 8 萬元。當年 12 月，這棟辦公樓發生減值跡象，經減值測試，其可收回金額為 1,200 萬元，此時辦公樓的帳面價值為 1,500 萬元，以前未計提減值準備。

A 企業的帳務處理如下：

（1）計提折舊。

每月計提折舊 = 1,800÷20÷12 = 7.5（萬元）

借：其他業務成本　　　　　　　　　　　　　　　　　　　　75,000
　　貸：投資性房地產累計折舊（攤銷）　　　　　　　　　　　　　75,000

（2）確認租金。

借：銀行存款（或其他應收款）　　　　　　　　　　　　　　80,000
　　貸：其他業務收入　　　　　　　　　　　　　　　　　　　　　80,000

（3）計提減值準備。

借：資產減值損失　　　　　　　　　　　　　　　　　　　3,000,000
　　貸：投資性房地產減值準備　　　　　　　　　　　　　　　　3,000,000

二、採用公允價值模式進行後續計量的投資性房地產

(一) 採用公允價值模式的前提條件

企業只有存在確鑿證據表明投資性房地產的公允價值能夠持續可靠取得，才可以採用公允價值模式對投資性房地產進行后續計量。企業一旦選擇採用公允價值計量模式，就應當對其所有投資性房地產均採用公允價值模式進行後續計量。

採用公允價值模式進行后續計量的投資性房地產，應當同時滿足下列條件：

(1) 投資性房地產所在地有活躍的房地產交易市場。所在地通常是指投資性房地產所在的城市。對於大中城市，應當為投資性房地產所在的城區。

(2) 企業能夠從活躍的房地產交易市場上取得同類或類似房地產的市場價格及其他相關信息，從而對投資性房地產的公允價值作出合理的估計。

同類或類似的房地產，對建築物而言，是指所處地理位置和地理環境相同、性質相同、結構類型相同或相近、新舊程度相同或相近、可使用狀況相同或相近的建築物；對土地使用權而言，是指同一城區、同一位置區域、所處地理環境相同或相近、可使用狀況相同或相近的土地。

(二) 採用公允價值模式進行後續計量的會計處理

採用公允價值模式進行后續計量的投資性房地產，應當遵循以下會計處理規定：

(1) 外購投資性房地產或自行建造的投資性房地產達到預定可使用狀態時，按照其實際成本，借記「投資性房地產（成本）」等科目，貸記「銀行存款」「在建工程」等科目。

(2) 不對投資性房地產計提折舊或攤銷。企業應當以資產負債表日投資性房地產的公允價值為基礎調整其帳面價值，公允價值與原帳面價值之間的差額計入當期損益。

資產負債表日，投資性房地產的公允價值高於其帳面餘額的差額，借記「投資性房地產（公允價值變動）」科目，貸記「公允價值變動損益」科目；公允價值低於其帳面餘額的差額編製相反的會計分錄。

(3) 投資性房地產取得的租金收入，確認為其他業務收入。借記「銀行存款」等科目，貸記「其他業務收入」等科目。

【實務7-38】A公司為從事房地產經營開發的企業。2014年8月，A公司與B公司簽訂租賃協議，約定將A公司開發的一棟精裝修的寫字樓於開發完成同時開始租賃給B公司使用，租賃期為10年。當年10月1日，該寫字樓開發完成並開始起租，寫字樓的造價為90,000,000元。由於該棟寫字樓地處商業繁華區，所在城區有活躍的房地產交易市場，而且能夠從房地產交易市場上取得同類房地產的市場報價，A公司決定採用公允價值模式對該出租房地產進行后續計量。2014年12月31日，該寫字樓的公允價值為91,000,000元。2015年12月31日，該寫字樓的公允價值為94,000,000元。

A公司的帳務處理如下：

(1) 2014年10月1日，A公司開發完成寫字樓並出租。

借：投資性房地產——××寫字樓（成本）　　　　　　　90,000,000

貸：開發產品　　　　　　　　　　　　　　　　　　　　　　　90,000,000
　（2）2014 年 12 月 31 日，以公允價值為基礎調整其帳面價值，公允價值與原帳面價值之間的差額計入當期損益。
　　借：投資性房地產——××寫字樓（公允價值變動）　　　　　1,000,000
　　　　貸：公允價值變動損益　　　　　　　　　　　　　　　　1,000,000
　（3）2015 年 12 月 31 日，公允價值又發生變動。
　　借：投資性房地產——××寫字樓（公允價值變動）　　　　　3,000,000
　　　　貸：公允價值變動損益　　　　　　　　　　　　　　　　3,000,000

三、投資性房地產後續計量模式變更

　　企業對投資性房地產的計量模式一經確定，不得隨意變更。以成本模式轉為公允價值模式的，應當作為會計政策變更處理，將計量模式變更時公允價值與帳面價值的差額，調整期初留存收益（未分配利潤）。

　　企業變更投資性房地產計量模式時，應當按照計量模式變更日投資性房地產的公允價值，借記「投資性房地產（成本）」科目，按照已計提的折舊或攤銷，借記「投資性房地產累計折舊（攤銷）」科目，原已計提減值準備的，借記「投資性房地產減值準備」科目，按照原帳面餘額，貸記「投資性房地產」科目，按照公允價值與其帳面價值之間的差額，貸記或借記「利潤分配——未分配利潤」「盈餘公積」等科目。

　　已採用公允價值模式計量的投資性房地產，不得從公允價值模式轉為成本模式。

　　【實務 7-39】甲企業將某一棟寫字樓租賃給乙公司使用，並一直採用成本模式進行后續計量。2015 年 1 月 1 日，甲企業認為，出租給乙公司使用的寫字樓，其所在地的房地產交易市場比較成熟，具備了採用公允價值模式計量的條件，決定對該項投資性房地產從成本模式轉換為公允價值模式計量。該寫字樓的原造價為 90,000,000 元，已計提折舊 2,700,000 元，帳面價值為 87,300,000 元。2015 年 1 月 1 日，該寫字樓的公允價值為 95,000,000 元。

　　假設甲企業按淨利潤的 10% 計提盈余公積。

　　甲企業的帳務處理如下：
　　借：投資性房地產——××寫字樓（成本）　　　　　　　　　95,000,000
　　　　投資性房地產累計折舊（攤銷）　　　　　　　　　　　　2,700,000
　　　　貸：投資性房地產——××寫字樓　　　　　　　　　　　90,000,000
　　　　　　利潤分配——未分配利潤　　　　　　　　　　　　　6,930,000
　　　　　　盈余公積　　　　　　　　　　　　　　　　　　　　770,000

任務三　投資性房地產的轉換和處置

一、房地產的轉換

(一)房地產的轉換形式及轉換日

房地產的轉換實質上是因房地產用途發生改變而對房地產進行的重新分類。企業有確鑿證據表明房地產用途發生改變，並且滿足下列條件之一的，應當將投資性房地產轉換為其他資產或者將其他資產轉換為投資性房地產：

(1) 投資性房地產開始自用，即投資性房地產轉為自用房地產。在此種情況下，轉換日為房地產達到自用狀態，企業開始將房地產用於生產商品、提供勞務或者經營管理的日期。

(2) 作為存貨的房地產改為出租，即房地產開發企業將其持有的開發產品以經營租賃的方式出租，存貨相應地轉換為投資性房地產。在此種情況下，轉換日為房地產的租賃期開始日。租賃期開始日是指承租人有權行使其使用租賃資產權利的日期。

(3) 自用建築物或土地使用權停止自用，改為出租，即企業將原本用於生產商品、提供勞務或者經營管理的房地產改用於出租，固定資產或土地使用權相應地轉換為投資性房地產。在此種情況下，轉換日為租賃期開始日。

(4) 自用土地使用權停止自用改用於資本增值，即企業將原本用於生產商品、提供勞務或者經營管理的土地使用權改用於資本增值，土地使用權相應地轉換為投資性房地產。在此種情況下，轉換日為自用土地使用權停止自用後確定用於資本增值的日期。

(二)房地產轉換的會計處理

1. 成本模式下的轉換

企業將採用成本模式計量的投資性房地產轉為自用房地產時，應當按該項投資性房地產在轉換日的帳面餘額、累計折舊、減值準備等，分別轉為「固定資產」「累計折舊」「固定資產減值準備」等科目。按其帳面餘額，借記「固定資產」或「無形資產」科目，貸記「投資性房地產」科目；按已計提的折舊或攤銷，借記「投資性房地產累計折舊（攤銷）」科目，貸記「累計折舊」或「累計攤銷」科目；原已計提減值準備的，借記「投資性房地產減值準備」科目，貸記「固定資產減值準備」或「無形資產減值準備」科目。

【實務7-40】2015年7月末，A企業將出租在外的廠房收回，8月1日開始用於本企業的商品生產，該廠房相應由投資性房地產轉換為自用房地產。該項房地產在轉換前採用成本模式計量，截至2015年7月31日，帳面價值為37,650,000元，其中原價50,000,000元，累計已計提折舊12,350,000元。

A企業2015年8月1日的帳務處理如下：

借：固定資產　　　　　　　　　　　　　　　　　　　　　　50,000,000

  投資性房地產累計折舊（攤銷）   12,350,000
   貸：投資性房地產——××廠房   50,000,000
     累計折舊   12,350,000

  企業將作為存貨的房地產轉換為採用成本模式計量的投資性房地產時，應當按該項存貨在轉換日的帳面價值，借記「投資性房地產」科目；原已計提跌價準備的，借記「存貨跌價準備」科目，按其帳面余額，貸記「開發產品」等科目。

  【實務7-41】A企業是從事房地產開發業務的企業，2015年3月10日，A企業與B企業簽訂租賃協議，將A企業開發的一棟寫字樓整體出租給B企業使用，租賃期開始日為2015年4月15日。2015年4月15日，該寫字樓的帳面余額為450,000,000元，未計提存貨跌價準備，轉換后採用成本模式計量。

  A企業2015年4月15目的帳務處理如下：

  借：投資性房地產——××寫字樓   450,000,000
   貸：開發產品   450,000,000

  企業將自用土地使用權或建築物轉換為以成本模式計量的投資性房地產時，應當按該項土地使用權或建築物在轉換日的原價、累計折舊、減值準備等，分別轉入「投資性房地產」「投資性房地產累計折舊（攤銷）」「投資性房地產減值準備」科目。按其帳面余額，借記「投資性房地產」科目，貸記「固定資產」或「無形資產」科目；按已計提的折舊或攤銷，借記「累計折舊」或「累計攤銷」科目，貸記「投資性房地產累計折舊（攤銷）」科目；原已計提減值準備的，借記「固定資產減值準備」或「無形資產減值準備」科目，貸記「投資性房地產減值準備」科目。

  【實務7-42】A企業擁有一棟辦公樓，用於本企業總部辦公。2015年3月10日，A企業與B企業簽訂了經營租賃協議，將這棟辦公樓整體出租給B企業使用，租賃期開始日為2015年4月15日，為期5年。2015年4月15日，這棟辦公樓的帳面余額為450,000,000元，已計提折舊3,000,000元。

  假設A企業所在城市沒有活躍的房地產交易市場。A企業2015年4月15日的帳務處理如下：

  借：投資性房地產——××寫字樓   450,000,000
    累計折舊   3,000,000
   貸：固定資產   450,000,000
     投資性房地產累計折舊（攤銷）   3,000,000

  2. 公允價值模式下的轉換

  企業將採用公允價值模式計量的投資性房地產轉換為自用房地產時，應當以其轉換當日的公允價值作為自用房地產的帳面價值，公允價值與原帳面價值的差額計入當期損益（公允價值變動損益）。

  轉換日，按該項投資性房地產的公允價值，借記「固定資產」或「無形資產」科目，按該項投資性房地產的成本，貸記「投資性房地產——成本」科目；按該項投資性房地產的累計公允價值變動，貸記或借記「投資性房地產——公允價值變動」科目；按其差額，貸記或借記「公允價值變動損益」科目。

【實務7-43】2015年10月15日，A企業因租賃期滿，將出租的寫字樓收回，準備作為辦公樓用於本企業的行政管理。2015年12月1日，該寫字樓正式開始自用，相應由投資性房地產轉換為自用房地產，當日的公允價值為48,000,000元。該項房地產在轉換前採用公允價值模式計量，原帳面價值為47,500,000元，其中成本為45,000,000元，公允價值變動為增值2,500,000元。

A企業的帳務處理如下：

借：固定資產	48,000,000
貸：投資性房地產——寫字樓（成本）	45,000,000
——寫字樓（公允價值變動）	2,500,000
公允價值變動損益	500,000

企業將作為存貨的房地產轉換為採用公允價值模式計量的投資性房地產時，應當按照該項房地產轉換當日的公允價值，借記「投資性房地產（成本）」科目；原已計提跌價準備的，借記「存貨跌價準備」科目；按其帳面餘額，貸記「開發產品」等科目。同時，轉換日的公允價值小於帳面價值的，按其差額，借記「公允價值變動損益」科目；轉換日的公允價值大於帳面價值的，按其差額，貸記「其他綜合收益」科目。待該項投資性房地產處置時，因轉換計入其他綜合收益的部分應轉入當期的其他業務成本，借記「其他綜合收益」科目，貸記「其他業務成本」科目。

【實務7-44】沿用前述實務，假設轉換后採用公允價值模式計量，2015年4月15日該寫字樓的公允價值為410,000,000元。2015年12月31日，該項投資性房地產的公允價值為430,000,000元。

A企業的帳務處理如下：

（1）2015年4月15日。

借：投資性房地產——××寫字樓（成本）	410,000,000
公允價值變動損益	40,000,000
貸：開發產品	450,000,000

（2）2015年12月31日。

借：投資性房地產——××寫字樓（公允價值變動）	20,000,000
貸：公允價值變動損益	20,000,000

【實務7-45】沿用前述實務，假設轉換后採用公允價值模式計量，2015年4月15日該寫字樓的公允價值為470,000,000元。2015年12月31日，該項投資性房地產的公允價值為480,000,000元。

A企業的帳務處理如下：

（1）2015年4月15日。

借：投資性房地產——××寫字樓（成本）	470,000,000
貸：開發產品	450,000,000
其他綜合收益	20,000,000

（2）2015年12月31日。

借：投資性房地產——××寫字樓（公允價值變動）	10,000,000

貸：公允價值變動損益　　　　　　　　　　　　　　　　　　10,000,000

　　企業將自用房地產轉換為採用公允價值模式計量的投資性房地產時，應當按照該項土地使用權或建築物在轉換日的公允價值，借記「投資性房地產（成本）」科目；按已計提的累計折舊或累計攤銷，借記「累計折舊」或「累計攤銷」科目；原已計提減值準備的，借記「無形資產減值準備」或「固定資產減值準備」科目；按其帳面餘額，貸記「固定資產」或「無形資產」科目。同時，轉換日的公允價值小於帳面價值的，按其差額，借記「公允價值變動損益」科目；轉換日的公允價值大於帳面價值的，按其差額，貸記「其他綜合收益」科目。待該項投資性房地產處置時，因轉換計入其他綜合收益的部分應轉入當期的其他業務成本，借記「其他綜合收益」科目，貸記「其他業務成本」科目。

　　【實務 7-46】2014 年 6 月，A 企業打算搬遷至新建辦公樓，由於原辦公樓處於商業繁華地段，A 企業準備將其出租，以賺取租金收入。2014 年 10 月，A 企業完成了搬遷工作，原辦公樓停止自用。2014 年 12 月，A 企業與 B 企業簽訂了租賃協議，將其原辦公樓租賃給 B 企業使用，租賃期開始日為 2015 年 1 月 1 日，租賃期限為 3 年。A 企業應當於租賃期開始日（2015 年 1 月 1 日）將自用房地產轉換為投資性房地產。由於該辦公樓處於商業區，房地產交易活躍，該企業能夠從市場上取得同類或類似房地產的市場價格及其他相關信息，假設 A 企業對出租的辦公樓採用公允價值模式計量。假設 2015 年 1 月 1 日該辦公樓的公允價值為 350,000,000 元，其原價為 500,000,000 元，已提折舊為 142,500,000 元。

　　A 企業 2015 年 1 月 1 日的帳務處理如下：

　　借：投資性房地產——××辦公樓（成本）　　　　　350,000,000
　　　　公允價值變動損益　　　　　　　　　　　　　　　7,500,000
　　　　累計折舊　　　　　　　　　　　　　　　　　　142,500,000
　　　貸：固定資產　　　　　　　　　　　　　　　　　500,000,000

二、投資性房地產的處置

　　當投資性房地產被處置，或者永久退出使用且預計不能從其處置中取得經濟利益時，應當終止確認該項投資性房地產。

　　企業出售、轉讓、報廢投資性房地產或者發生投資性房地產毀損時，應當將處置收入扣除其帳面價值和相關稅費后的金額計入當期損益（將實際收到的處置收入計入其他業務收入，所處置投資性房地產的帳面價值計入其他業務成本）。

　　（一）成本模式計量的投資性房地產

　　處置投資性房地產時，應按實際收到的金額，借記「銀行存款」等科目，貸記「其他業務收入」科目。按該項投資性房地產的累計折舊或累計攤銷，借記「投資性房地產累計折舊（攤銷）」科目，按該項投資性房地產的帳面餘額，貸記「投資性房地產」科目，按其差額，借記「其他業務成本」科目。已計提減值準備的，還應同時結轉減值準備。

(二) 公允價值模式計量的投資性房地產

處置投資性房地產時，應按實際收到的金額，借記「銀行存款」等科目，貸記「其他業務收入」科目。按該項投資性房地產的帳面餘額，借記「其他業務成本」科目，貸記「投資性房地產（成本）」科目，貸記或借記「投資性房地產（公允價值變動）」科目；同時，按該項投資性房地產的公允價值變動，借記或貸記「公允價值變動損益」科目，貸記或借記「其他業務成本」科目。按該項投資性房地產在轉換日計入其他綜合收益的金額，借記「其他綜合收益」科目，貸記「其他業務成本」科目。

【實務7-47】A公司將其出租的一棟寫字樓確認為投資性房地產。租賃期滿後，A公司將該棟寫字樓出售給B公司，合同價款為300,000,000元，B公司已用銀行存款付清。

（1）假設該寫字樓原採用成本模式計量。出售時，該寫字樓的成本為280,000,000元，已計提折舊30,000,000元。A公司的帳務處理如下：

借：銀行存款　　　　　　　　　　　　　　　　　300,000,000
　　貸：其他業務收入　　　　　　　　　　　　　　300,000,000
借：其他業務成本　　　　　　　　　　　　　　　　250,000,000
　　投資性房地產累計折舊（攤銷）　　　　　　　　30,000,000
　　貸：投資性房地產——××寫字樓　　　　　　　280,000,000

（2）假設該寫字樓原採用公允價值模式計量。出售時，該寫字樓的成本為210,000,000元，公允價值變動為借方余額40,000,000元。A公司的帳務處理如下：

借：銀行存款　　　　　　　　　　　　　　　　　300,000,000
　　貸：其他業務收入　　　　　　　　　　　　　　300,000,000
借：其他業務成本　　　　　　　　　　　　　　　　250,000,000
　　貸：投資性房地產——寫字樓（成本）　　　　　210,000,000
　　　　　　　　——寫字樓（公允價值變動）　　　40,000,000

同時，將投資性房地產累計公允價值變動轉入其他業務成本。

借：公允價值變動損益　　　　　　　　　　　　　　40,000,000
　　貸：其他業務成本　　　　　　　　　　　　　　40,000,000

◆ 仿真操作

1. 根據【實務7-1】至【實務7-47】編寫相關的記帳憑證。
2. 登記相關交易性金融資產、長期股權投資及投資性房地產的總帳。

◆ 崗位業務認知

利用節假日，去當地的一些企業（工商企業），瞭解企業投資核算方面的基本情況，對一般企業的金融資產、長期股權投資、投資住房地產等情況有初步的認識和掌握。

◆ 工作思考

1. 金融資產在初始確認時可以分為哪幾類？哪些可以進行重新分類？

2. 交易性金融資產投資取得時初始入帳成本有哪些？
3. 持有至到期投資主要有哪些特點？
4. 可供出售金融資產減值的計提及恢復如何進行帳務處理？
5. 長期股權投資核算主要包括哪些內容？
6. 同一控制下企業合併方式形成的長期股權投資的初始入帳成本是如何計量的？非同一控制下企業合併方式形成的長期股權投資的初始入帳成本又是如何計量的？
7. 什麼是長期股權投資的成本法？其核算範圍是什麼？如何進行后續計量？
8. 什麼是長期股權投資的權益法？其核算範圍是什麼？如何進行后續計量？
9. 長期股權投資採用權益法核算時，發生超額虧損時怎樣進行確認？
10. 投資性房地產的概念是什麼？其核算的範圍又包括了哪些？
11. 投資性房地產后續計量包括哪兩種模式？滿足什麼樣的條件可採用公允價值模式計量？
12. 作為存貨的房地產轉換為採用公允價值模式計量的投資性房地產，該如何進行帳務處理？

項目八　稅費核算業務

　　企業根據稅法規定應當交納的各種稅費包括增值稅、消費稅、營業稅、城市維護建設稅及教育費附加、資源稅、土地增值稅、房產稅、車船稅、土地使用稅、印花稅、耕地占用稅、所得稅等。本項目涉及的主要會計崗位是稅費核算崗位。隨著我國社會主義市場經濟的發展和逐步完善，該崗位在企業會計崗位中日益突顯出重要性。

● 項目工作目標

⊙ 知識目標

　　熟悉稅費核算崗位職責；能夠正確計算企業應納增值稅、消費稅、營業稅、所得稅的稅額；掌握增值稅、消費稅、營業稅和其他應交稅費的核算。

⊙ 技能目標

　　通過本項目的學習，會對企業經營過程中涉及的各種應交稅費業務正確地計算並進行相應的會計處理；會填寫納稅申報表，按時申報納稅。

⊙ 任務引入

　　湖南遠東有限責任公司是一家工業企業，除對外銷售產品，也提供工業性勞務和運輸裝卸勞務。2015年年底，當地國稅部門稽查人員在對其進行納稅檢查時發現該公司帳簿上記載年度對外銷售收入400萬元，對外提供工業性勞務收入60萬元，收取運輸裝卸費16萬元。該公司的產品、工業性勞務均按17%的稅率計算增值稅，該公司財務部門計算的增值稅銷項稅額為78.2萬元，稽查人員認為與其收入不相符。稽核人員經過深入調查，審閱「主營業務收入」「其他業務收入」等收入帳戶，並核對有關的記帳憑證、原始憑證，瞭解到該公司在銷售產品時還向購買方收取包裝費、運輸裝卸費、包裝物租金。對於這些價外費用，該公司都沒有計算確認銷項稅額。根據《中華人民共和國增值稅暫行條例》的規定，與產品銷售相關的價外費用也應並入銷售額計算增值稅銷項稅額。當地國稅局稽核人員責令該公司補納漏繳稅費。

思考與分析：

（1）該公司應補繳多少增值稅額？

（2）除了包裝費、運輸裝卸費、包裝物租金外，你知道還有哪些收入應計入銷售額一併計算增值稅銷項稅額？

　　企業應通過「應交稅費」科目總括地反應各種稅費的交納情況，並按照應交稅費的種類進行明細核算。該科目貸方登記應交納的各種稅費等，借方登記實際交納的稅費，期末餘額一般在貸方，反應企業尚未交納的稅費，期末餘額如在借方，反應企業多納或尚未抵扣的稅費。

註：企業交納的印花稅、耕地占用稅等不需要預計應納的稅金，不通過「應交稅費」科目核算。

⊙ **進入任務**

任務一　應交增值稅
任務二　應交消費稅
任務三　應交營業稅
任務四　其他應交稅費

任務一　應交增值稅

一、增值稅概述

增值稅是指對在我國境內銷售貨物、進口貨物，或提供加工、修理修配勞務的增值額徵收的一種流轉稅。

按照納稅人的經營規模及會計核算的健全程度，增值稅納稅人分為一般納稅企業和小規模納稅企業。

小規模納稅企業應納增值稅額＝銷售額×規定的徵收率

一般納稅企業應納增值稅額＝當期銷項稅額－當期準予扣除的進項稅額

按照《中華人民共和國增值稅暫行條例》的規定，增值稅一般納稅人企業購入貨物或接受應稅勞務支付的增值稅（即進項稅額），可以從銷售貨物或提供勞務規定收取的增值稅（即銷項稅額）中抵扣。當期準予扣除的進項稅額通常包括：

（1）從銷售方取得的增值稅專用發票上註明的增值稅額。

（2）從海關取得完稅憑證上註明的增值稅額。

（3）購入免稅農產品，可以按照經稅務機關批准的收購憑證上的買價和規定扣除率計算準予抵扣的進項稅。

（4）外購物資支付的運費，按照運費結算單據所列的運費金額的11%計算準予抵扣的進項稅額。

會計核算中，如果企業不能取得有關的扣稅證明，則購進貨物或接受應稅勞務支付的增值稅額不能作為進項稅額扣稅，其支付的增值稅只能記入購入貨物或接受勞務的成本。

二、一般納稅人應納增值稅的核算

為了核算企業應交增值稅的發生、抵扣、交納、退稅及轉出等情況，應在「應交稅費」科目下設置「應交增值稅」明細科目，並在「應交增值稅」明細帳內設置「進項稅額」「已交稅金」「銷項稅額」「出口退稅」「進項稅額轉出」等專欄。

（一）採購物資或接受勞務

企業從國內採購物資或接受應稅勞務等，根據增值稅專用發票上記載的應計入採

購成本或應計入加工、修理修配等物資成本的金額，借記「材料採購」「在途物資」「原材料」「庫存商品」或「生產成本」「製造費用」「委託加工物資」「管理費用」等科目，根據增值稅專用發票上註明的可抵扣的增值稅額，借記「應交稅費——應交增值稅（進項稅額）」科目，按照應付或實際支付的總額，貸記「應付帳款」「應付票據」「銀行存款」等科目。購入貨物發生的退貨，編製相反的會計分錄。

【實務8-1】遠東公司購入原材料一批，增值稅專用發票上註明貨款為100,000元，增值稅額為17,000元，貨物尚未到達，貨款和進項稅款已用銀行存款支付。遠東公司採用實際成本對原材料進行核算。遠東公司的有關會計處理如下：

借：在途物資　　　　　　　　　　　　　　　　　　　　100,000
　　應交稅費——應交增值稅（進項稅額）　　　　　　　　17,000
　貸：銀行存款　　　　　　　　　　　　　　　　　　　117,000

【實務8-2】遠東公司生產車間委託外單位修理機器設備，對方開來的增值稅專用發票上註明修理費用為20,000元，增值稅額為3,400元，貨款尚未支付。遠東公司的有關會計處理如下：

借：管理費用　　　　　　　　　　　　　　　　　　　　20,000
　　應交稅費——應交增值稅（進項稅額）　　　　　　　　3,400
　貸：銀行存款　　　　　　　　　　　　　　　　　　　23,400

按照《中華人民共和國增值稅暫行條例》的規定，企業購入免徵增值稅貨物，一般不能夠抵扣增值稅銷項稅額。但對於企業購入免稅農產品，根據經稅務機關批准的收購憑證註明的買價和規定的扣除率13%計算進項稅額，準予從銷項稅額中抵扣，借記「應交稅費——應交增值稅（進項稅額）」科目，按買價扣除按規定計算的進項稅額后的差額，借記「材料採購」「在途物資」「原材料」「庫存商品」等科目，按照應付或實際支付的價款，貸記「應付帳款」「銀行存款」等科目。

【實務8-3】遠東公司購入免稅農產品一批，價款為100,000元，規定的扣除率為13%，貨物尚未到達，貨款已用銀行存款支付。遠東公司的有關會計處理如下：

借：材料採購　　　　　　　　　　　　　　　　　　　　87,000
　　應交稅費——應交增值稅（進項稅額）　13,000（100,000×13%）
　貸：銀行存款　　　　　　　　　　　　　　　　　　　100,000

購進生產用固定資產所支付的增值稅額，應計入增值稅進項稅額，可以從銷項稅額中抵扣，購進的貨物用於非應稅項目，其所支付的增值稅額應計入購入貨物的成本。

【實務8-4】遠東公司購入不需要安裝的生產用設備一臺，價款及運輸保險等費用合計為300,000元，增值稅專用發票上註明的增值稅額為51,000元，款項尚未支付。遠東公司的有關會計處理如下：

借：固定資產　　　　　　　　　　　　　　　　　　　　300,000
　　應交稅費——應交增值稅（進項稅額）　　　　　　　　51,000
　貸：應付帳款　　　　　　　　　　　　　　　　　　　351,000

【實務8-5】遠東公司購入基建工程所用物資一批，價款及運輸保險等費用合計為100,000元，增值稅專用發票上註明的增值稅額為17,000元，物資已驗收入庫，款項

尚未支付。遠東公司的有關會計處理如下：

　　借：工程物資　　　　　　　　　　　　　　　　　　117,000
　　　貸：應付帳款　　　　　　　　　　　　　　　　　　　　117,000

（二）進項稅額轉出

　　企業購進的貨物發生非常損失的，以及將購進貨物改變用途的（如用於非應稅項目、集體福利或個人消費等），其進項稅額應通過「應交稅費——應交增值稅（進項稅額轉出）」科目轉入有關科目，借記「待處理財產損溢」「在建工程」「應付職工薪酬」等科目，貸記「應交稅費——應交增值稅（進項稅額轉出）」科目，屬於轉作待處理財產損失的進項稅額，應與遭受非常損失的購進貨物、在產品或庫存商品的成本一併處理。

【實務 8-6】遠東公司庫存材料因意外火災毀損一批，有關增值稅專用發票確認成本為 10,000 元，增值稅額為 1,700 元。遠東公司的有關會計處理如下：

　　借：待處理財產損溢　　　　　　　　　　　　　　　11,700
　　　貸：原材料　　　　　　　　　　　　　　　　　　　　10,000
　　　　應交稅費——應交增值稅（進項稅轉出）　　　　　　1,700

【實務 8-7】遠東公司建造廠房領用生產用原材料 50,000 元，原材料購入時支付的增值稅額為 8,500 元。遠東公司的有關會計處理如下：

　　借：在建工程　　　　　　　　　　　　　　　　　　58,500
　　　貸：原材料　　　　　　　　　　　　　　　　　　　　50,000
　　　　應交稅費——應交增值稅（進項稅轉出）　　　　　　8,500

【實務 8-8】遠東公司所屬的職工醫院維修領用原材料 5,000 元，其購入時支付的增值稅額為 850 元。遠東公司的有關會計處理如下：

　　借：應付職工薪酬　　　　　　　　　　　　　　　　5,850
　　　貸：原材料　　　　　　　　　　　　　　　　　　　　5,000
　　　　應交稅費——應交增值稅（進項稅轉出）　　　　　　　850

（三）銷售貨物或提供應稅勞務

　　企業銷售貨物或者提供應稅勞務，按照營業收入和應收取的增值稅額，借記「應收帳款」「應收票據」「銀行存款」等科目，按專用發票上註明的增值稅額，貸記「應交稅費——應交增值稅（銷項稅額）」科目，按照實現的營業收入，貸記「主營業務收入」「其他業務收入」等科目。發生的銷售退回，編製相反的會計分錄。

【實務 8-9】遠東公司銷售產品一批，價款為 500,000 元，按規定應收取增值稅額為 85,000 元，提貨單和增值稅專用發票已交給買方，款項尚未收到。遠東公司的有關會計處理如下：

　　借：應收帳款　　　　　　　　　　　　　　　　　585,000
　　　貸：主營業務收入　　　　　　　　　　　　　　　　500,000
　　　　應交稅費——應交增值稅（銷項稅額）　　　　　　85,000

(四) 視同銷售行為

企業將自產或委託加工的貨物用於非應稅項目、集體福利或個人消費，將自產、委託加工或購買的貨物作為投資、分配給股東、贈送他人等，應視同銷售貨物計算交納增值稅，借記「在建工程」「應付職工薪酬」「長期股權投資」「營業外支出」等科目，貸記「應交稅費——應交增值稅（銷項稅額）」科目等。

【實務 8-10】遠東公司將自己生產的產品用於自行建造職工俱樂部。該批產品的成本為 200,000 元，計稅價格為 300,000 元，增值稅稅率為 17%。遠東公司的有關會計處理如下：

借：在建工程	251,000
貸：庫存商品	200,000
應交稅費——應交增值稅（銷項稅額）	51,000

(五) 出口退稅

企業出口產品按規定退稅的，按應收的出口退稅額，借記「其他應收款」科目，貸記「應交稅費——應交增值稅（出口退稅）」科目；收到退稅額時，借記「銀行存款」科目，貸記「其他應收款」科目。

(六) 交納增值稅

企業交納的增值稅，通過「應交稅費——應交增值稅（已交稅金）」科目核算，借記「應交稅費——應交增值稅（已交稅金）」科目，貸記「銀行存款」科目。

【實務 8-11】遠東公司以銀行存款交納本月增值稅 100,000 元。遠東公司的有關會計處理如下：

借：應交稅費——應交增值稅（已交稅金）	100,000
貸：銀行存款	100,000

三、小規模納稅人應納增值稅的核算

小規模納稅企業應當按照不含稅銷售額和規定的增值稅徵收率計算交納增值稅，銷售貨物或提供應稅勞務時只能開具普通發票，不能開具增值稅專用發票。小規模納稅企業不享有進項稅額的抵扣權，其購進貨物或接受應稅勞務而支付的增值稅直接計入有關貨物或勞務的成本。因此，小規模納稅企業只需在「應交稅費」科目下設置「應交增值稅」明細科目，不需要在「應交增值稅」明細科目中設置專欄，「應交稅費——應交增值稅」科目貸方登記應交納的增值稅，借方登記已交納的增值稅；期末貸方餘額為尚未交納的增值稅，借方餘額為多交納的增值稅。

小規模納稅企業購進貨物和接受應稅勞務時支付的增值稅，直接計入有關貨物或勞務的成本，借記「材料採購」「在途物資」等科目，貸記「銀行存款」科目。一般納稅企業購入材料，不能取得增值稅專用發票的，比照小規模納稅企業進行處理。

【實務 8-12】某小規模納稅企業購入材料一批，取得的專用發票中註明貨款為 20,000 元，增值稅為 3,400 元，款項以銀行存款支付，材料已驗收入庫（該企業按實

際成本計價核算）。該企業的有關會計處理如下：

借：原材料　　　　　　　　　　　　　　　　　　　　　23,400
　貸：銀行存款　　　　　　　　　　　　　　　　　　　　23,400

小規模納稅企業銷售貨物和提供應稅勞務時只能使用普通發票，不得使用增值稅專用發票，借記「銀行存款」等科目，貸記「主營業務收入」「應交稅費——應交增值稅」等科目。

應納增值稅＝不含稅銷售額×徵收率

不含稅銷售額＝含稅銷售額÷（1+徵收率）

【實務8-13】某小規模納稅企業銷售產品一批，所開出的普通發票中註明的貨款（含稅）為20,600元，增值稅徵收率為3%，款項已存入銀行。該企業的有關會計處理如下：

借：銀行存款　　　　　　　　　　　　　　　　　　　　20,600
　貸：主營業務收入　　　　　　　　　　　　　　　　　　20,000
　　　應交稅額——應交增值稅　　　　　　　　　　　　　　600

不含稅銷售額＝20,600÷（1+3%）＝20,000（元）

應納增值稅＝20,000×3%＝600（元）

【實務8-14】某小規模納稅企業月末以銀行存款上交增值稅600元，有關會計處理如下：

借：應交稅費——應交增值稅　　　　　　　　　　　　　　600
　貸：銀行存款　　　　　　　　　　　　　　　　　　　　600

四、營業稅改徵增值稅試點企業的相關規定

（一）營業稅改徵增值稅相關政策

2011年11月16日，經國務院批准，財政部、國家稅務總局聯合下發《營業稅改徵增值稅試點方案》。根據該方案，首先選擇上海作為試點地區，自2012年1月1日起，上海地區的交通運輸業和部分現代服務業開展營業稅改徵增值稅（以下簡稱營改增）試點工作。自2012年9月1日起，北京、江蘇、安徽、廣東、福建、天津、浙江、湖北等省市陸續開展營改增試點工作。財政部和國家稅務總局於2013年5月27日聯合印發《關於在全國開展交通運輸業和部分現代服務業營業稅改徵增值稅試點稅收政策的通知》，明確自2013年8月1日起，在全國範圍內開展交通運輸業和部分現代服務業營業稅改徵增值稅試點的相關稅收政策。根據2014年1月20日國家稅務總局發布的《鐵路運輸企業增值稅徵收管理暫行辦法》《郵政企業增值稅徵收管理暫行辦法》，自2014年1月1日起，鐵路運輸業和郵政服務業納入營改增試點。自2014年6月1日起，電信業也已納入營改增試點範圍。

（二）試點行業

試點行業分別為：交通運輸業，包括陸路運輸服務、水路運輸服務、航空運輸服務、管道運輸服務和鐵路運輸；部分現代服務業，包括研發和技術服務、信息技術服

務、文化創意服務、物流輔助服務、有形動產租賃服務、鑒證諮詢服務和廣播影視服務；郵政業；電信業。

(三) 稅率和徵收率

在現行增值稅的17%標準稅率和13%低稅率基礎上，新增11%和6%兩檔低稅率。提供有形動產租賃服務，稅率為17%；提供交通運輸業服務，稅率為11%；提供現代服務業服務（有形動產租賃服務除外），稅率為6%；提供郵政業服務，稅率為11%；提供基礎電信和增值電信服務，稅率分別為11%和6%。此外，財政部和國家稅務總局規定的應稅服務，稅率為零。小規模納稅人提供應稅服務的徵收率為3%。

任務二　應交消費稅

一、消費稅概述

消費稅是指在我國境內生產、委託加工和進口應稅消費品的單位和個人，按其流轉額交納的一種稅。

消費稅有從價定率和從量定額兩種徵收方法。

(一) 從價定率徵收

從價定率徵收消費稅，以不含增值稅的銷售額為稅基，按照稅法規定的稅率計算。

應納消費稅稅額＝應稅消費品的銷售額×消費稅稅率

其中，銷售額是納稅人銷售應稅消費品向購貨方收取的全部價款和價外費用，但不包括代墊運費和向購貨方收取的增值稅。

如果納稅人銷售應稅消費品的銷售額中包含增值稅稅款，或因不能開具增值稅專用發票，而發生價款和增值稅額合併收取的，在計算消費稅時，應將含增值稅的銷售額換算為不含增值稅的銷售額。公式如下：

應稅消費品的銷售額＝含增值稅的銷售額÷(1+增值稅稅率或徵收率)

(二) 從量定額徵收

從量定額徵收消費稅，根據按稅法確定的企業應稅消費品的數量和單位應稅消費品應納的消費稅計算確定。

應納消費稅稅額＝應稅消費品的銷售量×單位稅額

應稅消費品的銷售量按如下規定確定：

(1) 屬於銷售應稅消費品的為應稅消費品的銷售數量。
(2) 屬於自產自用應稅消費品的為移送使用數量。
(3) 屬於委託加工應稅消費品的為納稅人收回的應稅消費品數量。
(4) 進口的應稅消費品為海關核定的應稅消費品進口徵稅數量。

二、應交消費稅的核算

企業應在「應交稅費」科目下設置「應交消費稅」明細科目，核算應交消費稅的

發生、交納情況。該科目貸方登記應交納的消費稅，借方登記已交納的消費稅；期末貸方余額為尚未交納的消費稅，借方余額為多交納的消費稅。

(一) 銷售應稅消費品

企業銷售應稅消費品應交的消費稅，應借記「營業稅金及附加」科目，貸記「應交稅費——應交消費稅」科目。

【實務 8-15】遠東公司銷售所生產的化妝品，價款為 2,000,000 元（不含增值稅），適用的消費稅稅率為 30%。遠東公司的有關會計處理如下：

借：營業稅金及附加　　　　　　　　　　　　　　　　　　600,000
　　貸：應交稅費——應交消費稅　　　　　　　　　　　　　　　600,000

(二) 自產自用的應稅消費品

企業將生產的應稅消費品用於在建工程、對外投資、集體福利或個人消費、無償贈送他人、非生產機構等方面。按規定應交納的消費稅，借記「在建工程」「長期股權投資」「應付職工薪酬」「營業外支出」「管理費用」等科目，貸記「應交稅費——應交消費稅」科目。

【實務 8-16】遠東公司在建工程領用自產柴油成本為 50,000 元，按市場價計算的應納增值稅為 10,200 元，應納消費稅為 6,000 元。遠東公司的有關會計處理如下：

借：在建工程　　　　　　　　　　　　　　　　　　　　　66,200
　　貸：庫存商品　　　　　　　　　　　　　　　　　　　　　　50,000
　　　　應交稅費——應交增值稅（銷項稅額）　　　　　　　　　10,200
　　　　　　　　——應交消費稅　　　　　　　　　　　　　　　　6,000

【實務 8-17】遠東公司下設的職工食堂享受企業提供的補貼，本月領用自產產品一批，該產品的帳面價值為 40,000 元，市場價格為 60,000 元（不含增值稅），適用的消費稅稅率為 10%，增值稅稅率為 17%。遠東公司的有關會計處理如下：

借：應付職工薪酬——職工福利　　　　　　　　　　　　　56,200
　　貸：庫存商品　　　　　　　　　　　　　　　　　　　　　　40,000
　　　　應交稅費——應交增值稅（銷項稅額）　　　　　　　　　10,200
　　　　　　　　——應交消費稅　　　　　　　　　　　　　　　　6,000

(三) 進口應稅消費品

企業進口應稅物資在進口環節應納的消費稅，計入該項物資的成本，借記「材料採購」「固定資產」等科目，貸記「銀行存款」科目。

【實務 8-18】遠東公司從國外進口一批需要交納消費稅的商品，商品價值為 2,000,000 元，進口環節需要交納的消費稅為 400,000 元（不考慮增值稅），採購的商品已經驗收入庫，貨款尚未支付，稅款已經用銀行存款支付。遠東公司的有關會計處理如下：

借：庫存商品　　　　　　　　　　　　　　　　　　　　2,400,000
　　貸：應付帳款　　　　　　　　　　　　　　　　　　　　　2,000,000

　　　　銀行存款　　　　　　　　　　　　　　　　　　　　　　400,000

（四）委託加工應稅消費品

　　需要交納消費稅的委託加工物資應由受託方代收代交消費稅，受託方按照應交稅款金額，借記「應收帳款」「銀行存款」等科目，貸記「應交稅費——應交消費稅」科目。

　　委託加工物資收回后，直接用於銷售的，應將受託方代收代交的消費稅計入委託加工物資的成本，借記「委託加工物資」等科目，貸記「應付帳款」「銀行存款」等科目，委託加工物資收回后用於連續生產應稅消費品，按規定準予抵扣的，應按已由受託方代收代交的消費稅，借記「應交稅費——應交消費稅」科目，貸記「應付帳款」「銀行存款」科目。

【實務8-19】甲企業委託乙企業代為加工一批應交消費稅的材料（非金銀首飾）。甲企業的材料成本為1,000,000元，加工費為200,000元，由乙企業代收代繳的消費稅為80,000元（不考慮增值稅）。材料已經加工完成，並由甲企業收回驗收入庫，加工費尚未支付。甲企業採用實際成本法進行原材料的核算。

（1）如果甲企業收回的委託加工物資用於繼續生產應稅消費品，該企業的有關會計分錄如下：

　　借：委託加工物資　　　　　　　　　　　　　　　1,000,000
　　　　貸：原材料　　　　　　　　　　　　　　　　　　　1,000,000
　　借：委託加工物資　　　　　　　　　　　　　　　　200,000
　　　　應交稅費——應交消費稅　　　　　　　　　　　　80,000
　　　　貸：應付帳款　　　　　　　　　　　　　　　　　　280,000
　　借：原材料　　　　　　　　　　　　　　　　　　1,200,000
　　　　貸：委託加工物資　　　　　　　　　　　　　　　1,200,000

（2）如果甲企業收回的委託加工物資直接用於對外銷售，甲企業的有關會計分錄如下：

　　借：委託加工物資　　　　　　　　　　　　　　　1,000,000
　　　　貸：原材料　　　　　　　　　　　　　　　　　　　1,000,000
　　借：委託加工物資　　　　　　　　　　　　　　　　280,000
　　　　貸：應付帳款　　　　　　　　　　　　　　　　　　280,000
　　借：原材料　　　　　　　　　　　　　　　　　　1,280,000
　　　　貸：委託加工物資　　　　　　　　　　　　　　　1,280,000

（3）乙企業對應收取的受託加工代收代繳消費稅的會計分錄如下：

　　借：應收帳款　　　　　　　　　　　　　　　　　　80,000
　　　　貸：應交稅費——應交消費稅　　　　　　　　　　　80,000

任務三　應交營業稅

一、營業稅概述

在我國境內提供應稅勞務、轉讓無形資產或者銷售不動產，應納營業稅。

（一）應稅勞務

（1）由於交通運輸業、郵政業和部分現代服務業已納入營業稅改徵增值稅的試點範圍，營業稅的應稅勞務包括建築業、金融保險業、電信業、文化體育業、娛樂業和服務業（不包括倉儲業、廣告業等營改增項目）。

（2）加工、修理修配勞務應納增值稅，不屬於營業稅的徵稅範圍。

（3）單位或者個體經營者聘用的員工為本單位或者雇主提供的勞務，不屬於營業稅的應稅勞務。

（二）轉讓無形資產

轉讓無形資產包括轉讓土地使用權和轉讓自然資源使用權。

轉讓著作權、商標權、專利權、非專利技術和商譽已納入營業稅改徵增值稅的試點範圍。

（三）視同發生應稅行為

（1）單位或者個人將不動產或者土地使用權「無償贈送」其他單位或者個人。

（2）單位或者個人自己新建建築物后銷售，其所發生的「自建」行為。

營業稅按營業額和規定的稅率計算應納稅額，其公式如下：

應納營業稅稅額＝營業額×稅率

其中，營業額是指企業提供應稅勞務、轉讓無形資產或者銷售不動產向對方收取的全部價款和價外費用，價外費用包括向對方收取的手續費、基金、集資費、代收款項、代墊款項及其他各項性質的價外費用。

二、應交營業稅的核算

企業應在「應交稅費」科目下設置「應交營業稅」明細科目，核算應交營業稅的發生、交納情況。該科目貸方登記應交納的營業稅，借方登記已交納的營業稅，期末貸方余額為尚未交納的營業稅。

企業按照營業額及其適用的稅率，計算應交的營業稅，借記「營業稅金及附加」科目，貸記「應交稅費——應交營業稅」科目；實際交納營業稅時，借記「應交稅費——應交營業稅」科目，貸記「銀行存款」科目。但銷售不動產和轉讓無形資產的處理特殊。

企業出售不動產時，計算應交的營業稅，借記「固定資產清理」科目，貸記「應交稅費——應交營業稅」科目。

企業出租無形資產所發生的支出通過「其他業務成本」科目核算，而出售無形資產所發生的損益通過營業外收支核算。因此，出租無形資產應交納的營業稅應通過「營業稅金及附加」科目核算，出售無形資產應交納的營業稅應通過「營業外收入」或「營業外支出」科目核算。

【實務 8-20】遠東公司某月營運收入為 500,000 元，適用的營業稅稅率為 3%。遠東公司應交營業稅的有關會計分錄如下：

借：營業稅金及附加　　　　　　　　　　　　　　　　　　15,000
　　貸：應交稅費——應交營業稅　　　　　　　　　　　　　　15,000

【實務 8-21】遠東公司出售一棟辦公樓，出售收入 320,000 元已存入銀行。該辦公樓的帳面原價為 400,000 元，已提折舊為 100,000 元，未計提減值準備。遠東公司在出售過程中用銀行存款支付清理費用 5,000 元。銷售該項固定資產適用的營業稅稅率為 5%。遠東公司的有關會計分錄如下：

(1) 該固定資產轉入清理。

借：固定資產清理　　　　　　　　　　　　　　　　　　　300,000
　　累計折舊　　　　　　　　　　　　　　　　　　　　　　100,000
　　貸：固定資產　　　　　　　　　　　　　　　　　　　　400,000

(2) 收到出售收入 320,000 元。

借：銀行存款　　　　　　　　　　　　　　　　　　　　　320,000
　　貸：固定資產清理　　　　　　　　　　　　　　　　　　320,000

(3) 支付清理費用 5,000 元。

借：固定資產清理　　　　　　　　　　　　　　　　　　　　5,000
　　貸：銀行存款　　　　　　　　　　　　　　　　　　　　　5,000

(4) 計算應交營業稅。

320,000×5% = 16,000（元）

借：固定資產清理　　　　　　　　　　　　　　　　　　　　16,000
　　貸：應交稅費——應交營業稅　　　　　　　　　　　　　　16,000

(5) 結轉銷售該固定資產的淨損失。

借：營業外支出　　　　　　　　　　　　　　　　　　　　　1,000
　　貸：固定資產清理　　　　　　　　　　　　　　　　　　　1,000

【實務 8-22】遠東公司將原有的一項土地使用權轉讓給其他企業，取得收入 100,000 元。該土地使用權的帳面餘額為 80,000 元，適用的營業稅稅率為 5%。遠東公司的有關會計處理如下：

借：銀行存款　　　　　　　　　　　　　　　　　　　　　100,000
　　貸：無形資產　　　　　　　　　　　　　　　　　　　　80,000
　　　　應交稅費——應交營業稅　　　　　　　　　　　　　　5,000
　　　　營業外收入　　　　　　　　　　　　　　　　　　　15,000

任務四　其他應交稅費

其他應交稅費是指除上述稅費以外的應交稅費，包括應交資源稅、城市維護建設稅、土地增值稅、所得稅、房產稅、土地使用稅、車船稅、教育費附加、礦產資源補償費等。企業應當在「應交稅費」科目下設置相應的明細科目進行核算。

一、應交資源稅

資源稅是國家對在我國境內開採礦產品或者生產鹽的單位和個人徵收的一種稅。資源稅按應稅產品的課稅數量和規定的單位稅額計算。其計算公式為：

應納稅額＝課稅數量×單位稅額

公式中，課稅數量為開採或生產應稅產品銷售的，以銷售數量為課稅數量；開採或生產應稅產品自用的，以自用數量為課稅數量。

企業對外銷售應稅產品應交納的資源稅，借記「營業稅金及附加」科目，貸記「應交稅費——應交資源稅」科目；企業自產自用應稅產品而應交納的資源稅，借記「生產成本」「製造費用」等科目，貸記「應交稅費——應交資源稅」科目。

【實務 8-23】某企業對外銷售某種資源稅應稅礦產品 2,000 噸，每噸應交資源稅 5 元。該企業的有關會計分錄如下：

借：營業稅金及附加　　　　　　　　　　　　　　　　　　10,000
　　貸：應交稅費——應交資源稅　　　　　　　　　　　　　　10,000

【實務 8-24】某企業將自產的資源稅應稅礦產品 500 噸用於企業的產品生產，每噸應交資源稅 5 元。該企業的有關會計分錄如下：

借：生產成本　　　　　　　　　　　　　　　　　　　　　2,500
　　貸：應交稅費——應交資源稅　　　　　　　　　　　　　　2,500

二、應交城市維護建設稅

為了加強城市的維護建設，擴大和穩定城市維護建設資金的來源，國家開徵了城市維護建設稅。城市維護建設稅是一種附加稅，是以納稅人應交的增值稅、消費稅、營業稅的稅額為計稅依據徵收的一種稅。其計算公式為：

應納稅額＝(應交增值稅＋應交消費稅＋應交營業稅)×適用稅率

稅率因納稅人所在地不同，稅率規定為三個檔次，分別為 7%、5%、1%。

企業應交的城市維護建設稅，借記「營業稅金及附加」等科目，貸記「應交稅費——應交城市維護建設稅」科目；實際上交時，借記「應交稅費——應交城市維護建設稅」科目，貸記「銀行存款」科目。

【實務 8-25】某企業本期實際應上交增值稅 400,000 元，消費稅 241,000 元，營業稅 159,000 元。該企業適用的城市維護建設稅稅率為 7%。該企業的有關會計分錄如下：

(1) 計算應交的城市維護建設稅。

借：營業稅金及附加	56,000	
貸：應交稅費——應交城市維護建設稅		56,000

（2）用銀行存款上交城市維護建設稅時。

借：應交稅費——應交城市維護建設稅	56,000	
貸：銀行存款		56,000

三、應交教育費附加

教育費附加是為了加快發展地方教育事業，擴大地方教育經費的資金來源而向企業徵收的附加費用。教育費附加沒有其獨立的徵收對象，是以各單位和個人實際交納的增值稅、消費稅、營業稅的稅額為計稅依據徵收的一種附加費。

企業按規定計算出應交的教育費附加，借記「營業稅金及附加」科目，貸記「應交稅費——應交教育費附加」科目。實際上交時，借記「應交稅費——應交教育費附加」科目，貸記「銀行存款」科目。

【實務 8-26】某企業按稅法規定計算 2015 年第 4 季度應交納教育費附加 300,000 元，款項已經用銀行存款支付。該企業的有關會計處理如下：

借：營業稅金及附加	300,000	
貸：應交稅費——應交教育費附加		300,000
借：應交稅費——應交教育費附加	300,000	
貸：銀行存款		300,000

四、應交土地增值稅

土地增值稅是指在我國境內有償轉讓土地使用權及地上建築物和其他附著物產權的單位和個人，就其土地增值額徵收的一種稅。這裡的增值稅額指的是轉讓房地產所取得的收入減除規定扣除項目金額後的餘額，即計稅依據為增值額，依照超率累進稅率計算應納稅額。

土地增值稅按照轉讓房地產所取得的增值額和規定的稅率計算徵收，通過「應交稅費——應交土地增值稅」科目核算。企業轉讓的土地使用權連同地上建築物及其附著物一併在「固定資產」等科目核算的，轉讓時應交的土地增值稅，借記「固定資產清理」科目，貸記「應交稅費——應交土地增值稅」科目；土地使用權在「無形資產」科目核算的，按實際收到的金額，借記「銀行存款」科目，按應交的土地增值稅，貸記「應交稅費——應交土地增值稅」科目，同時衝減無形資產帳面價值，將其差額計入營業外收支。

【實務 8-27】某企業對外轉讓一棟廠房，根據稅法規定計算的應交土地增值稅為 27,000 元。該企業的有關會計處理如下：

（1）計算應交納的土地增值稅。

借：固定資產清理	27,000	
貸：應交稅費——應交土地增值稅		27,000

（2）企業用銀行存款交納應交土地增值稅稅款。

借：應交稅費——應交土地增值稅　　　　　　　　　　　　27,000
　　貸：銀行存款　　　　　　　　　　　　　　　　　　　　27,000

五、應交房產稅、土地使用稅、車船稅和礦產資源補償費

房產稅是國家對在城市、縣城、建制鎮和工礦區徵收的由產權所有人交納的一種稅，依照房產原值一次減除10%~30%后的余額計算交納。

土地使用稅是國家為了合理利用城鎮土地，調節土地級差收入，提高土地使用效益，加強土地管理而開徵的種稅，以納稅人實際占用的土地面積為計稅依據。

車船稅是向擁有並使用車船的單位和個人徵收的一種稅。

礦產資源補償費是對在我國領域和管轄海域開採礦產資源而徵收的費用，礦產資源補償費按礦產品的銷售收入的一定比例計徵，由採礦人交納。

企業應交的房產稅、土地使用稅、車船稅、礦產資源補償費，借記「管理費用」科目，貸記「應交稅費——應交房產稅（或應交土地使用稅、應交車船稅、應交礦產資源補償費）」科目。

六、應交個人所得稅

企業按規定計算的代扣代交的職工個人所得稅，借記「應付職工薪酬」科目，貸記「應交稅費——應交個人所得稅」科目。

【實務8-28】某企業結算本月應付職工工資總額為200,000元，代扣職工個人所得稅共計2,000元，實發工資為198,000元。該企業相關會計處理如下：

借：應付職工薪酬——工資　　　　　　　　　　　　　　200,000
　　貸：銀行存款　　　　　　　　　　　　　　　　　　　198,000
　　　　應交稅費——應交個人所得稅　　　　　　　　　　　2,000

七、應交企業所得稅

企業應交納的所得稅通過在「應交稅費」科目下設置「應交企業所得稅」明細科目核算。企業按稅法規定計算應交的所得稅時，借記「所得稅費用」科目，貸記「應交稅費——應交企業所得稅」科目。上交所得稅時，借記「應交稅費——應交企業所得稅」科目，貸記「銀行存款」科目。

◆仿真操作

1. 根據【實務8-1】至【實務8-28】編寫有關的記帳憑證。
2. 根據記帳憑證登記相關明細帳和總帳。

◆崗位業務認知

利用節假日，去當地稅務徵管部門，瞭解當前企業應交稅費的政策法規及其徵管情況，對企業應交納的各種稅額及交納的時間、方式方法等有初步認識，明確企業應交稅費核算的內容。

◆ 工作思考

1. 一般納稅企業和小規模納稅企業在交納增值稅方面的核算有什麼不同?
2. 企業有哪些稅費不需通過「應交稅費」科目進行核算?
3. 企業交納的稅費中哪些是直接通過「管理費用」科目核算的?
4. 對於企業交納的增值稅應當如何進行會計處理?
5. 企業交納的稅費中哪些是通過「營業稅金及附加」科目核算的?

項目九　職工薪酬核算業務

職工薪酬是指企業為獲得職工提供的服務或解除勞動關係而給予職工各種形式的報酬或補償。本項目涉及的主要會計崗位是職工薪酬核算崗位，該崗位會計人員應熟練掌握應付職工薪酬的確認、發放以及「五險一金」的繳存與支取等核算內容。

● 項目工作目標

⊙ 知識目標

熟悉應付職工薪酬的核算內容；掌握職工薪酬確認與發放的核算；熟悉「五險一金」的計提與繳存的核算。

⊙ 技能目標

通過本項目的學習，掌握工資結算表、應付福利費的計提計算表、工會經費、職工教育經費的計提計算表的編製；掌握應付職工薪酬的業務流程及會計憑證的編製和登記有關總帳和明細帳。

⊙ 任務引入

某公司在年終為職工發放獎金時，獎金沒有在職工薪酬中核算，而是全部計入了本期的生產成本。這種做法是否妥當？

⊙ 進入任務

任務一　職工薪酬概述
任務二　職工薪酬的確認與計量
任務三　「五險一金」的計提與繳存

任務一　職工薪酬概述

職工薪酬是指企業為獲得職工提供的服務或解除勞動關係而給予各種形式的報酬或補償。職工薪酬包括短期薪酬、離職后福利、辭退福利和其他長期職工福利。企業提供給職工配偶、子女、受贍養人、已故員工遺屬及其他受益人等的福利，也屬於職工薪酬。

一、職工的範圍

職工是指與企業訂立勞動合同的所有人，包含全職、兼職和臨時職工，也包括雖未與企業訂立勞動合同但由企業正式任命的人員。未與企業訂立勞動合同或未由其正式任命，但向企業提供服務與職工所提供服務類似的人員，也屬於職工的範疇，包括

通過企業與勞務仲介公司簽訂用工合同而向企業提供服務的人員。

二、職工薪酬的範圍

短期薪酬是指企業在職工提供相關服務的年度報告期間結束後 12 個月內需要全部予以支付的職工薪酬，因解除與職工的勞動關係給予的報酬除外。短期薪酬具體包括職工工資、資金、津貼和補貼，職工福利費，醫療保險費、工傷保險費和生育保險費等社會保險費，住房公積金，工會經費和職工教育經費，短期帶薪缺勤，短期利潤分享計劃，非貨幣性福利以及其他短期薪酬。

帶薪缺勤是指企業支付工資或提供償的職工缺勤，包括年休假、病假、短期傷殘、婚假、產假、喪假、探親假等。

利潤分享計劃是指因職工提供服務而與職工達成的基於利潤或其他經營成果提供薪酬的協議。

離職后福利是指企業為獲得職工提供的服務而在職工退休或與企業解除勞動關係后，提供的各種形式的報酬和福利，短期薪酬和辭退福利除外。

辭退福利是指企業在職工勞動合同到期之前解除與職工的勞動關係，或者為鼓勵職工自願接受裁減而給予的補償。

其他長期職工福利是指除短期薪酬、離職后福利、辭退福利之外所有的職工薪酬，包括長期帶薪缺勤、長期殘疾福利、長期利潤分享計劃等。

任務二　職工薪酬的確認與計量

企業應當通過「應付職工薪酬」科目，核算應付職工薪酬的提取、結算、使用等情況。該科目的貸方登記已分配計入有關成本費用項目的職工薪酬的數額，借方登記實際發放職工薪酬的數額，包括扣還的款項等。該科目期末貸方余額，反應企業應付未付的職工薪酬。

「應付職工薪酬」科目應當按照「工資」「職工福利」「社會保險費」「住房公積金」「工會經費」「職工教育經費」「非貨幣性福利」等應付職工薪酬項目設置明細科目，進行明細核算。

一、職工薪酬的確認

根據《企業會計準則第 9 號——職工薪酬》的規定，企業應當在職工為其提供服務的會計期間，將應付的職工薪酬確認為負債，除因解除與職工的勞動關係給予的補償外，應當根據職工提供服務的受益對象，分別按下列情況處理：

第一，應由生產產品、提供勞務負擔的職工薪酬，計入產品成本或勞務成本。

第二，應由在建工程、無形資產負擔的職工薪酬，計入建造固定資產或無形資產成本。

第三，上述兩項之外的其他職工薪酬，計入當期損益。例如，公司總部管理人員、董事會成員、監事會成員等的職工薪酬，因難以確定直接對應的受益對象，均應在發

生時計入當期損益。

二、職工薪酬的計量

(一) 貨幣性職工薪酬

對於貨幣性薪酬，在確定應付職工薪酬和應當計入成本費用的職工薪酬金額時，企業應當區分兩種情況：一是對於國務院有關部門、省、自治區、直轄市人民政府或經批准的企業年度計劃規定了計提基礎和計提比例的職工薪酬項目，企業應當按照規定的計提標準，計量企業承擔的職工薪酬義務和計入成本費用的職工薪酬，包括「五險一金」以及工會經費和職工教育經費。二是對於國家（包括省、市、自治區政府）相關法律法規沒有明確規定計提基礎和計提比例的職工薪酬，企業應當根據歷史經驗數據和自身實際情況，計算確定應付職工薪酬金額和應計入成本費用的薪酬金額。

企業應當在職工為其提供服務的會計期間，根據職工提供服務的受益對象，將應確認的職工薪酬計入相關資產成本或當期損益，同時確認為應付職工薪酬。具體分以下情況處理：

生產部門人員的職工薪酬，借記「生產成本」「製造費用」「勞務成本」等科目，貸記「應付職工薪酬」科目。

管理部門人員的職工薪酬，借記「管理費用」科目，貸記「應付職工薪酬」科目。

銷售人員的職工薪酬，借記「銷售費用」科目，貸記「應付職工薪酬」科目。

應由在建工程、研發支出負擔的職工薪酬，借記「在建工程」「研發支出」科目，貸記「應付職工薪酬」科目。

【實務 9-1】乙企業本月應付工資總額為 462,000 元，工資費用分配匯總表中列示的產品生產人員工資為 320,000 元，車間管理人員工資為 70,000 元，企業行政管理人員工資為 60,400 元，銷售人員工資為 11,600 元。該企業有關會計分錄如下：

借：生產成本——基本生產成本　　　　　　　　　　320,000
　　　製造費用　　　　　　　　　　　　　　　　　　70,000
　　　管理費用　　　　　　　　　　　　　　　　　　60,400
　　　銷售費用　　　　　　　　　　　　　　　　　　11,600
　　貸：應付職工薪酬——工資　　　　　　　　　　462,000

【實務 9-2】丙企業下設一所職工食堂，每月根據在崗職工數量及崗位分佈情況、相關歷史經驗數據等計算需要補貼食堂的金額，從而確定企業每期因職工食堂需要承擔的福利費金額。2015 年 11 月，企業在崗職工共計 100 人，其中管理部門 20 人，生產車間 80 人，企業的歷史經驗數據表明，每個職工每月需補貼食堂 120 元。該企業的有關會計分錄如下：

借：生產成本　　　　　　　　　　　　　　　　　　9,600
　　　管理費用　　　　　　　　　　　　　　　　　　2,400
　　貸：應付職工薪酬——職工福利　　　　　　　　12,000

(二) 非貨幣性職工薪酬

企業向職工提供的非貨幣性職工薪酬，應當分以下情況處理：

(1) 以自產產品或外購商品發放給職工作為福利。企業以其生產的產品作為非貨幣性福利提供給職工的，應當按照該產品的公允價值和相關稅費，計量應計入成本費用的職工薪酬金額，並確認為主營業務收入，其銷售成本的結轉和相關稅費的處理與正常商品銷售相同。以外購商品作為非貨幣性福利提供給職工的，應當按照該商品的公允價值和相關稅費，計量應計入成本費用的職工薪酬金額。

企業以其自產產品作為非貨幣性福利發放給職工的，應當根據受益對象，按照該產品的公允價值，計入相關資產成本或當期損益，同時確認應付職工薪酬，借記「管理費用」「生產成本」「製造費用」等科目，貸記「應付職工薪酬——非貨幣性福利」科目。

(2) 將企業擁有的房屋等資產無償提供給職工使用的，應當根據受益對象，將該住房每期應計提的折舊計入相關資產成本或當期損益，同時確認應付職工薪酬，借記「管理費用」「生產成本」「製造費用」等科目，貸記「應付職工薪酬——非貨幣性福利」科目，並且同時借記「應付職工薪酬——非貨幣性福利」科目，貸記「累計折舊」科目。

(3) 企業租賃住房等資產供職工無償使用的，應當根據受益對象，將每期應付的租金計入相關資產成本或當期損益，並確認應付職工薪酬，借記「管理費用」「生產成本」「製造費用」等科目，貸記「應付職工薪酬——非貨幣性福利」科目。難以認定受益對象的非貨幣性福利，直接計入當期損益和應付職工薪酬。

【實務9-3】B公司為小家電生產企業，共有職工200名，其中170名為直接參加生產的職工，30名為總部管理人員。2015年2月，B公司以其生產的每臺成本為900元的電暖器作為春節福利發放給公司每名職工。該型號的電暖器市場售價為每臺1,000元，B公司適用的增值稅稅率為17%。B公司的有關會計處理如下：

借：生產成本　　　　　　　　　　　　　　　　　　198,900
　　管理費用　　　　　　　　　　　　　　　　　　　35,100
　　貸：應付職工薪酬——非貨幣性福利　　　　　　　234,000

應確認的應付職工薪酬＝200×1,000×17%＋200×1,000＝234,000（元），其中應記入「生產成本」科目的金額＝170×1,000×17%＋170×1,000＝198,900（元），應記入「管理費用」科目的金額＝30×1,000×17%＋30×1,000＝35,100（元）。

【實務9-4】C公司為總部各部門經理級別以上職工提供汽車免費使用，同時為副總裁以上高級管理人員每人租賃一套住房。C公司總部共有部門經理以上職工20名，每人提供一輛桑塔納汽車免費使用，假定每輛桑塔納汽車每月計提折舊1,000元；該公司共有副總裁以上高級管理人員5名，公司為其每人租賃一套面積為200平方米帶有家具和電器的公寓，月租金為每套8,000元。C公司的有關會計處理如下：

借：管理費用　　　　　　　　　　　　　　　　　　60,000
　　貸：應付職工薪酬——非貨幣性福利　　　　　　　60,000

借：應付職工薪酬——非貨幣性福利　　　　　　　　　　　　　20,000
　　　貸：累計折舊　　　　　　　　　　　　　　　　　　　　20,000

應確認的應付職工薪酬=20×1,000+5×8,000=60,000（元），其中提供企業擁有的汽車供職工使用的非貨幣性福利=20×1,000=20,000（元），租賃住房供職工使用的非貨幣性福利=5×8,000=40,000（元）。

(三) 解除勞動關係補償（亦稱辭退福利）

《企業會計準則第9號——職工薪酬》規定的辭退福利包括兩方面的內容：一是在職工勞動合同尚未到期前，不論職工本人是否願意，企業決定解除與職工的勞動關係而給予的補償。二是在職工勞動合同尚未到期前，為鼓勵職工自願接受裁減而給予的補償，職工有權利選擇繼續在職或接受補償離職。辭退福利也包括當公司控制權發生變動時，對辭退的管理層人員進行補償的情況。

根據《企業會計準則第9號——職工薪酬》的規定，企業在職工勞動合同到期之前解除與職工的勞動關係，或者為鼓勵職工自願接受裁減而提出給予補償的建議，同時滿足下列條件的，應當確認因解除與職工的勞動關係給予補償而產生的預計負債，同時計入當期管理費用。

條件1：企業已經制訂正式的解除勞動關係計劃或提出自願裁減建議，並即將實施。該計劃或建議應當包括擬解除勞動關係或裁減的職工所在部門、職位及數量；根據有關規定按工作類別或職位確定的解除勞動關係或裁減補償金額；擬解除勞動關係或裁減的時間。這裡所稱「正式的辭退計劃或建議」應當經過董事會或類似權力機構的批准；「即將實施」是指辭退工作一般應當在一年內實施完畢，但因付款程序等原因使部分付款推遲到一年后支付的，視為符合辭退福利預計負債的確認條件。

條件2：企業不能單方面撤回解除勞動關係計劃或裁減建議。如果企業能夠單方面撤回解除勞動關係計劃或裁減建議，則表明未來經濟利益流出不是很可能，因而不符合《企業會計準則第9號——職工薪酬》中規定的預計負債的確認條件。

由於被辭退的職工不再為企業帶來未來經濟利益，因此對於滿足《企業會計準則第9號——職工薪酬》預計負債確認條件的所有辭退福利，均應當於辭退計劃滿足預計負債確認條件的當期計入費用，不計入資產成本。

【實務9-5】某企業有10名職工願意接受辭退，企業向每人補償6萬元（《中華人民共和國勞動合同法》規定一次性支付）。該企業的會計處理如下：
借：管理費用　　　　　　　　　　　　　　　　　　　　　600,000
　　　貸：應付職工薪酬——辭退福利　　　　　　　　　　　600,000

三、發放職工薪酬

(一) 發放貨幣性職工薪酬

(1) 企業按照有關規定向職工支付工資、獎金、津貼等，借記「應付職工薪酬——工資」科目，貸記「銀行存款」「庫存現金」等科目；企業從應付職工薪酬中扣還的各種款項（代墊的家屬藥費、個人所得稅等），借記「應付職工薪酬——工資」

科目,貸記「銀行存款」「庫存現金」「其他應收款」「應交稅費——應交個人所得稅」等科目。

(2) 企業支付職工福利費、支付工會經費和職工教育經費用於工會運作和職工培訓或按照國家有關規定交納社會保險費或住房公積金時,借記「應付職工薪酬——職工福利(或工會經費、職工教育經費、社會保險費、住房公積金)」科目,貸記「銀行存款」「庫存現金」等科目。

【實務 9-6】A 企業根據「工資結算匯總表」結算本月應付職工工資總額 462,000 元,代扣職工房租 40,000 元,企業代墊職工家屬醫藥費 2,000 元,實發工資 420,000 元。A 企業的有關會計處理如下:

(1) 向銀行提取現金。

借:庫存現金 420,000
　　貸:銀行存款 420,000

(2) 發放工資,支付現金。

借:應付職工薪酬——工資 420,000
　　貸:庫存現金 420,000

(3) 代扣款項。

借:應付職工薪酬——工資 42,000
　　貸:其他應收款——職工房租 40,000
　　　　　　　　　——代墊醫藥費 2,000

【實務 9-7】2015 年 9 月,甲企業以現金支付張某生活困難補助 800 元。甲企業的有關會計處理如下:

借:應付職工薪酬——職工福利 800
　　貸:庫存現金 800

(二) 發放非貨幣性職工薪酬

企業以自產產品作為職工薪酬發放給職工時,應確認主營業務收入,借記「應付職工薪酬——非貨幣性福利」科目,貸記「主營業務收入」科目,同時結轉相關成本,涉及增值稅銷項稅額的,還應進行相應的處理。

企業支付租賃住房等資產供職工無償使用所發生的租金,借記「應付職工薪酬——非貨幣性福利」科目,貸記「銀行存款」等科目。

【實務 9-8】承【實務 9-3】,B 公司向職工發放電暖器作為福利,同時要根據相關稅法規定,視同銷售計算增值稅銷項稅額。B 公司的有關會計處理如下:

借:應付職工薪酬——非貨幣性福利 234,000
　　貸:主營業務收入 200,000
　　　　應交稅費——應交增值稅(銷項稅額) 34,000
借:主營業務成本 180,000
　　貸:庫存商品——電暖器 180,000

B 公司應確認的主營業務收入 = 200×1,000 = 200,000(元)

B 公司應確認的增值稅銷項稅額＝200×1,000×17%＝34,000（元）
B 公司應結轉的銷售成本＝200×900＝180,000（元）

【實務9-9】承【實務9-4】，C 公司每月支付副總裁以上高級管理人員住房租金時，應進行如下會計處理：

借：應付職工薪酬——非貨幣性福利　　　　　　　　　　　　　40,000
　　貸：銀行存款　　　　　　　　　　　　　　　　　　　　　　　40,000

任務三　「五險一金」的計提與繳存

一、「五險一金」的內容

「五險一金」是指企業依照國務院有關主管部門或者省級人民政府規定的範圍和標準為職工交納的養老保險費、醫療保險費、失業保險費、工傷保險費、生育保險費等基本社會保險費和住房公積金。其中，養老保險、醫療保險和失業保險，這三種險是由企業和個人共同交納的保費，工傷保險和生育保險完全是由企業承擔的，個人不需要交納。這裡要注意的是「五險」是法定的，而「一金」不是法定的。

養老保險是按國家統一政策規定強制實施的為保障廣大離退休人員基本生活需要的一種養老保險制度。

醫療保險是為補償勞動者因疾病風險造成的經濟損失而建立的一項社會保險制度。

失業保險是指國家通過立法強制實行的，由社會集中建立基金，對因失業而暫時中斷生活來源的勞動者提供物質幫助的制度。

工傷保險是指國家或社會為生產、工作中遭受事故傷害和患職業性疾病的勞動者及家屬提供醫療救治、生活保障、經濟補償、醫療和職業康復等物質幫助的一種社會保障制度。

生育保險是通過國家立法規定，在勞動者因生育子女而導致勞動力暫時中斷時，由國家和社會及時給予物質幫助的一項社會保險制度。我國生育保險待遇主要包括兩項：一是生育津貼，用於保障女職工產假期間的基本生活需要；二是生育醫療待遇，用於保障女職工懷孕、分娩期間以及職工實施節育手術時的基本醫療保健需要。

住房公積金是指企事業單位、社會團體及其在職職工繳存的長期住房儲金。職工個人繳存的住房公積金和職工所在單位為職工繳存的住房公積金，屬於職工個人所有。

二、「五險一金」的計提

企業應當在職工為其提供勞務的會計期間，根據職工提供服務的受益對象，將應計提的「五險一金」計入相關資產的成本或當期損益，同時確認為職工薪酬，借記「生產成本」「製造費用」「勞務成本」等科目，貸記「應付職工薪酬——社會保險費」「應付職工薪酬——住房公積金」科目。企業代扣職工個人負擔的社會保險和公積金時，借記「應付職工薪酬——工資」科目，貸記「應付職工薪酬——社會保險費」「應付職工薪酬——住房公積金」科目。

【實務 9-10】北方工廠 2015 年 1 月按照 2014 年工資薪酬 20%、2%、0.5%、0.8%、9%分別計提養老保險、失業保險、工傷保險金、生育保險金、醫療保險。2014 年工資薪酬為 100,000 元，具體為基本生產車間工人 40,000 元，車間管理人員 10,000 元，為試製專利產品人員 20,000 元，行政管理部門人員 30,000 元。該企業計提社會保險的會計處理如下：

借：生產成本　　　　　　　　　　　　　　　　　　　12,920
　　製造費用　　　　　　　　　　　　　　　　　　　　3,230
　　研發支出　　　　　　　　　　　　　　　　　　　　6,460
　　管理費用　　　　　　　　　　　　　　　　　　　　9,690
　　貸：應付職工薪酬——社會保險金（養老保險）　　20,000
　　　　　　　　　　——社會保險金（失業保險）　　　2,000
　　　　　　　　　　——社會保險金（工傷保險）　　　　500
　　　　　　　　　　——社會保險金（生育保險）　　　　800
　　　　　　　　　　——社會保險金（醫療保險）　　　9,000

三、「五險一金」的繳存

企業實際向社會保險經辦機構繳存社會保險金以及向公積金管理中心繳存住房公積金時，借記「應付職工薪酬——社會保險費」「應付職工薪酬——住房公積金」科目，貸記「銀行存款」科目。

◆仿真操作

1. 根據【實務9-1】至【實務9-9】編寫有關的記帳憑證。
2. 根據記帳憑證登記有關明細帳及總帳。

◆崗位業務認知

利用節假日，去當地的中型企業（工商企業），瞭解企業職工薪酬的確認、計量、發放以及「五險一金」計繳方面的基本情況，對一般企業的職工薪酬的核算方面的情況有初步的認識和掌握。

◆工作思考

1. 應付職工薪酬主要包括哪些核算內容？
2. 企業職工的範圍包括哪些？
3. 「五險一金」包括哪些內容？企業是如何進行計提的？
4. 非貨幣性福利在企業中應如何進行核算？
5. 簡述應付職工薪酬的具體會計處理方法。

項目十　籌資核算業務

　　一個企業要長期穩定地經營並加快發展，資金必須正常的運用和流通，否則將直接制約企業的生產經營活動，影響企業的經濟效益和發展。合理的資本結構可以使企業所有者獲得最大的經濟利益，同時又能夠保證企業順利地進行生產經營，以使企業不至於發生財務危機，也就是需要確定一個合理的自有資本和債務資本的比例關係。該項目涉及的主要會計崗位是籌資核算崗位。作為該崗位會計人員，應熟練掌握並應用財經法規和會計制度，參與企業資金的管理和核算，在遵循資金管理制度的基礎上，合理調度資金，保證資金供求，考核資金使用效果，提出加速資金週轉的建議並付諸實施。

● 項目工作目標

⊙ **知識目標**

　　掌握短期借款、長期借款、應付債券、長期應付款等負債的核算；理解所有者權益的概念及內容；掌握實收資本的核算；理解資本公積的含義、用途，掌握資本公積的核算；理解盈余公積的來源和用途；掌握盈余公積及未分配利潤的核算。

⊙ **技能目標**

　　通過本項目的學習，會分析和處理借款籌資和債券籌資的相關事項；能對非股份公司及股份公司實際收到的投資者投入的資本進行會計處理；能分清哪些項目應計入資本公積；能正確計提盈余公積，能對盈余公積的增減變化進行會計處理；能對未分配利潤的形成及減少進行會計處理。

⊙ **任務引入**

　　南存輝是一個傳奇人物，25年前他只是柳市的一個小鞋匠，而25年后他卻成為中國民營經濟的巨頭之一；南存輝的正泰集團也是一個傳奇，20年前正泰集團還是一個僅有5萬元資產的小作坊，20年后，小作坊成了資產達數十億元的企業集團。

　　南存輝和正泰集團的傳奇之旅是從1989年開始的。1984年，南存輝創辦「求精開關廠」，並任廠長，起點資本只有5萬元。面對資金週轉的壓力，南存輝開始以無利息的「社會負債」模式運作，並壓占供應商貨款2~3個月，壓占的貨款占到總資產的25%~30%，取得企業急需的資金，挖取了企業創業的「第一桶金」。直到今天，正泰集團仍舊沿用這一模式。在創業過程中，南存輝發現，把「求精開關廠」做大要靠資金投入。1990年，南存輝開始第一次「股權革命」，與美商黃李益合資廠辦「正泰」。在新的框架中，南存輝股權由100%下降到60%。經過3年發展，中美合資溫州正泰電器有限公司正式成為溫州市首屈一指的知名企業。這時，南存輝開始了第二次「股權

革命」，以分散股權為條件將 30 家外姓企業納入「正泰」的旗下。到 1994 年 2 月正泰集團組建時，成員企業已達到 38 家，股東僅 40 名，南存輝的個人入股權從 60%下降到不足 30%，「正泰」成了一家資產達 8 億元的企業大家族，南存輝的個人資產也超過了 2 億元。經過數年的擴張，正泰集團的內部也出現了前所未有的混亂局面，正泰集團參股企業在發展戰略上與集體戰略不斷衝突。1998 年，南存輝開始第三次「股權革命」，用股權釋「兵權」的方案重組「正泰」。重組后「正泰」呈現控股集團結構，下轄近 30 家絕對控股公司和 31 家相對控股公司。此次「股權革命」后，南存輝兄弟股份降至 28%。

在不到 30 年的時間裡，南存輝從一個小鞋匠成長為一個商業巨頭，他的「正泰」從一個小作坊發展成為一個大集團，他的股權從 100%下降到 28%，這說明了什麼問題呢？從籌資的角度看，在企業發展過程中，如何利用不同的籌資方式和籌資渠道呢？同時，不同籌資方式和籌資渠道又是怎樣影響企業發展的呢？本項目將重點討論企業籌資的核算問題。

◉ **進入任務**

子項目一　負債籌資的核算
　任務一　短期借款
　任務二　長期借款
　任務三　應付債券
　任務四　長期應付款
子項目二　權益籌資的核算
　任務一　實收資本
　任務二　資本公積
　任務三　留存收益

子項目一　負債籌資的核算

任務一　短期借款

短期借款是企業向銀行或其他金融機構等借入的期限在 1 年以下（含 1 年）的各種借款。通常是為了滿足企業正常生產經營的需要。企業應通過「短期借款」科目核算短期借款的發生、償還等情況。企業從銀行或其他金融機構取得短期借款時，借記「銀行存款」科目，貸記「短期借款」科目。

在實際工作中，銀行一般於每季度末收取短期借款利息，因此企業的短期借款利息一般採用月末預提的方式進行核算。短期借款利息屬於籌資費用，應記入「財務費用」科目。企業應當在資產負債表日按照計算確定的短期借款利息費用，借記「財務費用」科目，貸記「應付利息」科目；實際支付利息時，借記「應付利息」科目。貸

記「銀行存款」科目。

企業短期借款到期償還本金時，借記「短期借款」科目，貸記「銀行存款」科目。

【實務10-1】A股份有限公司於2015年1月1日向銀行借入一筆生產經營用短期借款，共計120,000元，期限為9個月，年利率為4%。根據與銀行簽署的借款協議，該項借款的本金到期後一次歸還；利息分月預提，按季支付。A股份有限公司的有關會計處理如下：

（1）1月1日借入短期借款。

借：銀行存款　　　　　　　　　　　　　　　　　　120,000
　　貸：短期借款　　　　　　　　　　　　　　　　　　120,000

（2）1月末，計提1月份應計利息。

借：財務費用　　　　　　　　　　　　　　　　　　　　400
　　貸：應付利息　　　　　　　　　　　　　　　　　　　400

本月應計提的利息＝120,000×4%÷12＝400（元）

2月末計提2月份利息費用的處理與1月份相同。

（3）3月末支付第一季度銀行借款利息。

借：財務費用　　　　　　　　　　　　　　　　　　　　400
　　應付利息　　　　　　　　　　　　　　　　　　　　　800
　　貸：銀行存款　　　　　　　　　　　　　　　　　　1,200

第二、三季度的會計處理同上。

（4）10月1日償還銀行借款本金。

借：短期借款　　　　　　　　　　　　　　　　　　120,000
　　貸：銀行存款　　　　　　　　　　　　　　　　　　120,000

如上述借款期限是8個月，則到期日為9月1日，8月末之前的會計處理與上述相同。9月1日償還銀行借款本金，同時支付7月和8月已計提未付利息。

借：短期借款　　　　　　　　　　　　　　　　　　120,000
　　應付利息　　　　　　　　　　　　　　　　　　　　　800
　　貸：銀行存款　　　　　　　　　　　　　　　　　　120,800

任務二　長期借款

一、長期借款概述

長期借款是企業向銀行或其他金融機構借入的期限在1年以上（不含1年）的各項借款。一般用於固定資產的購建、改擴建工程、大修理工程、對外投資以及為了保持長期經營能力等方面。長期借款是企業長期負債的重要組成部分，必須加強管理與核算。

由於長期借款的使用關係到企業的生產經營規模和效益，企業除了要遵守有關的貸款規定，編製借款計劃並要有不同形式的擔保外，還應監督借款的使用、按期支付

長期借款的利息以及按規定的期限歸還借款本金等。因此，長期借款會計處理的基本要求是反應和監督企業長期借款的借入、借款利息的結算和借款本息的歸還情況，促使企業遵守信貸紀律、提高信用等級，同時也要確保長期信貸發揮效益。

二、長期借款的帳務處理

企業應通過「長期借款」科目，核算長期借款的借入、歸還等情況。該科目可按照貸款單位和貸款種類設置明細帳，分「本金」「利息調整」等進行明細核算。該科目的貸方登記長期借款本息的增加額，借方登記本息的減少額，貸方余額表示企業尚未償還的長期借款。

長期借款的帳務處理包括取得長期借款、發生利息、歸還長期借款等環節。

（一）取得長期借款

企業借入長期借款，應按實際收到的金額，借記「銀行存款」科目，貸記「長期借款——本金」科目，如存在差額，還應借記「長期借款——利息調整」科目。

【實務10-2】A企業為增值稅一般納稅人，於2015年11月30日從銀行借入資金4,000,000元，借款期限為3年，年利率為8.4%（到期一次還本付息，不計複利），所借款項已存入銀行。A企業用該借款於當日購買不需安裝的設備一臺，價款3,000,000元，另支付保險等費用100,000元，設備已於當日投入使用。

A企業的有關會計處理如下：

（1）取得借款時。

借：銀行存款　　　　　　　　　　　　　　　　　　　　　4,000,000
　　貸：長期借款——本金　　　　　　　　　　　　　　　　　4,000,000

（2）支付設備款保險費時。

借：固定資產　　　　　　　　　　　　　　　　　　　　　3,100,000
　　應交稅費——應交增值稅（進項稅額）　　　　　　　　　510,000
　　貸：銀行存款　　　　　　　　　　　　　　　　　　　　3,610,000

（二）發生長期借款利息

長期借款利息費用應當在資產負債表日按照實際利率法計算確定，實際利率與合同利率差異較小的，也可以採用合同利率計算確定利息費用。長期借款計算確定的利息費用，應當按以下原則計入有關成本、費用：屬於籌建期間的，計入管理費用；屬於生產經營期間的，計入財務費用。如果長期借款用於購建固定資產的，在固定資產尚未達到預定可使用狀態前，所發生的應當資本化的利息支出數，計入在建工程成本；固定資產達到預定可使用狀態後發生的利息支出以及按規定不予資本化的利息支出，計入財務費用。長期借款（分期付息）按合同利率計算確定的應付未付利息，記入「應付利息」科目，借記「在建工程」「製造費用」「財務費用」「研發支出」等科目，貸記「應付利息」科目。

【實務10-3】承【實務10-2】，A企業於2015年12月31日計提長期借款利息。

A企業的有關會計分錄如下：

借：財務費用　　　　　　　　　　　　　　　　　　　　　　28,000
　　　　貸：應付利息　　　　　　　　　　　　　　　　　　　　　　28,000
　　2015年12月31日計提的長期借款利息＝4,000,000×8.4%÷12＝28,000（元）
　　2016年1月至2018年10月每月月末預提利息會計分錄同上。

(三) 歸還長期借款

　　企業歸還長期借款的本金時，應按歸還的金額，借記「長期借款——本金」科目，貸記「銀行存款」科目；按歸還的利息，借記「應付利息」科目，貸記「銀行存款」科目。

　　【實務10-4】承【實務10-3】，2018年11月30日，A企業償還該筆銀行借款本息。

　　A企業的有關會計分錄如下：
　　借：財務費用　　　　　　　　　　　　　　　　　　　　　　28,000
　　　　長期借款——本金　　　　　　　　　　　　　　　　　　4,000,000
　　　　應付利息　　　　　　　　　　　　　　　　　　　　　　980,000
　　　　貸：銀行存款　　　　　　　　　　　　　　　　　　　　5,008,000

任務三　應付債券

一、應付債券概述

　　應付債券是企業為籌集（長期）資金而發行的債券。債券是企業為籌集長期使用資金而發行的一種書面憑證。企業通過發行債券取得資金是以將來履行歸還購買債券者的本金和利息的義務作為保證的。

　　企業債券發行價格的高低一般取決於債券的票面金額、債券票面利率、發行時的市場利率以及債券期限長短等因素。債券發行有面值發行、溢價發行和折價發行三種情況。平價發行是指以債券的票面金額為發行價格；溢價發行是指以高於債券票面金額的價格為發行價格；折價發行是指以低於債券票面金額的價格為發行價格。企業發行債券發生的溢價或者折價，其實質是對債券票面利息的調整，即將債券票面利率調整為實際利率。債券各期的調整金額（攤銷金額）是指按債券攤餘成本和實際利率計算確定的債券利息費用與按票面利率計算確定的應付利息的差額。債券的利息調整屬於借款費用範疇，應當按照借款費用確認和計量原則處理。

二、應付債券的帳務處理

　　企業發行的一般公司債券，無論是按面值發行，還是溢價發行或折價發行，均按債券面值記入「應付債券」科目的「面值」明細科目，實際收到的款項與面值的差額，記入「利息調整」明細科目。企業發行債券時，按實際收到的款項，借記「銀行存款」「庫存現金」等科目，按債券票面價值，貸記「應付債券——面值」科目，按

實際收到的款項與票面價值之間的差額，貸記或借記「應付債券——利息調整」科目。

利息調整應在債券存續期間內採用實際利率法進行攤銷。實際利率法是指按照應付債券的實際利率計算其攤余成本及各期利息費用的方法；實際利率是指將應付債券在債券存續期間的未來現金流量，折現為該債券當前帳面價值所使用的利率。

資產負債表日，對於分期付息、一次還本的債券，企業應按應付債券的攤余成本和實際利率計算確定的債券利息費用，借記「在建工程」「製造費用」「財務費用」等科目，按票面利率計算確定的應付未付利息，貸記「應付利息」科目，按其差額，借記或貸記「應付債券——利息調整」科目。對於一次還本付息的債券，應於資產負債表日按攤余成本和實際利率計算確定的債券利息費用，借記「在建工程」「製造費用」「財務費用」等科目，按票面利率計算確定的應付未付利息，貸記「應付債券——應計利息」科目，按其差額，借記或貸記「應付債券——利息調整」科目。

（一）平價發行債券

【實務 10-5】1 月 1 日，甲公司為建設新產品生產線，經批准發行期限為 3 年，面值為 100 萬元，年利率為 7.2%，到期一次還本付息的債券。該債券按面值發行，發行費用為 6,000 元，從發行款中扣除。收到債券發行資金，新生產線開始建設，第 2 年年末達到預定可使用狀態。根據資料編製會計分錄如下：

（1）發行債券時。

借：銀行存款　　　　　　　　　　　　　　　　　　　　994,000
　　在建工程　　　　　　　　　　　　　　　　　　　　　6,000
　　貸：應付債券——面值　　　　　　　　　　　　　　　　　1,000,000

（2）假定不考慮閒置資金收益，第 1 年年末計提利息（第 2 年年末計提利息的分錄相同）。

借：在建工程　　　　　　　　　　　　　　　　　　　　　72,000
　　貸：應付債券——應計利息　　　　　　　　　　　　　　　72,000

（3）第 3 年年末計提利息時，已經過了停止資本化時點，利息計入當期損益。

借：財務費用　　　　　　　　　　　　　　　　　　　　　72,000
　　貸：應付債券——應計利息　　　　　　　　　　　　　　　72,000

（4）到期歸還本息。

借：應付債券——本金　　　　　　　　　　　　　　　　1,000,000
　　　　　　　——應計利息　　　　　　　　　　　　　　　216,000
　　貸：銀行存款　　　　　　　　　　　　　　　　　　　1,216,000

（二）折價發行債券

【實務 10-6】1 月 1 日，青蓮公司為建設新產品生產線，經批准發行期限為 5 年，面值為 100 萬元，票面年利率為 4.72%，每年 1 月 1 日支付利息，本金最後一次支付的公司債券。該債券發行價格為 80 萬元，發行費用為 6,000 元，從發行款中扣除。收到債券發行資金，新生產線開始建設，第 3 年年末達到預定可使用狀態。經計算，該債券實際利率為 10%，實際利息費用計算表如表 10-1 所示，應付債券明細帳的登記如表

10-2 所示。根據資料編製會計分錄如下：

(1) 發行債券時。

借：銀行存款　　　　　　　　　　　　　794,000
　　在建工程　　　　　　　　　　　　　　6,000
　　應付債券——利息調整　　　　　　　200,000
　貸：應付債券——面值　　　　　　　1,000,000

(2) 第 1 年年末計提利息。

借：在建工程　　　　　　　　　　　　　80,000
　貸：應付利息——債券利息　　　　　　47,200
　　　應付債券——利息調整　　　　　　32,800

(3) 第 2 年年末計提利息。

借：在建工程　　　　　　　　　　　　　83,200
　貸：應付利息——債券利息　　　　　　47,200
　　　應付債券——利息調整　　　　　　36,000

(4) 第 3 年年末計提利息。

借：在建工程　　　　　　　　　　　　　86,800
　貸：應付利息——債券利息　　　　　　47,200
　　　應付債券——利息調整　　　　　　39,600

(5) 第 4 年年末計提利息（已過停止資本化時點，利息計入當期損益）。

借：財務費用　　　　　　　　　　　　　90,800
　貸：應付利息——債券利息　　　　　　47,200
　　　應付債券——利息調整　　　　　　43,600

(6) 第 5 年年末計提利息。

借：財務費用　　　　　　　　　　　　　95,200
　貸：應付利息——債券利息　　　　　　47,200
　　　應付債券——利息調整　　　　　　48,000

(7) 到期歸還本金。

借：應付債券——本金　　　　　　　1,000,000
　貸：銀行存款　　　　　　　　　　1,000,000

(8) 支付各期利息（每年會計分錄相同）。

借：應付利息——債券利息　　　　　　　47,200
　貸：銀行存款　　　　　　　　　　　　47,200

表 10-1　　　　　青蓮公司債券利息費用計算表（實際利率法）

20×1 年 1 月 1 日至 20×5 年 12 月 31 日　　　　　　　金額單位：萬元

年份	債券期初攤餘成本 ①	按票面利率計算的利息費用 ②=100×4.72%	按實際利率計算的利息費用 ③=①×10%	利息調整 ④=③-②	債券期末攤餘成本 ⑤=①+④
第 1 年	80.00	4.72	8.00	3.28	83.28
第 2 年	83.28	4.72	8.32	3.60	86.88
第 3 年	86.88	4.72	8.68	3.96	90.84
第 4 年	90.84	4.72	9.08	4.36	95.20
第 5 年	95.20	4.72	9.52	4.80	100.00
合計		23.60	43.60	20.00	

表 10-2　　　　　　　青蓮公司應付債券明細帳

戶名：5 年期債券　　　　　　　　　　　　　　　金額單位：萬元

時間	摘要	借方 面值	借方 利息調整	借方 應計利息	貸方 面值	貸方 利息調整	貸方 應計利息	餘額 面值	餘額 利息調整	餘額 應計利息	合計
第 1 年 1 月	發行債券		20.00		100.00			100.00	-20.00		80.00
第 1 年 12 月	期末計息					3.28		100.00	-16.72		83.28
第 2 年 12 月	期末計息					3.60		100.00	-13.12		86.88
第 3 年 12 月	期末計息					3.96		100.00	-9.16		90.84
第 4 年 12 月	期末計息					4.36		100.00	-4.80		95.20
第 5 年 12 月	期末計息					4.80		100.00	0		100.00
第 6 年 1 月	到期還本	100.00						0	0		0

（三）溢價發行債券

【實務 10-7】1 月 1 日，青圓公司為建設新產品生產線，經批准發行期限為 5 年，面值為 100 萬元，票面年利率為 10%，每年 1 月 1 日支付利息，本金最后一次支付的公司債券。該債券發行價格為 108 萬元，發行費用為 6,000 元，從發行款中扣除。收到債券發行資金，新生產線開始建設，第 3 年年末達到預定可使用狀態。該債券實際利率為 8%，編製實際利息費用計算表如表 10-3 所示，應付債券明細帳的登記如表 10-4 所示。根據資料編製會計分錄如下：

（1）發行債券時。

借：銀行存款　　　　　　　　　　　　　　　　1,074,000
　　在建工程　　　　　　　　　　　　　　　　　　6,000
　　貸：應付債券——面值　　　　　　　　　　1,000,000
　　　　　　　——利息調整　　　　　　　　　　80,000

（2）第 1 年年末計提利息。

借：在建工程　　　　　　　　　　　　　　　　　86,000

| | 應付債券——利息調整 | 14,000 |
| 貸：應付利息——債券利息 | | 100,000 |

(3) 第 2 年年末計提利息。

借：在建工程　　　　　　　　　　　　　　　　　　　　　85,000
　　應付債券——利息調整　　　　　　　　　　　　　　　15,000
　　貸：應付利息——債券利息　　　　　　　　　　　　　100,000

(4) 第 3 年年末計提利息。

借：在建工程　　　　　　　　　　　　　　　　　　　　　84,000
　　應付債券——利息調整　　　　　　　　　　　　　　　16,000
　　貸：應付利息——債券利息　　　　　　　　　　　　　100,000

(5) 第 4 年年末計提利息（已過停止資本化時點，利息計入當期損益）。

借：財務費用　　　　　　　　　　　　　　　　　　　　　83,000
　　應付債券——利息調整　　　　　　　　　　　　　　　17,000
　　貸：應付利息——債券利息　　　　　　　　　　　　　100,000

(6) 第 5 年年末計提利息。

借：財務費用　　　　　　　　　　　　　　　　　　　　　82,000
　　應付債券——利息調整　　　　　　　　　　　　　　　18,000
　　貸：應付利息——債券利息　　　　　　　　　　　　　100,000

(7) 到期歸還本金。

借：應付債券——本金　　　　　　　　　　　　　　　　1,000,000
　　貸：銀行存款　　　　　　　　　　　　　　　　　　1,000,000

(8) 支付各期利息（每年會計分錄相同）。

借：應付利息——債券利息　　　　　　　　　　　　　　　100,000
　　貸：銀行存款　　　　　　　　　　　　　　　　　　　100,000

表 10-3　　　　青圓公司債券利息費用計算表（實際利率法）

20×1 年 1 月 1 日至 20×5 年 12 月 31 日　　　　金額單位：萬元

年份	債券期初攤餘成本 ①	按票面利率計算的利息費用 ②=100×10%	按實際利率計算的利息費用 ③=①×8%	利息調整 ④=③-②	債券期末攤餘成本 ⑤=①-④
第 1 年	108	10	8.6	1.4	106.6
第 2 年	106.6	10	8.5	1.5	105.1
第 3 年	105.1	10	8.4	1.6	103.5
第 4 年	103.5	10	8.3	1.7	101.8
第 5 年	101.8	10	8.2	1.8	100.0
合計		50	42.0	8.0	

表 10-4　　　　　　　　　青圓公司應付債券明細帳

戶名：5 年期債券　　　　　　　　　　　　　　　　　　　　金額單位：萬元

時間	摘要	借方			貸方			餘額			
		面值	利息調整	應計利息	面值	利息調整	應計利息	面值	利息調整	應計利息	合計
第 1 年 1 月	發行債券				100.00	8.00		100.00	8.00		108.00
第 1 年 12 月	期末計息		1.40					100.00	6.60		106.60
第 2 年 12 月	期末計息		1.50					100.00	5.10		105.10
第 3 年 12 月	期末計息		1.60					100.00	3.50		103.50
第 4 年 12 月	期末計息		1.70					100.00	1.80		101.80
第 5 年 12 月	期末計息		1.80					100.00	0		100.00
第 6 年 1 月	到期還本	100.00						0			0

三、可轉換公司債券

企業發行的可轉換公司債券，應當在初始確認時將其包含的負債成份和權益成份進行分拆，將負債成份確認為應付債券，將權益成份確認為資本公積。在進行分拆時，應當先對負債成份的未來現金流量進行折現確定負債成份的初始確認金額，再按發行價格總額扣除負債成份初始確認金額后的金額確定權益成份的初始確認金額。發行可轉換公司債券發生的交易費用，應當在負債成份和權益成份之間按照各自的相對公允價值進行分攤。

企業發行的可轉換公司債券，應按實際收到的金額，借記「銀行存款」等科目，按該項可轉換公司債券包含的負債成份的面值，貸記「應付債券——可轉換公司債券（面值）」科目，按權益成份的公允價值，貸記「資本公積——其他資本公積」科目，按其差額，借記或貸記「應付債券——可轉換公司債券（利息調整）」科目。

對於可轉換公司債券的負債成份，在轉換為股份前，其會計處理與一般公司債券相同，即按照實際利率和攤余成本確認利息費用，按照面值和票面利率確認應付債券，差額作為利息調整進行攤銷。可轉換公司債券持有者在債券存續期間內行使轉換權利，將可轉換公司債券轉換為股份時，對於債券面額不足轉換 1 股股份的部分，企業應當以現金償還。

可轉換公司債券持有人行使轉換權利，將其持有的債券轉換為股票，按可轉換公司債券的余額，借記「應付債券——可轉換公司債券（面值、利息調整）」科目，按其權益成份的金額，借記「資本公積——其他資本公積」科目，按股票面值和轉換的股數計算的股票面值總額，貸記「股本」科目，按其差額，貸記「資本公積——股本溢價」科目。如用現金支付不可轉換股票的部分，還應貸記「銀行存款」等科目。

【實務 10-8】甲公司經批准於 2015 年 1 月 1 日按面值發行 5 年期一次還本付息（在計算的時候是按照分期付息到期還本計算的）的可轉換公司債券200,000,000元，款項已收存銀行。債券票面年利率為 6%，利息按年支付。債券發行1年後可轉換為普通股股票。初始轉股價為每股 10 元，股票面值為每股 1 元。

2016 年 1 月 1 日債券持有人將持有的可轉換公司債券全部轉換為普通股股票（假定按當日可轉換公司債券的帳面價值計算轉股數），甲公司發行可轉換公司債券時二級市場上與之類似的沒有轉換權的債券市場利率為 9%。

據此，甲公司的帳務處理如下：

(1) 2015 年 1 月 1 日發行可轉換公司債券。

借：銀行存款　　　　　　　　　　　　　　　　　　　　200,000,000
　　應付債券——可轉換公司債券（利息調整）　　　　　23,343,600
　貸：應付債券——可轉換公司債券（面值）　　　　　　200,000,000
　　　資本公積——其他資本公積　　　　　　　　　　　23,343,600

可轉換公司債券負債成份的公允價值 = 200,000,000×0.649,9 + 200,000,000×6%×3.889,7

= 176,656,400（元）

2015 年 12 月 31 日確認利息費用。

借：財務費用等　　　　　　　　　　　　　　　　　　　15,899,076
　貸：應付債券——可轉換公司債券（應計利息）　　　　12,000,000
　　　　　　——可轉換公司債券（利息調整）　　　　　　3,899,076

2016 年 1 月 1 日債券持有人行使轉換權。

轉換股 =（176,656,400 + 12,000,000 + 3,899,076）÷ 10 = 19,255,547.6（股）

不足 1 股的部分支付現金 0.6 元。

借：應付債券——可轉換公司債券（面值）　　　　　　　200,000,000
　　　　　　——可轉換公司債券（應計利息）　　　　　12,000,000
　　資本公積——其他資本公積　　　　　　　　　　　　23,343,600
　貸：股本　　　　　　　　　　　　　　　　　　　　　19,255,547
　　　應付債券——可轉換公司債券（利息調整）　　　　19,444,524
　　　資本公積——股本溢價　　　　　　　　　　　　　196,643,528.4
　　　庫存現金　　　　　　　　　　　　　　　　　　　0.6

任務四　長期應付款

長期應付款是指企業除長期借款和應付債券以外的其他各種長期應付款項，包括應付融資租入固定資產的租賃費、以分期付款方式購入固定資產等發生的應付款項等。

一、「長期應付款」帳戶

「長期應付款」帳戶用來核算企業除長期借款和應付債券以外的其他各種長期應付款項，包括融資租入固定資產的租賃費、以分期付款方式購入固定資產等發生的應付款項等。該帳戶貸方登記企業發生的融資租入固定資產的租賃費等長期應付款項；借方登記企業按期支付的固定資產的租金和價款等；期末餘額在貸方，反應企業應付未付的長期應付款項。

「長期應付款」帳戶可以按照長期應付款的種類和債權人進行明細核算。

二、「未確認融資費用」帳戶

企業融資租賃方式租入固定資產，在租賃期開始日，應當將租賃開始日租賃固定資產公允價值與最低租賃付款額現值兩者中較低者，作為租入固定資產的入帳價值，將最低租賃付款額作為長期應付款的入帳價值，其差額作為未確認融資費用。

企業融資租賃方式租入固定資產的租賃付款額（支付的租金）中，包含了本金和利息兩部分。企業支付租金時，一方面要減少長期應付款；另一方面要同時將未確認融資費用按一定方法確認為當期融資費用。確認當期融資費用（分期攤銷的未確認融資費用）的方法一般採用實際利率法。

「未確認融資費用」帳戶用來核算企業應當分期計入利息費用的未確認融資費用。該帳戶借方登記企業採用融資租賃方式租入固定資產，在租賃開始日發生的未確認融資費用；企業購入固定資產超過正常信用條件延期支付價款，實質上具有融資性質的，在購買日發生的未確認融資費用，也登記在該帳戶借方。該帳戶貸方登記企業採用實際利率法分期攤銷的未確認融資費用。期末餘額在借方，反應企業未確認融資費用的攤餘價值。

「未確認融資費用」帳戶可以按照債權人和長期應付款項目進行明細核算。

【實務 10-9】2013 年 12 月 1 日（租賃開始日）甲公司與新海租賃公司簽訂租賃大型設備合同，根據簽訂的租賃合同，租賃期開始日為 2014 年（租賃期第 1 年）1 月 1 日，租賃期為 36 個月，利率為 14%，租金總額為 180 萬元，自租賃期開始起每年 6 月 30 日和 12 月 31 日各支付一次，每次支付 30 萬元；租賃期屆滿時，甲公司享有優惠購買該設備的選擇權，購買價格為 200 元。租賃開始日，該設備公允價值為 140 萬元，租賃期屆滿時，該設備公允價值估計為 16 萬元。甲公司在簽訂租賃合同過程中發生差旅費，手續費等 2,000 元。租賃期屆滿，甲公司以銀行存款 200 元購買了改設備。

根據甲公司簽訂租賃合同，可以判斷為融資租賃性質。按照融資租賃方式租入固定資產的處理原則，有關計算過程和編製的會計分錄如下：

(1) 租賃期開始日，確認租入固定資產、長期應付款、未確認融資費用的入帳價值。

最低租賃付款額 = 1,800,000+200 = 1,800,200（元）
最低租賃付款額的現值（按 6 個月期 7% 的利率計算，過程略）= 1,430,233（元）
租賃開始日租賃固定資產公允價值 = 1,400,000（元）
固定資產的入帳價值 = 租賃開始日租賃固定資產公允價值 = 1,400,000（元）

借：固定資產——融資租入固定資產　　　　　　　1,402,000
　　未確認融資費用　　　　　　　　　　　　　　　400,200
　貸：長期應付款——新海租賃公司　　　　　　　　　1,800,200
　　　銀行存款　　　　　　　　　　　　　　　　　　　2,000

(2) 採用實際利率法計算未確認融資費用。

由於該項融資租入固定資產的入帳價值為租賃開始日租賃固定資產公允價值，應當重新計算融資費用的分攤率。經計算融資費用分攤率為 7.7%，編製未確認融資費用

分攤表如表 10-5 所示。

表 10-5　　　　　　甲公司未確認融資費用分攤表（實際利率法）

2014 年 1 月 1 日至 2016 年 12 月 31 日　　　　　金額單位：元

時間	期初應付本金餘額①	租金②	應確認融資費用③=①×7.7%	應付本金減少額④=②-③	期末應付本金餘額⑤=①-④
2014 年 1 月 1 日	1,400,200				1,400,200
2014 年 6 月 30 日	1,400,200	300,000	107,815	192,185	1,208,015
2014 年 12 月 31 日	1,208,015	300,000	93,017	206,983	1,001,032
2015 年 6 月 30 日	1,001,032	300,000	77,079	222,921	778,111
2015 年 12 月 31 日	788,111	300,000	59,915	240,085	538,026
2016 年 6 月 30 日	538,026	300,000	41,428	258,572	279,454
2016 年 12 月 31 日	279,454	300,000	20,746	279,254	200
2016 年 12 月 31 日				200	
合計		1,800,000	400,000		

（3）各期支付租金和確認融資費用時。

①2014 年 6 月 30 日支付租金。

借：長期應付款——新海租賃公司　　　　　　　　300,000
　　貸：銀行存款　　　　　　　　　　　　　　　　　300,000
借：財務費用　　　　　　　　　　　　　　　　　107,815
　　貸：未確認融資費用　　　　　　　　　　　　　　107,815

②2014 年 12 月 31 日支付租金。

借：長期應付款——新海租賃公司　　　　　　　　300,000
　　貸：銀行存款　　　　　　　　　　　　　　　　　300,000
借：財務費用　　　　　　　　　　　　　　　　　93,017
　　貸：未確認融資費用　　　　　　　　　　　　　　93,017

③2015 年 6 月 30 日支付租金。

借：長期應付款——新海租賃公司　　　　　　　　300,000
　　貸：銀行存款　　　　　　　　　　　　　　　　　300,000
借：財務費用　　　　　　　　　　　　　　　　　77,079
　　貸：未確認融資費用　　　　　　　　　　　　　　77,079

④2015 年 12 月 31 日支付租金。

借：長期應付款——新海租賃公司　　　　　　　　300,000
　　貸：銀行存款　　　　　　　　　　　　　　　　　300,000
借：財務費用　　　　　　　　　　　　　　　　　59,915
　　貸：未確認融資費用　　　　　　　　　　　　　　59,915

⑤2016 年 6 月 30 日支付租金。

借：長期應付款——新海租賃公司　　　　　　　　　　300,000
　　貸：銀行存款　　　　　　　　　　　　　　　　　300,000
借：財務費用　　　　　　　　　　　　　　　　　　　41,428
　　貸：未確認融資費用　　　　　　　　　　　　　　41,428

⑥2016 年 12 月 31 日支付租金。

借：長期應付款——新海租賃公司　　　　　　　　　　300,000
　　貸：銀行存款　　　　　　　　　　　　　　　　　300,000
借：財務費用　　　　　　　　　　　　　　　　　　　20,746
　　貸：未確認融資費用　　　　　　　　　　　　　　20,746

（4）租賃期屆滿，甲公司購買該設備。

借：長期應付款——新海租賃公司　　　　　　　　　　200
　　貸：銀行存款　　　　　　　　　　　　　　　　　200
借：固定資產——生產用固定資產　　　　　　　　　　1,402,000
　　貸：固定資產——融資租入固定資產　　　　　　　1,402,000

子項目二　權益籌資的核算

所有者權益是指企業資產扣除負債后由所有者享有的剩余權益。公司所有者權益又稱為股東權益。所有者權益具有以下特徵：第一，除非發生減資、清算或分派現金股利，企業不需要償還所有者權益；第二，企業清算時，只有在清償所有的負債后，所有者權益才返還所有者；第三，所有者憑藉所有者權益能夠參與企業利潤的分配。

任務一　實收資本

一、實收資本概述

實收資本是指企業按照章程規定或合同、協議約定，接受投資者投入企業的資本。實收資本的構成比例或股東的股份比例是確定所有者在企業所有者權益中份額的基礎，也是企業進行利潤或股利分配的主要依據。

根據《中華人民共和國公司法》的規定，股東可以用貨幣出資，也可以用實物、知識產權、土地使用權等，可以用貨幣估價並可以依法轉讓的非貨幣財產作價出資。但是，法律、行政法規規定不得作為出資的財產除外。企業應當對作為出資的非貨幣財產評估作價，核實財產，不得高估或者低估作價。法律、行政法規對評估作價有規定的，從其規定。全體股東的貨幣出資金額不得低於有限責任公司註冊資本的 30%。不論以何種方式出資，投資者如在投資過程中違反投資合約或協議約定，不按規定如期繳足出資額，企業可以依法追究投資者的違約責任。

企業收到所有者投入企業的資本後，應根據有關原始憑證（如投資清單、銀行通知單等），分別按不同的出資方式進行會計處理。

二、實收資本的帳務處理

（一）接受現金資產投資

1. 股份有限公司以外的企業接受現金資產投資

【實務 10-10】甲、乙、丙共同投資設立 A 有限責任公司，註冊資本為 2,000,000 元，甲、乙、丙持股比例分別為 60%、25% 和 15%。按照章程規定，甲、乙、丙投入資本分別為 1,200,000 元、500,000 元和 300,000 元。A 公司已如期收到各投資者一次繳足的款項。A 有限責任公司在進行會計處理時，應編製如下會計分錄：

借：銀行存款　　　　　　　　　　　　　　　　2,000,000
　　貸：實收資本——甲　　　　　　　　　　　　1,200,000
　　　　　　　　——乙　　　　　　　　　　　　　500,000
　　　　　　　　——丙　　　　　　　　　　　　　300,000

實收資本的構成比例即投資者的出資比例或股東的股份比例，通常是確定所有者在企業所有者權益中所占的份額和參與生產經營決策的基礎，也是企業進行利潤分配或股利分配的依據，同時還是企業清算時確定所有者對淨資產的要求權的依據。

2. 股份有限公司接受現金資產投資

股份有限公司發行股票時，既可以按面值發行股票，也可以溢價發行（我國目前不允許折價發行）。股份有限公司在核定的股本總額及核定的股份總額的範圍內發行股票時，應在實際收到現金資產時進行會計處理。

【實務 10-11】B 股份有限公司發行普通股 10,000,000 股，每股面值 1 元，每股發行價格 5 元，假定股票發行成功，股款 50,000,000 元已全部收到，不考慮發行過程中的稅費等因素。根據上述資料，B 公司應進行如下帳務處理：

應記入「資本公積」科目的金額 = 50,000,000 - 10,000,000 = 40,000,000（元）

借：銀行存款　　　　　　　　　　　　　　　　50,000,000
　　貸：股本　　　　　　　　　　　　　　　　　10,000,000
　　　　資本公積——股本溢價　　　　　　　　　40,000,000

B 公司發行股票實際收到的款項為 50,000,000 元，應借記「銀行存款」科目；實際發行的股票面值為 10,000,000 元，應貸記「股本」科目，按其差額，貸記「資本公積——股本溢價」科目。

（二）接受非現金資產投資

1. 接受投入固定資產

企業接受投資者作價投入的房屋、建築物、機器設備等固定資產，應按投資合同或協議約定價值確定固定資產價值（但投資合同或協議約定價值不公允的除外）和在註冊資本中應享有的份額。

【實務 10-12】2015 年 3 月 10 日，甲有限責任公司於設立時收到乙公司作為資本

投入的不需要安裝的機器設備一臺，合同約定該機器設備的價值為 2,000,000 元，增值稅進項稅額 340,000 元。經約定甲公司接受乙公司的投入資本為 2,340,000 元。合同約定的固定資產價值與公允價值相符，不考慮其他因素。甲公司在進行會計處理時，應編製如下會計分錄：

借：固定資產　　　　　　　　　　　　　　　　　　　　2,000,000
　　應交稅費——應交增值稅（進項稅額）　　　　　　　　340,000
　　貸：實收資本——乙公司　　　　　　　　　　　　　　2,340,000

該固定資產合同約定的價值與公允價值相符，甲公司接受乙公司投入的固定資產按約定的金額作為實收資本，因此可按 2,340,000 元的金額貸記「實收資本」科目。

2. 接受投入材料物資

企業接受投資者作價投入的材料物資，應按投資合同或協議約定價值確定材料物資價值（投資合同或協議約定價值不公允的除外）和在註冊資本中應享有的份額。

【實務 10-13】2015 年 5 月 10 日，乙有限責任公司於設立時收到 B 公司作為資本投入的原材料一批，該原材料投資合同或協議約定價值（不含可抵扣的增值稅進項稅額部分）為 100,000 元，增值稅進項稅額為 17,000 元。B 公司已開具了增值稅專用發票。假設合同約定的價值與公允價值相符，該進項稅額允許抵扣，不考慮其他因素，原材料按實際成本進行日常核算。乙公司在進行會計處理時，應編製如下會計分錄：

借：原材料　　　　　　　　　　　　　　　　　　　　　100,000
　　應交稅費——應交增值稅（進項稅額）　　　　　　　　17,000
　　貸：實際資本——B 公司　　　　　　　　　　　　　　117,000

原材料的合同約定價值與公允價值相符，因此可按照 100,000 元的金額借記「原材料」科目；同時，該進項稅額允許抵扣，因此增值稅專用發票上註明的增值稅稅額為 17,000 元，應借記「應交稅費——應交增值稅（進項稅額）」科目。乙公司接受的 B 公司投入的原材料按合同約定金額作為實收資本，因此可按 117,000 元的金額貸記「實收資本」科目。

3. 接受投入無形資產

企業收到以無形資產方式投入的資本，應按投資合同或協議約定價值確定無形資產價值（但投資合同或協議約定價值不允許的除外）和在註冊資本中應享有的份額。

【實務 10-14】丙有限責任公司於設立時收到 A 公司作為資本投入的非專利技術一項，該非專業技術投資合同約定價值為 60,000 元，同時收到 B 公司作為資本投入的土地使用權一項，投資合同約定價值為 80,000 元。假設丙公司接受該非專利技術和土地使用權符合國家註冊資本管理的有關規定，可按合同約定作實收資本入帳，合同約定的價值與公允價值相符，不考慮其他因素。丙公司在進行會計處理時，應編製如下會計分錄：

借：無形資產——非專利技術　　　　　　　　　　　　　60,000
　　　　　　——土地使用權　　　　　　　　　　　　　80,000
　　貸：實收資本——A 公司　　　　　　　　　　　　　　60,000
　　　　　　　　——B 公司　　　　　　　　　　　　　　80,000

非專業技術與土地使用權的合同約定價值與公允價值相符，因此可分別按 60,000

元和 80,000 元的金額借記「無形資產」科目。A、B 公司投入的非專業技術和土地使用權按合同約定全額作為實收資本，因此可分別按 60,000 元和 80,000 元的金額貸記「實收資本」科目。

(三) 實收資本 (或股本) 的增減變動

一般情況下，企業的實收資本應相對固定不變，但在某些特定情況下，實收資本也可能發生增減變化。根據《中華人民共和國企業法人登記管理條例》的規定，除國家另有規定外，企業的註冊資金應當與實收資本相一致，當實收資本比原註冊資金增加或減少的幅度超過 20% 時，應持資金使用證明或者驗資證明，向原登記主管機關申請變更登記。如擅自改變註冊資本或抽逃資金，要受到工商行政管理部門的處罰。

1. 實收資本 (或股本) 的增加

一般企業增加資本主要有三個途徑，即接受投資者追加投資、資本公積轉增資本和盈余公積轉增資本。

需要注意的是，由於資本公積和盈余公積均屬於所有者權益，用其轉增資本時，如果是獨資企業便比較簡單，直接結轉即可。如果是股份公司或有限責任公司應該按照原投資者各自出資比例相應增加各投資者的出資額。

【實務 10-15】甲、乙、丙三人共同投資設立了 A 有限責任公司，原註冊資本為 4,000,000 元，甲、乙、丙分別出資 500,000 元、2,000,000 元和 1,500,000 元。為擴大經營規模，經批准，A 有限責任公司註冊資本擴大為 5,000,000 元，甲、乙、丙按照原出資比例分別追加投資 125,000 元、500,000 元和 375,000 元。A 有限責任公司如期收到甲、乙、丙追加的現金投資。A 有限責任公司應編製如下會計分錄：

借：銀行存款　　　　　　　　　　　　　　　　1,000,000
　　貸：實收資本——甲公司　　　　　　　　　　　　125,000
　　　　　　　　——乙公司　　　　　　　　　　　　500,000
　　　　　　　　——丙公司　　　　　　　　　　　　375,000

甲、乙、丙按原出資比例追加實收資本，因此 A 公司應分別按照 125,000 元、500,000 元和 375,000 元的金額貸記「實收資本」科目中甲、乙、丙明細分類帳。

【實務 10-16】承【實務 10-15】，因擴大經營規模需要，經批准，A 公司按原出資比例將資本公積 1,000,000 元轉增資本。A 公司應編製如下會計分錄：

借：資本公積　　　　　　　　　　　　　　　　1,000,000
　　貸：實收資本——甲公司　　　　　　　　　　　　125,000
　　　　　　　　——乙公司　　　　　　　　　　　　500,000
　　　　　　　　——丙公司　　　　　　　　　　　　375,000

資本公積 1,000,000 元按原出資比例轉增實收資本，因此 A 公司應分別按照 125,000 元、500,000 元和 375,000 元的金額貸記「實收資本」科目中甲、乙、丙明細分類帳。

【實務 10-17】承【實務 10-16】，因擴大經營規模需要，經批准，A 公司按原出資比例將盈余公積 1,000,000 元轉增資本。A 公司應編製如下會計分錄：

借：盈余公積　　　　　　　　　　　　　　　　　　　　　　　　　1,000,000
　　貸：實收資本——甲公司　　　　　　　　　　　　　　　　　　　125,000
　　　　　　——乙公司　　　　　　　　　　　　　　　　　　　　　500,000
　　　　　　——丙公司　　　　　　　　　　　　　　　　　　　　　375,000

盈余公積 1,000,000 元按原出資比例轉增實收資本，因此 A 公司應分別按照 125,000元、500,000 元和 375,000 元的金額貸記「實收資本」科目中甲、乙、丙明細分類帳。

2. 實收資本（或股本）的減少

企業減少實收資本應按法定程序報經批准，股份有限公司採用收購本公司股票方式減資的，按股票面值和註銷股數計算的股票面值總額衝減股本，按註銷庫存的帳面余額與所衝減股本的差額衝減股本溢價，股本溢價不足衝減的，應依次衝減「盈余公積」「利潤分配——未分配利潤」等科目。如果購回股票支付的價款低於面值總額的，所註銷庫存股的帳面余額與所衝減股本的差額作為增加資本或股本溢價處理。

【實務 10-18】A 公司 2015 年 12 月 31 日的股本為 100,000,000 股，面值為 1 元，資本公積（股本溢價）為 30,000,000 元，盈余公積為 40,000,000 元。經股東大會批准，A 公司以現金回購本公司股票 20,000,000 股並註銷。假定 A 公司按每股 2 元回購股票，不考慮其他因素，A 公司應編製如下會計分錄：

（1）回購本公司股份時。

借：庫存股　　　　　　　　　　　　　　　　　　　　　　　　　40,000,000
　　貸：銀行存款　　　　　　　　　　　　　　　　　　　　　　　40,000,000

庫存股成本 = 20,000,000×2 = 40,000,000（元）

（2）註銷公司股份時。

借：股本　　　　　　　　　　　　　　　　　　　　　　　　　　20,000,000
　　資本公積　　　　　　　　　　　　　　　　　　　　　　　　20,000,000
　　貸：庫存股　　　　　　　　　　　　　　　　　　　　　　　　40,000,000

應衝減的資本公積 = 20,000,000×2-20,000,000×1 = 20,000,000（元）

【實務 10-19】承【實務 10-18】，假定 A 公司按每股 3 元回購股票，其他條件不變，A 公司應編製如下會計分錄：

（1）回購本公司股份時。

借：庫存股　　　　　　　　　　　　　　　　　　　　　　　　　60,000,000
　　貸：銀行存款　　　　　　　　　　　　　　　　　　　　　　　60,000,000

庫存股成本 = 20,000,000×3 = 60,000,000（元）

（2）註銷公司股份時。

借：股本　　　　　　　　　　　　　　　　　　　　　　　　　　20,000,000
　　資本公積　　　　　　　　　　　　　　　　　　　　　　　　30,000,000
　　盈余公積　　　　　　　　　　　　　　　　　　　　　　　　10,000,000
　　貸：庫存股　　　　　　　　　　　　　　　　　　　　　　　　60,000,000

應衝減的資本公積 = 20,000,000×3-20,000,000×1 = 40,000,000（元）

由於應衝減的資本公積大於公司現有的資本公積，因此只能衝減資本公積 30,000,000元，剩餘的 10,000,000 元應衝減盈余公積。

【實務 10-20】承【實務 10-18】，假定 A 公司按每股 0.9 元回購股票，其他條件不變，A 公司應編製如下會計分錄：

(1) 回購本公司股份時。

借：庫存股　　　　　　　　　　　　　　　　　　　18,000,000
　　貸：銀行存款　　　　　　　　　　　　　　　　　18,000,000

庫存股成本 = 20,000,000×0.9 = 18,000,000（元）

(2) 註銷公司股份時。

借：股本　　　　　　　　　　　　　　　　　　　　20,000,000
　　貸：庫存股　　　　　　　　　　　　　　　　　　18,000,000
　　　　資本公積——股本溢價　　　　　　　　　　　　2,000,000

應增加的資本公積 = 20,000,000×1 - 20,000,000×0.9 = 2,000,000（元）

由於折價回購，股本與庫存股成本的差額 2,000,000 元應作為增加資本公積處理。

任務二　資本公積

一、資本公積概述

(一) 資本公積的來源

資本公積是企業收到投資者出資額超出其在註冊資本（或股本）中所占份額的部分以及直接計入所有者權益的利得和損失等。資本公積包括資本溢價（或股本溢價）和直接計入所有者權益的利得和損失等。

形成資本溢價（或股本溢價）的原因有溢價發行股票、投資者超額繳入資本等。

直接計入所有者權益的利得和損失是指不應計入當期損益、會導致所有者權益發生增減變動的、與所有者投入資本或者向所有者分配利潤無關的利得或者損失，如企業的長期股權投資採用權益法核算時，因被投資單位除淨損益以外所有者權益的其他變動，投資企業按應享有份額而增加或減少的資本公積。

資本公積的核算包括資本溢價（或股本溢價）的核算、其他資本公積的核算和資本公積轉增資本的核算等內容。

(二) 資本公積與實收資本（或股本）、留存收益的區別

1. 資本公積與實收資本（或股本）的區別

在所有者權益中，資本公積與實收資本（或股本）的區別主要表現如下：

(1) 從來源和性質看，實收資本（或股本）是指投資者按照企業章程或合同、協議的約定，實際投入企業並依法進行註冊的資本，體現了企業所有者對企業的基本產權關係。資本公積是投資者的出資中超出其在註冊資本中所占份額的部分以及直接計入所有者權益的利得和損失，不直接表明所有者對企業的基本產權關係。

(2) 從用途看，實收資本（或股本）的構成比例是確定所有者參與企業財務經營決策的基礎，也是企業進行利潤分配或股利分配的依據，同時還是企業清算時確定所有者對淨資產的要求權的依據。資本公積的用途主要是用來轉增資本（或股本）。資本公積不體現各所有者的佔有比例，也不能作為所有者參與企業財務經營決策或進行利潤分配（或股利分配）的依據。

2. 資本公積與留存收益的區別

留存收益是企業從歷年實現的利潤中提取或形成的留存於企業的內部累積，來源於企業生產經營活動實現的利潤。資本公積的來源不是企業實現的利潤，而主要來自資本溢價（或股本溢價）等。

二、資本公積的帳務處理

(一) 資本溢價（或股本溢價）

1. 資本溢價

除股份有限公司外的其他類型的企業，在企業創立時，投資者認繳的出資額與註冊資本一致，一般不會產生資本溢價。但在企業重組或有新的投資者加入時，常常會出現資本溢價。因為在企業進行正常生產經營後，其資本利潤率通常要高於企業初始階段。另外，企業有內部累積，新投資者加入企業後，對這些累積也要分享，因此新加入的投資者往往要付出大於原投資者的出資額，才能取得與原投資者相同的出資比例。投資者多繳的部分就形成了資本溢價。

【實務10-21】A 有限責任公司由兩位投資者投資 200,000 元設立，每人各出資 100,000 元。一年后，為擴大經營規模，經批准，A 有限責任公司註冊資本增加到 300,000 元，並引入第三位投資者加入。按照投資協議的約定，新投資者需繳入現金 110,000 元，同時享有該公司三分之一的股份。A 有限責任公司已收到該現金投資。假定不考慮其他因素，A 有限責任公司應編製如下會計分錄：

借：銀行存款　　　　　　　　　　　　　　　　　　　110,000
　貸：實收資本　　　　　　　　　　　　　　　　　　　100,000
　　　資本公積——資本溢價　　　　　　　　　　　　　 10,000

A 有限責任公司收到第三位投資者的現金投資 110,000 元中，100,000 元屬於第三位投資者在註冊資本中所享有的份額，應記入「實收資本」科目，10,000 元屬於資本溢價，應記入「資本公積——資本溢價」科目。

2. 股本溢價

股份有限公司是以發行股票的方式籌集股本的。股票既可按面值發行，也可按溢價發行，我國目前不准許折價發行。與其他類型的企業不同，股份有限公司在成立時可能會溢價發行股票，因而在成立之初就可能會產生股本溢價。股本溢價的數額等於股份有限公司發行股票時實際收到的款額超過股票面值總額的部分。

在按面值發行股票的情況下，企業發行股票取得的收入，應全部作為股本處理；在溢價發行股票的情況下，企業發行股票取得的收入，等於股票面值部分作為股本處

理，超出股票面值的溢價收入應作為股本溢價處理。

發行股票相關的手續費、佣金等交易費用，如果是溢價發行股票的，應從溢價中抵扣，衝減資本公積（股本溢價）；無溢價發行股票或溢價金額不足以抵扣的，應將不足抵扣的部分衝減盈餘公積和未分配利潤。

【實務 10-22】B 股份有限公司首次公開發行了普通股 50,000,000 股，每股面值 1 元，每股發行價為 4 元。B 股份有限公司與受託單位約定，按發行收入的 3% 收取手續費，從發行收入中扣除。假定收到的股款已存入銀行。B 股份有限公司應編製如下會計分錄：

收到受託發行單位的現金 = 50,000,000×4×(1-3%) = 194,000,000（元）
應記入「資本公積」科目的金額 = 溢價收入 - 發行手續費
$$= 50,000,000×(4-1)-50,000,000×4×3\%$$
$$= 144,000,000（元）$$

借：銀行存款	194,000,000
貸：股本	50,000,000
資本公積——股本溢價	144,000,000

（二）其他資本公積

其他資本公積是指除資本溢價（或股本溢價）項目以外所形成的資本公積，其中主要是直接計入所有者權益的利得和損失。本教材以因被投資單位所有者權益的其他變動產生的利得或損失為例，介紹相關的其他資本公積的核算。

企業對被投資單位的長期股權投資採用權益法核算的，在持股比例不變的情況下，對因被投資單位除淨損益以外的所有者權益的其他變動，如果是利得，則應按持股比例計算其應享有被投資企業所有者權益的增加數額；如果是損失，則編製相反的會計分錄。在處置長期股權投資時，應轉銷與該筆投資相關的其他資本公積。

【實務 10-23】C 有限責任公司於 2015 年 1 月 1 日向 F 公司投資 8,000,000 元，擁有該公司 20% 的股份，並對該公司有重大影響，因而對 F 公司長期股權投資採用權益法核算。2015 年 12 月 31 日，F 公司淨損益之外的所有者權益增加了 1,000,000 元。假定除此以外，F 公司的所有者權益沒有變化，C 有限責任公司的持股比例沒有變化，F 公司資產的帳面價值與公允價值一致，不考慮其他因素。C 有限責任公司應編製如下會計分錄：

借：長期股權投資——F 公司	200,000
貸：資本公積——其它資本公積	200,000

C 有限責任公司對 F 公司的長期股權投資採用權益法核算，持股比例未發生變化，F 公司發生了除淨損益之外的所有者權益的其他變動，C 有限責任公司應按其持股比例計算應享有的 F 公司權益的數額 200,000 元，作為增加其他資本公積處理。

（三）資本公積轉增資本

經股東大會或類似機構決議，用資本公積轉增資本時，應衝減資本公積，同時按照轉增資本前的實收資本（或股本）的結構比例，將轉增的金額記入「實收資本」

(或「股本」) 科目下各所有者的明細分類帳。

任務三　留存收益

一、留存收益概述

留存收益是指企業從歷年實現的利潤中提取或形成的留存於企業的內部累積，包括盈余公積和未分配利潤兩類。

盈余公積是指企業按照有關規定從淨利潤中提取的累積資金。公司制企業的盈余公積包括法定盈余公積和任意盈余公積。法定盈余公積是指企業按照規定的比例從淨利潤中提取的盈余公積。任意盈余公積是指企業按照股東會或股東大會決議提取的盈余公積。

企業提取的盈余公積可用於彌補虧損、擴大生產經營、轉增資本或派送新股等。

未分配利潤是指企業實現的淨利潤經過彌補虧損、提取盈余公積和向投資者分配利潤後留存在企業的、歷年結存的利潤。相對於所有者權益的其他部分來說，企業對於未分配利潤的使用有較大的自主權。

二、留存收益的帳務處理

(一) 利潤分配

利潤分配是指企業根據國家有關規定和企業章程、投資者協議等，對企業當年可供分配的利潤所進行的分配。

可供分配的利潤＝當年實現的淨利潤＋年初未分配利潤(或－年初未彌補虧損)＋其他轉入（即盈余公積補虧）

利潤分配的順序依次是：第一，提取法定盈余公積；第二，分配優先股股利；第三，提取任意盈余公積；第四，向投資者分配利潤。

企業應通過「利潤分配」科目，核算企業利潤的分配（或虧損的彌補）和歷年分配（或彌補）後的未分配利潤（或未彌補虧損）。該科目應分別按「提取法定盈余公積」「提取任意盈余公積」「應付現金股利或利潤」「盈余公積補虧」「未分配利潤」等進行明細核算。企業未分配利潤通過「利潤分配——未分配利潤」明細科目進行核算。年度終了，企業應將全年實現的淨利潤或發生的淨虧損，自「本年利潤」科目轉入「利潤分配——未分配利潤」科目，並將「利潤分配」科目所屬其他明細科目的餘額，轉入「未分配利潤」明細科目。結轉後，「利潤分配——未分配利潤」科目如為貸方餘額，表示累積未分配的利潤數額；如為借方餘額，則表示累積未彌補的虧損數額。

【實務10-24】D股份有限公司年初未分配利潤為0，本年實現淨利潤2,000,000元，本年提取法定盈余公積200,000元，宣告發放現金股利800,000元。假定不考慮其他因素，D股份有限公司會計處理如下：

(1) 結轉本年利潤。

借：本年利潤　　　　　　　　　　　　　　　　　　　　　　　2,000,000

貸：利潤分配——未分配利潤　　　　　　　　　　　　　　　2,000,000

　　如企業當年發生虧損，則應借記「利潤分配—未分配利潤」科目，貸記「本年利潤」科目。

　（2）提取法定盈余公積、宣告發放現金股利。

　　借：利潤分配——提取法定盈余公積　　　　　　　　　　　　200,000
　　　　　　——應付現金股利　　　　　　　　　　　　　　　　800,000
　　　貸：盈余公積　　　　　　　　　　　　　　　　　　　　　200,000
　　　　　應付股利　　　　　　　　　　　　　　　　　　　　　800,000
　　借：利潤分配——未分配利潤　　　　　　　　　　　　　　　1,000,000
　　　貸：利潤分配——提取法定盈余公積　　　　　　　　　　　200,000
　　　　　　　　——應付現金股利　　　　　　　　　　　　　　800,000

　　結轉后，如果「未分配利潤」明細科目的餘額在貸方，表示累計未分配的利潤；如果餘額在借方，則表示累積未彌補的虧損。「利潤分配——未分配利潤」明細科目的餘額在貸方，貸方餘額1,000,000元（本年利潤2,000,000-提取法定盈余公積200,000-應付現金股利80,000）即為D股份有限公司本年年末的累計未分配利潤。

（二）盈余公積

　　根據《中華人民共和國公司法》的規定，公司制企業應按照淨利潤（減彌補以前年度虧損，下同）的10%提取法定盈余公積。非公司制企業法定盈余公積的提取比例可超過淨利潤的10%。法定盈余公累積計額已達註冊資本的50%時可以不再提取。值得注意的是在計算提取法定盈余公積的基數時，不應包括企業年初未分配利潤。

　　公司制企業可根據股東大會的決議提取任意盈余公積。非公司制企業經類似權力機構批准，也可提取任意盈余公積。法定盈余公積和任意盈余公積的區別在於其各自計提的依據不同，前者以國家的法律法規為依據，後者由企業的權力機構自行決定。

　　企業提取的盈余公積經批准可用於彌補虧損、轉增資本、發放現金股利或利潤等，但盈余公積帳戶餘額不得低於註冊資本的25%。

　1. 提取盈余公積

　　企業按規定提取盈余公積時，應通過「利潤分配」和「盈余公積」等科目核算。

　【實務10-25】E股份有限公司本年實現淨利潤5,000,000元，年初未分配利潤為0。經股東大會批准，E股份有限公司按當年淨利潤的10%提取法定盈余公積。假定不慮其他因素，E股份有限公司應編製如下會計分錄：

　　借：利潤分配——提取法定盈余公積　　　　　　　　　　　　500,000
　　　貸：盈余公積——法定盈余公積　　　　　　　　　　　　　500,000

　本年提取法定盈余公積金＝5,000,000×10%＝500,000（元）

　2. 盈余公積補虧

　【實務10-26】經股東大會批准，F股份有限公司用以前年度提取的盈余公積彌補當年虧損，當年彌補虧損的數額為600,000元。假定不考慮其他因素，F股份有限公司應編製如下會計分錄：

　　借：盈余公積　　　　　　　　　　　　　　　　　　　　　　600,000

貸：利潤分配——盈余公積補虧　　　　　　　　　　　　　　600,000

3. 盈余公積轉增資本

【實務10-27】因擴大經營規模需要，經股東大會批准，G股份有限公司將盈余公積400,000元轉增股本。假定不考慮其他因素，G股份有限公司應編製如下會計分錄：

　　借：盈余公積　　　　　　　　　　　　　　　　　　　　　400,000
　　　貸：股本　　　　　　　　　　　　　　　　　　　　　　　400,000

4. 用盈余公積發放現金股利或利潤

【實務10-28】H股份有限公司2015年12月31日普通股股本為50,000,000股，每股面值1元，可供投資者分配的利潤為5,000,000元，盈余公積為20,000,000元。2016年3月20日，股東大會批准了2015年度利潤分配方案，以2015年12月31日為登記日，按每股0.2元發放現金股利，H股份有限公司共需要分派10,000,000元現金股利，其中動用可供投資者分配的利潤5,000,000元，盈余公積5,000,000元。假定不考慮其他因素，H股份有限公司應編製如下會計分錄：

（1）發放現金股利時。

　　借：利潤分配——應付現金股利　　　　　　　　　　　　5,000,000
　　　　盈余公積　　　　　　　　　　　　　　　　　　　　5,000,000
　　　貸：應付股利　　　　　　　　　　　　　　　　　　　10,000,000

（2）支付股利時。

　　借：應付股利　　　　　　　　　　　　　　　　　　　　10,000,000
　　　貸：銀行存款　　　　　　　　　　　　　　　　　　　10,000,000

　　H股份有限公司經股東大會批准，以未分配利潤和盈余公積發放現金股利，屬於以未分配利潤發放現金股利的部分5,000,000元應記入「利潤分配——應付現金股利」科目，屬於以盈余公積發放現金股利的部分5,000,000元應記入「盈余公積」科目。

◆ 仿真操作

1. 根據【實務10-5】至【實務10-20】編寫有關的記帳憑證。
2. 登記長期借款的明細帳和利潤分配的總帳。

◆ 崗位業務認知

　　利用節假日，去當地的一些企業（工商企業），瞭解企業的資本購成、投資者投入資本、企業實現盈利或者發生虧損時，企業的會計人員是如何進行帳務處理的。

◆ 工作思考

1. 什麼是負債？其一般特徵是什麼？
2. 什麼是流動負債？包括哪些內容？
3. 流動負債如何分類與計價？
4. 應付帳款如何確認與計價？怎樣進行具體核算？
5. 簡述實際利率法。

項目十一　收入、費用和利潤核算業務

收入、費用、利潤是企業經常發生的經濟業務，收入、費用、利潤會計核算的主要問題是收入的確認、費用的形成、利潤的核算。本項目涉及的主要會計崗位是財務成果核算崗位。作為企業的財會人員，應該掌握商品銷售收入與勞務收入確認的帳務處理方法，熟悉所得稅費用的核算，能把握利潤分配的程序。

● 項目工作目標

⊙ 知識目標

掌握收入確認的條件及收入確認的帳務處理，瞭解所得稅費用的核算，熟悉利潤的形成及利潤分配程序。

⊙ 技能目標

通過本項目的學習，會進行商品銷售收入與勞務收入的確認，能準確地計算所得稅並進行利潤分配。

⊙ 任務引入

華夏公司在 2015 年取得銷售商品收入 44,000,000 元，出租固定資產收入 26,000元；發生保險費 60,000 元，固定資產折舊費 380,000 元，管理費用 280,000 元，職工工資 1,023,056 元（計入生產成本的 658,026 元），產品銷售成本 9,850,220 元，短期借款利息 560,000 元。請問華夏公司 2015 年是否取得利潤？是否需要向國家交納企業所得稅？

⊙ 進入任務

子項目一　收入核算業務
　　任務一　商品銷售收入的確認與核算
　　任務二　勞務收入的確認與核算
　　任務三　讓渡資產使用權收入的確認與核算
子項目二　費用核算業務
　　任務一　主營業務成本及稅金的確認與核算
　　任務二　期間費用的確認與核算
子項目三　利潤核算業務
　　任務一　利潤的核算
　　任務二　所得稅費用的核算
　　任務三　利潤分配的核算

子項目一　收入核算業務

任務一　商品銷售收入的確認與核算

一、銷售商品收入的確認

收入確認主要指收入實現的時間及入帳金額的確認。收入實現時間的確認主要是解決收入在何時入帳的問題，入帳金額的確認是對實現的收入的多少進行價值判斷，即收入的計量。商品銷售收入只有同時滿足以下條件時，才能加以確認：

（1）企業已將商品所有權上的主要風險和報酬轉移給購貨方。

（2）企業既沒有保留通常與所有權相聯繫的繼續管理權，也沒有對已售出的商品實施有效控制。

（3）收入的金額能夠可靠計量。

（4）相關的經濟利益很可能流入企業。

（5）相關的已發生或將發生的成本能夠可靠計量。

企業銷售商品應同時滿足上述 5 個條件，才能確認收入，任何一個條件不滿足，即使收到貨款，也不能確認收入。

二、銷售商品收入的計量

（一）銷售商品收入的計量

銷售商品收入的計量，就是確定入帳的價值。實現的商品銷售收入，應按實際收到或應收的價款入帳，具體計量遵循以下原則：

（1）銷售有合同或者協議的，按合同或者協議金額確定入帳的價值。

（2）銷售無合同或者協議的，按供需雙方協議價格或者都能接受的價格確定入帳的價值。

（3）不考慮預計可能發生的現金折扣及銷售折讓。現金折扣在實際發生時計入當期財務費用，銷售折讓在實際發生時沖減當期銷售收入。

（二）銷售商品收入確認條件的具體應用

（1）銷售商品採用托收承付方式的，在辦妥托收手續時確認收入。

（2）銷售商品採用預收款方式的，在發出商品時確認收入，預收的貨款應確認為負債。

（3）銷售商品需要安裝和檢驗的，在購買方接受商品及安裝和檢驗完畢前，不確認收入，待安裝和檢驗完畢時確認收入。如果安裝程序比較簡單，可在發出商品時確認收入。

(4) 銷售商品採用以舊換新方式的，銷售的商品應當按照銷售商品收入確認條件確認收入，回收的商品作為購進商品處理。

(5) 銷售商品採用支付手續費方式委託代銷的，在收到代銷清單時確認收入。

三、銷售商品收入的核算

(一) 設置的會計科目

銷售商品收入的核算需要設置「主營業務收入」科目。該科目屬於損益類科目，用於核算企業在銷售商品、提供勞務等日常活動中所產生的收入。貸方登記實際取得的商品銷售收入，借方登記月末結轉到「本年利潤」的收入，月末一般無余額。該科目應按主營業務的種類設置明細帳，進行明細核算。

(二) 一般商品銷售的會計帳務處理

一般商品銷售的會計帳務處理模板如下：
借：應收帳款（銀行存款、應收票據等）
　　貸：主營業務收入
　　　　應交稅費——應交增值稅（銷項稅額）

【實務 11-1】甲公司於 2015 年 5 月 10 日銷售一批商品，價款為 100 萬元，適用的增值稅稅率為 17%，已辦妥托收承付手續。甲公司的帳務處理如下：

借：應收帳款　　　　　　　　　　　　　　　　　1,170,000
　　貸：主營業務收入　　　　　　　　　　　　　　1,000,000
　　　　應交稅費——應交增值稅（銷項稅額）　　　　170,000

(三) 商業折扣、現金折扣、銷售退回和銷售折讓

1. 商業折扣

商業折扣是指企業為促進商品銷售而給予的價格折扣，也就是我們通常所說的「打折」。例如，企業為鼓勵客戶多買商品可能規定，購買 1 件商品給予客戶 10%的折扣，購買 2 件及以上商品給予客戶 20%的折扣。此外，企業為了盡快出售一些殘次、陳舊、冷門的商品，也可能降價銷售。

商業折扣在銷售時即已發生，並不構成最終成交價格的一部分。企業銷售商品涉及商業折扣的，應當按照扣除商業折扣的金額確定銷售商品收入金額。

2. 現金折扣

現金折扣是債權人為鼓勵債務人在規定的期限內盡早付款，而向債務人提供的債務減讓，應在實際發生時計入財務費用。注意：根據稅法的規定，如果銷售額和折扣額在同一張發票上分別註明的，可按折扣后的余額作為銷售額計算增值稅；如果將折扣額另開發票，或非價格折扣而是實物折扣的不得從銷售額中減除折扣額。

【實務 11-2】甲公司銷售一批產品，售價為 5 萬元，給予購貨方 20%的商業折扣，另規定的現金折扣條件為「3/10，2/20，N/30」，適用的增值稅稅率為 17%，已辦妥托收手續。甲公司採用總價法核算（假設按含稅折扣），帳務處理如下：

(1) 銷售時。

借：應收帳款 46,800
　　貸：主營業務收入 40,000
　　　　應交稅費——應交增值稅（銷項稅額） 6,800

(2) 如果在 10 天收到貨款。

借：銀行存款 45,396
　　財務費用（46,800×3%） 1,404
　　貸：應收帳款 46,800

(3) 如果在 11~20 天收到貨款。

借：銀行存款 45,864
　　財務費用（46,800×2%） 936
　　貸：應收帳款 46,800

(4) 如果超過了現金折扣的最后期限（20 天后）。

借：銀行存款 46,800
　　貸：應收帳款 46,800

3. 商品銷售的退回

商品銷售的退回分為未確認收入的商品銷售退回和已確認收入的商品銷售退回兩種情況。未確認收入的商品銷售退回，只需將已計入「發出商品」科目的商品成本轉回到「庫存商品」科目即可；已確認收入的商品銷售退回，不論是當期銷售還是上期銷售的商品，一般衝減當期收入並按當期同類商品成本衝減當期的商品銷售成本。

【實務 11-3】北方公司 2015 年 2 月 20 日按銷售合同的規定，發出需要安裝的機器設備一臺，價款為 25 萬元。3 月 5 日，北方公司為對方安裝該設備時，對方發現該設備存在一定的質量問題，對方退貨。北方公司財務處理如下：

(1) 發出商品時。

借：發出商品 250,000
　　貸：庫存商品 250,000

(2) 收到退回商品時，編製相反的分錄。

【實務 11-4】北方公司 2015 年 6 月 28 日銷售冰箱 200 臺，售價 2,000 元/臺，適用的增值稅稅率為 17%，製造成本為 1,500 元/臺，貨款和稅金已存銀行。因質量問題該批水箱於 7 月 8 日被退回 5 臺，款項已退回。7 月份冰箱製造成本為 1,400 元/臺。北方公司財務處理如下：

(1) 收到貨款和稅金時。

借：銀行存款 468,000
　　貸：主營業務收入 400,000
　　　　應交稅費——應交增值稅（銷項稅額） 68,000

(2) 下月收到退回商品時。

借：主營業務收入 10,000

　　　　貸：應交稅費——應交增值稅（銷項稅額）　　　　　　　　1,700
　　　　　　銀行存款　　　　　　　　　　　　　　　　　　　　　11,700
　　4. 銷售折讓
　　銷售折讓是指企業因售出的商品質量不合格等原因而給予的售價減讓。銷售折讓在交易時就標明了的，按折扣後的實際售價計算營業收入；在交易之後發生的銷售折讓，則應在實際發生時衝減當期的營業收入，同時衝減當期增值稅的銷項部分。
　　【實務 11-5】青蘭公司於 2015 年 1 月 9 日向 M 公司銷售 100 件商品，增值稅發票上標明售價為 1,000 元/件，增值稅稅額為 17,000 元。M 公司於 1 月 15 日收到貨物並辦理驗收，發現質量不合格的商品有 5 件，要求降價 10%。青蘭公司同意，並於 20 日收到貨款、稅金。青蘭公司帳務處理如下：
　　（1）確認收入時。
　　借：應收帳款　　　　　　　　　　　　　　　　　　　　　　105,300
　　　　貸：主營業務收入　　　　　　　　　　　　　　　　　　　90,000
　　　　　　應交稅費——應交增值稅（銷項稅額）　　　　　　　　15,300
　　（2）收到貨款、稅金時。
　　借：銀行存款　　　　　　　　　　　　　　　　　　　　　　105,300
　　　　貸：應收帳款　　　　　　　　　　　　　　　　　　　　　105,300

（四）特殊銷售商品業務及其帳務處理

　　特殊銷售商品業務包括委託代銷業務、分期收款銷售業務、以舊換新銷售業務等。委託代銷業務主要有視同買斷方式和收取手續費方式兩種情況。
　　視同買斷方式是指由委託方和受託方簽訂合同，委託方按協議價收取代銷商品的貨款，實際售價可由受託方自定，差價歸受託方所有的銷售方式。如果委託方和受託方之間的協議明確標明，受託方在取得代銷商品後，無論是否能夠賣出、是否獲利，均與委託方無關，那麼委託方和受託方之間的代銷商品交易，與委託方直接銷售商品給受託方沒有實質區別。如果委託方和受託方之間的協議明確標明，將來受託方未售出的商品可以退回，那麼委託方在交付商品時不確認收入，受託方也不作為購進商品處理。受託方將商品銷售後，應按實際售價確認為銷售收入，按委託方和受託方簽訂的協議價確認為商品銷售成本，並向委託方開出代銷清單。委託方收到受託方開出的代銷清單時確認收入。
　　【實務 11-6】2015 年 2 月 1 日，向陽公司委託華南商場代銷皮鞋 1,000 雙，協議價為 80 元/雙（不含稅），華南商場自定售價為 100 元/雙（不含稅）。2 月 28 日，向陽公司收到華南商場開來的代銷清單，標明銷售皮鞋 1,000 雙，向陽公司開具增值稅專用發票。皮鞋製造成本為 50 元/雙。
　　（1）委託企業的帳務處理如下：
　　①代銷發出的商品。
　　借：委託代銷商品　　　　　　　　　　　　　　　　　　　　50,000
　　　　貸：庫存商品　　　　　　　　　　　　　　　　　　　　　50,000

②收到受託方的代銷清單，按代銷清單上註明的已銷商品貨款的實現情況，按應收的款項確認收入。

借：應收帳款 93,600
　　貸：主營業務收入 80,000
　　　　應交稅費——應交增值稅（銷項稅額） 13,600

③結轉委託商品的成本。

借：主營業務成本 50,000
　　貸：委託代銷商品 50,000

④收到代銷發出的商品的收入。

借：銀行存款 93,600
　　貸：應收帳款 93,600

（2）受託企業的帳務處理如下：

①收到代銷的商品時。

借：受託代銷商品 80,000
　　貸：受託代銷商品款 80,000

②實現銷售時。

借：銀行存款 117,000
　　貸：主營業務收入 100,000
　　　　應交稅費——應交增值稅（銷項稅額） 17,000

③結轉委託商品的成本。

借：主營業務成本 80,000
　　貸：受託代銷商品 80,000

借：受託代銷商品款 80,000
　　應交稅費——應交增值稅（進項稅額） 13,600
　　貸：應付帳款 93,600

④按照合同將款項付給委託方。

借：應付帳款 93,600
　　貸：銀行存款 93,600

收取手續費方式是指受託方根據所代銷的商品數量或金額向委託方收取手續費的銷售方式。其特點是：受託方嚴格按委託方規定的價格銷售，自己無權定價。受託方應按收取的手續費確認收入，委託方在收到受託方開來的代銷清單時確認收入。

【實務 11-7】2015 年 2 月 1 日，向陽公司委託華南商場代銷皮鞋 1,000 雙，按代銷合同規定皮鞋售價為 80 元/雙（不含稅），代銷手續費為售價的 10%。2 月 28 日，向陽公司收到華南商場開來的代銷清單，標明代銷皮鞋 1,000 雙，向陽公司開具增值稅專用發票。皮鞋製造成本為 50 元/雙。

（1）委託方帳務處理如下：

①企業委託代銷發出的商品作為委託代銷商品處理。

借：委託代銷商品 50,000

貸：庫存商品　　　　　　　　　　　　　　　　　　　　　　50,000
　　②收到受託方的代銷清單，按代銷清單上註明的已銷商品貨款的實現情況，按應收的款項確認收入。
　　　借：應收帳款　　　　　　　　　　　　　　　　　　　　　　93,600
　　　　貸：主營業務收入　　　　　　　　　　　　　　　　　　　80,000
　　　　　　應交稅費——應交增值稅（銷項稅額）　　　　　　　　13,600
　　③應支付的代銷手續費。
　　　借：銷售費用　　　　　　　　　　　　　　　　　　　　　　 8,000
　　　　貸：應收帳款　　　　　　　　　　　　　　　　　　　　　 8,000
　　④收到委託代銷商品的款項。
　　　借：銀行存款　　　　　　　　　　　　　　　　　　　　　　85,600
　　　　貸：應收帳款　　　　　　　　　　　　　　　　　　　　　85,600
　　⑤同時結轉商品的成本。
　　　借：主營業務成本　　　　　　　　　　　　　　　　　　　　50,000
　　　　貸：委託代銷商品　　　　　　　　　　　　　　　　　　　50,000
　　（2）受託方帳務處理如下：
　　①收到代銷商品時：
　　　借：代理業務資產（或受託代銷商品）　　　　　　　　　　　80,000
　　　　貸：代理業務負債（或受託代銷商品款）　　　　　　　　　80,000
　　②實現銷售時。
　　　借：銀行存款　　　　　　　　　　　　　　　　　　　　　　93,600
　　　　貸：應付帳款　　　　　　　　　　　　　　　　　　　　　80,000
　　　　　　應交稅費——應交增值稅（銷項稅額）　　　　　　　　13,600
　　③按可抵扣的增值稅進項稅額。
　　　借：應交稅費——應交增值稅（進項稅額）　　　　　　　　　13,600
　　　　貸：應付帳款　　　　　　　　　　　　　　　　　　　　　13,600
　　　借：代理業務負債　　　　　　　　　　　　　　　　　　　　80,000
　　　　貸：代理業務資產　　　　　　　　　　　　　　　　　　　80,000
　　④歸還委託單位的貨款並計算代銷手續費，按應付的金額。
　　　借：應付帳款　　　　　　　　　　　　　　　　　　　　　　93,600
　　　　貸：其他業務收入　　　　　　　　　　　　　　　　　　　 8,000
　　　　　　銀行存款　　　　　　　　　　　　　　　　　　　　　85,600

任務二　勞務收入的確認與核算

一、勞務收入的確認條件

　　勞務收入的確認條件如下：

（1）收入的金額能夠可靠計量。

（2）相關的經濟利益很可能流入企業。

（3）交易的完工進度能夠可靠確定。

交易的完工進度能夠可靠確定是指交易的完工進度能夠合理估計。企業確定提供勞務交易的完成進度，可以選用下列方法：

①已完工的測量。這是一種比較專業的測量方法，由專業測量師對已經提供的勞務進行測量，並按一定方法計算確定提供勞務交易的完工程度。

②已經提供的勞務占應提供的勞務總量的比例。這種方法主要以勞務量為標準確定提供勞務交易的完工程度。

③已經發生的成本占估計總成本的比例。這種方法主要以成本為標準確定提供勞務交易的完工程度。只有反應已提供勞務的成本才能包括在已經發生的成本中，只有反應已提供或將提供勞務的成本才能包括在估計總成本中。

（4）交易中已經發生和將發生的成本能夠可靠計量。

二、勞務收入的核算

（一）勞務交易的結果能夠可靠估計

企業在資產負債表日提供勞務交易的結果能夠可靠估計的，應當採用完工百分比法確認勞務收入。完工百分比法是指按照提供勞務交易的完工進度確認收入和費用的方法。在這種方法下，確認的勞務收入金額能夠提供各個會計期間關於提供勞務交易及其業績的有用信息。其計算式如下：

本期確認的提供勞務收入＝提供勞務收入總額×完工進度－以前會計期間累計已確認提供勞務收入

本期確認的提供勞務成本＝提供勞務預計成本總額×完工進度－以前會計期間累計已確認提供勞務成本

在採用完工百分比法確認提供勞務收入的情況下，企業應按計算確定的提供勞務收入金額，借記「應收帳款」「銀行存款」等科目，貸記「主營業務收入」科目。結轉提供勞務成本時，借記「主營業務成本」科目，貸記「勞務成本」科目。

【實務11-8】甲公司於2015年12月1日接受一項設備安裝任務，安裝期為3個月，合同總收入為300,000元，至年底已預收安裝費為220,000元，實際發生安裝費用為140,000元（假定均為安裝人員薪酬），估計還會發生60,000元。假定甲公司按實際發生的成本占估計總成本的比例確定勞務的完工進度，不考慮其他因素。

甲公司的帳務處理如下：

實際發生的成本占估計總成本的比例＝140,000÷（140,000+60,000）＝70%

2015年12月31日確認的提供勞務收入＝300,000×70%－0＝210,000（元）

2015年12月31日結轉的提供勞務成本＝（140,000+60,000）×70%－0

＝140,000（元）

實際發生勞務成本時。

借：勞務成本 140,000
　　貸：應付職工薪酬 140,000
預收勞務款時。
借：銀行存款 220,000
　　貸：預收帳款 220,000
2015年12月31日確認提供勞務收入並結轉勞務成本時。
借：預收帳款 210,000
　　貸：主營業務收入 210,000
借：主營業務成本 140,000
　　貸：勞務成本 140,000

【實務11-9】甲公司於2015年10月1日與丙公司簽訂合同，為丙公司定制一項軟件，工期大約為5個月，合同總收入為4,000,000元。至2015年12月31日，甲公司已發生成本為2,200,000元（假定均為開發人員薪酬），預收帳款為2,500,000元。甲公司預計開發該軟件還將發生成本800,000元。2015年12月31日，經專業測量師測量，該軟件的完工進度為60%。假定甲公司按季度編製財務報表，不考慮其他因素。

甲公司的帳務處理如下：
2015年12月31日確認提供勞務收入＝4,000,000×60%－0＝2,400,000（元）
2015年12月31日確認提供勞務成本＝(2,200,000+800,000)×60%－0
　　　　　　　　　　　　　　　＝1,800,000（元）
實際發生勞務成本時。
借：勞務成本 2,200,000
　　貸：應付職工薪酬 2,200,000
預收勞務款項時。
借：銀行存款 2,500,000
　　貸：預收帳款 2,500,000
2015年12月31日確認勞務收入並結轉勞務成本時。
借：預收帳款 2,400,000
　　貸：主營業務收入 2,400,000
借：主營業務成本 1,800,000
　　貸：勞務成本 1,800,000

(二) 提供勞務交易結果不能可靠估計

企業在資產負債表日提供勞務交易結果不能夠可靠估計的，應當分別按下列情況處理：

(1) 已經發生的勞務成本能夠得到補償的，應當按照已經發生的勞務成本金額確認提供勞務收入，並按相同金額結轉勞務成本。

(2) 已經發生的勞務成本預計只能部分得到補償的，應當按照能夠得到補償的勞務成本金額確認提供勞務收入，並按已經發生的勞務成本結轉勞務成本。

(3) 已經發生的勞務成本預計全部不能得到補償的，應當將已經發生的勞務成本計入當期損益，不確認提供勞務收入。

【實務 11-10】甲公司於 2015 年 11 月 1 日接受乙公司委託，為其培訓一批學員，培訓期為 6 個月，當日開學。協議約定，乙公司應向甲公司支付的培訓費總額為 30,000 元，分三次等額支付，第一次在開學時支付，第二次在 2016 年 2 月 1 日支付，第三次在培訓結束時支付。當日，乙公司預付第一次培訓費。

2015 年 12 月 31 日，甲公司得知乙公司經營發生困難，后兩次培訓費能否收回難以確定。因此，甲公司只將已經發生的培訓成本 15,000 元（假定均為培訓人員薪酬）中能夠得到補償的部分（即 10,000 元）確認為收入，將發生的 15,000 元全部確認為當年的費用。假定甲公司按年度編製財務報表，不考慮其他因素。

甲公司的帳務處理如下：

2015 年 11 月 1 日收到乙公司預付的培訓費時。

借：銀行存款　　　　　　　　　　　　　　　　　　　　　　　　10,000
　貸：預收帳款　　　　　　　　　　　　　　　　　　　　　　　　10,000

實際發生培訓支出 15,000 元時。

借：勞務成本　　　　　　　　　　　　　　　　　　　　　　　　15,000
　貸：應付職工薪酬　　　　　　　　　　　　　　　　　　　　　　15,000

2015 年 12 月 31 日確認提供勞務收入並結轉勞務成本時。

借：預收帳款　　　　　　　　　　　　　　　　　　　　　　　　10,000
　貸：主營業務收入　　　　　　　　　　　　　　　　　　　　　　10,000
借：主營業務成本　　　　　　　　　　　　　　　　　　　　　　15,000
　貸：勞務成本　　　　　　　　　　　　　　　　　　　　　　　　15,000

【實務 11-11】甲公司於 2013 年 4 月 1 日與乙公司簽訂一項諮詢合同，並於當日生效。合同約定，諮詢期為 2 年，諮詢費為 300,000 元，乙公司分三次等額支付諮詢費，第一次在項目開始時支付，第二次在項目中期支付，第三次在項目結束時支付。甲公司估計諮詢勞務總成本為 180,000 元（均為諮詢人員薪酬）。假定甲公司按時間比例確定完工進度，按年度編製財務報表，不考慮其他因素。甲公司各年度發生的勞務成本資料如表 11-1 所示。

表 11-1　　　　　　　甲公司各年度發生的勞務成本　　　　　　單位：元

年度	發生的成本
2013	70,000
2014	90,000
2015	20,000
合計	180,000

甲公司的帳務處理如下：

（1）2013 年度的會計處理。

①實際發生勞務成本時。
借：勞務成本　　　　　　　　　　　　　　　　　　70,000
　　貸：應付職工薪酬　　　　　　　　　　　　　　　70,000
②預收勞務款項時。
借：銀行存款　　　　　　　　　　　　　　　　　　100,000
　　貸：預收帳款　　　　　　　　　　　　　　　　　100,000
③確認提供勞務收入並結轉勞務成本時。
提供勞務的完工進度＝9÷24＝37.5%
確認提供勞務收入＝300,000×37.5%－0＝112,500（元）
結轉提供勞務成本＝180,000×37.5%－0＝67,500（元）
借：預收帳款　　　　　　　　　　　　　　　　　　112,500
　　貸：主營業務收入　　　　　　　　　　　　　　　112,500
借：主營業務成本　　　　　　　　　　　　　　　　67,500
　　貸：勞務成本　　　　　　　　　　　　　　　　　67,500
（2）2014年度的會計處理。
①發生勞務成本時。
借：勞務成本　　　　　　　　　　　　　　　　　　90,000
　　貸：應付職工薪酬　　　　　　　　　　　　　　　90,000
②預收勞務款項時。
借：銀行存款　　　　　　　　　　　　　　　　　　100,000
　　貸：預收帳款　　　　　　　　　　　　　　　　　100,000
③確認提供勞務收入並結轉勞務成本時。
提供勞務的完工進度＝21÷24＝87.5%
確認提供勞務收入＝300,000×87.5%－112,500＝150,000（元）
結轉提供勞務成本＝180,000×87.5%－67,500＝90,000（元）
借：預收帳款　　　　　　　　　　　　　　　　　　150,000
　　貸：主營業務收入　　　　　　　　　　　　　　　150,000
借：主營業務成本　　　　　　　　　　　　　　　　90,000
　　貸：勞務成本　　　　　　　　　　　　　　　　　90,000
（3）2015年度的會計處理。
①實際發生勞務成本時。
借：勞務成本　　　　　　　　　　　　　　　　　　20,000
　　貸：應付職工薪酬　　　　　　　　　　　　　　　20,000
②預收勞務款項時。
借：銀行存款　　　　　　　　　　　　　　　　　　100,000
　　貸：預收帳款　　　　　　　　　　　　　　　　　100,000
③確認提供勞務收入並結轉勞務成本時。
借：預收帳款　　　　　　　　　　　　　　　　　　37,500

貸：主營業務收入	37,500
借：主營業務成本	22,500
貸：勞務成本	22,500

任務三　讓渡資產使用權收入的確認與核算

讓渡資產使用權收入主要指讓渡無形資產等資產使用權的使用費收入，出租固定資產取得的租金、進項債權投資收取的利息、進行股權投資取得的現金股利等，也構成讓渡資產使用權收入。

一、讓渡資產使用權收入的確認條件

讓渡資產使用權收入的確認條件如下：
第一，相關的經濟利益很可能流入企業。
第二，收入的金額能夠可靠計量。

二、讓渡資產使用權收入的核算

（一）利息收入的核算

企業應在資產負債標日，按照他人使用本企業貨幣資金的時間和實際利率計算確定利息收入金額。按計算確定的利息收入金額，借記「應收利息」「銀行存款」等科目，貸記「其他業務收入」等科目。

（二）使用費收入的核算

使用費收入應當按照有關合同或協議的收費時間和方法計算確定。不同的使用費收入，收費時間和方法各不相同。有一次性收取一筆固定金額的，如一次收取10年的場地使用費；有在合同或協議規定的有效期內分期等額收取的，如合同或協議規定在使用期內每期收取一筆固定的金額；有分期不等額收取的，如合同或協議規定按資產使用方每期銷售額的百分比收取使用費等。

【實務11-12】甲公司向丁公司轉讓其商品的商標使用權，約定丁公司每年年末按年銷售收入的10%支付使用費，使用期10年。第1年，丁公司實現年銷售收入1,000,000元；第2年，丁公司實現年銷售收入1,500,000元。假定甲公司均於年末收到使用費，不考慮其他因素。

甲公司的帳務處理如下：
第1年年末確認使用費收入。

借：銀行存款	100,000
貸：其他業務收入——轉讓使用權收入	100,000

第2年年末確認使用費收入。

借：銀行存款	150,000
貸：其他業務收入——轉讓使用權收入	150,000

子項目二 費用核算業務

任務一 主營業務成本及稅金的確認與核算

一、主營業務成本的概念

主營業務成本是指銷售產品、商品和提供勞務的營業成本，由生產經營成本形成。工業企業產品生產成本（也稱製造成本）的構成主要包括直接材料、直接人工和製造費用。

二、主營業務成本的核算

（一）設置的會計科目

為了完整地反應商品銷售成本的核算，需要設置「主營業務成本」科目。該科目屬於損益類科目，核算企業銷售商品、提供勞務等日常活動發生的實際成本，借方登記已銷售的商品成本，貸方登記月末結轉到「本年利潤」的商品成本，月末一般無餘額。該科目應按銷售及其他業務的種類設置明細帳，進行明細核算。

（二）主營業務成本的帳務處理

【實務 11-13】某企業 2015 年 5 月份銷售甲產品 100 件，單位售價 14 元，單位銷售成本 10 元。該批產品於 2015 年 6 月因質量問題發生退貨 10 件，貨款已經退回。該企業 2015 年 6 月份銷售甲產品 150 件，每件成本 11 元。

沖減銷售成本有以下兩種方法：

一是如果本月有同種或同類產品銷售的，銷售退回產品，可以直接從本月的銷售數量中減去，得出本月銷售淨數量然后計算應結轉的銷售成本。

二是單獨計算本月退回產品的成本。退回產品成本的確定，可以按照退回月份銷售的同種或同類產品的實際銷售成本計算，也可以按照銷售月份該種產品的銷售成本計算確定，然后從本月銷售產品的成本中扣除。

方法一：結轉當月銷售產品成本。

借：主營業務成本[（150-10)×11]　　　　　　　　　1,540
　　貸：庫存商品　　　　　　　　　　　　　　　　　　1,540

方法二：結轉當月銷售產品成本。

借：主營業務成本　　　　　　　　　　　　　　　　　1,650
　　貸：庫存商品　　　　　　　　　　　　　　　　　　1,650

沖減退回產品成本。

借：庫存商品（10×11）　　　　　　　　　　　　　　　110

　　　　貸：主營業務成本（10×11）　　　　　　　　　　　　　　　110

三、營業稅金及附加的確認與核算

（一）營業稅金及附加的確認

　　營業稅金及附加是指企業經營活動發生的營業稅、消費稅、城市維護建設稅、資源稅和教育費附加等相關稅費。

（二）營業稅金及附加的帳務處理

　　【實務11-14】某企業9月份銷售小轎車15輛，汽缸容量為2,200毫升，出廠價為15萬元/輛，價外收取有關費用為11,000元/輛。有關的計算如下：

　　應納消費稅稅額=(150,000+11,000)×8%×15=193,200（元）
　　應納增值稅稅額=(150,000+11,000)×17%×15=410,550（元）
　　應納城建稅稅額=(193,200+410,550)×7%=42,262.5（元）
　　應納教育費附加=(193,200+410,550)×3%=18,112.5（元）

　　根據上述有關憑證和數據，該企業編製會計分錄如下：

　　借：銀行存款　　　　　　　　　　　　　　　　　　　　2,825,550
　　　　貸：主營業務收入　　　　　　　　　　　　　　　　2,415,000
　　　　　　應交稅費——應交增值稅（銷項稅額）　　　　　　410,550
　　借：營業稅金及附加　　　　　　　　　　　　　　　　　253,575
　　　　貸：應交稅費——應交消費稅　　　　　　　　　　　　193,200
　　　　　　　　　——應交城市維護建設稅　　　　　　　　　42,262.5
　　　　　　　　　——應交教育費附加　　　　　　　　　　　18,112.5

任務二　期間費用的確認與核算

一、期間費用的內容

　　期間費用是指雖與本期收入的取得密切相關，但不能直接歸屬於某個特定對象的各種費用。期間費用是企業當期發生的費用中重要的組成部分。期間費用包括以下幾種：

（一）管理費用

　　管理費用是指企業為組織和管理企業生產經營活動所發生的各項費用，包括企業的董事會和行政管理部門在企業的經營管理中發生的，或者應當由企業統一負擔的公司經費。

（二）財務費用

　　財務費用是指企業為籌集生產經營所需資金等而發生的各項費用，包括企業生產經營期間發生的利息支出（減利息收入）、匯兌淨損失（有的企業如商品流通企業、保

險企業進行單獨核算，不包括在財務費用中）、金融機構手續費以及籌資發生的其他財務費用如債券印刷費、國外借債擔保費等。

（三）銷售費用

銷售費用是指企業銷售商品過程中發生的費用，主要包括企業銷售商品過程中發生的運輸費、裝卸費、包裝費、保險費、展覽費和廣告費，為銷售本企業商品而專設銷售機構（含銷售網點、售後服務網點等）的職工工資及福利、類似工資性質的費用、業務費等經營費用以及商業企業在購買商品過程中發生的運輸費、裝卸費、包裝費、保險費、運輸途中的合理損耗和入庫前的挑選整理費等。

二、期間費用帳務處理

【實務 11-15】某企業本月發生新產品研究開發費用為 4,500 元，其中領用原材料為 1,500 元，研究人員工資為 2,000 元，計提福利費為 340 元，以銀行存款支付其他研製費用為 660 元。該企業的會計處理如下：

借：管理費用　　　　　　　　　　　　　　　　　4,500
　貸：原材料　　　　　　　　　　　　　　　　　　1,500
　　　應付職工薪酬——應付工資　　　　　　　　　2,000
　　　應付職工薪酬——應付福利費　　　　　　　　　340
　　　銀行存款　　　　　　　　　　　　　　　　　　660

【實務 11-16】某企業本月發生以下有關產品銷售費用事項：支付運輸費為 500 元，裝卸費為 1,200 元；支付產品廣告費為 80,000 元；根據工資單應付銷售部門人員工資為 7,200 元。該企業的會計處理如下：

借：銷售費用——運輸費用　　　　　　　　　　　　500
　　　　　　——裝卸費用　　　　　　　　　　　1,200
　　　　　　——產品廣告費　　　　　　　　　　8,000
　　　　　　——工資　　　　　　　　　　　　　7,200
　貸：銀行存款　　　　　　　　　　　　　　　　9,700
　　　應付職工薪酬——應付工資　　　　　　　　　7,200

【實務 11-17】某企業本月發生以下與財務費用有關的業務：支付發行債券的手續費與印刷費為 50,000 元。該企業的會計處理如下：

借：財務費用——手續費　　　　　　　　　　　　50,000
　貸：銀行存款　　　　　　　　　　　　　　　　50,000

子項目三　利潤核算業務

任務一　利潤的核算

一、設置的會計科目

利潤的核算需要設置「本年利潤」科目。該科目屬於損益類科目，用來核算企業本年度內實現的淨利潤或者虧損。貸方登記會計期末各類收益帳戶結轉的餘額；借方登記會計期末各類成本、費用帳戶結轉的餘額。「本年利潤」帳戶期末出現貸方餘額，反應本會計期間有淨利潤；「本年利潤」帳戶期末出現借方餘額，反應本會計期間發生虧損。年度終了，應將「本年利潤」帳戶的餘額轉入「利潤分配」帳戶。

二、本年利潤結轉的方法

期末企業經過核對帳目、財產清查和帳項調整等一系列核算的準備工作後，在試算平衡的基礎上。將企業所有損益類帳戶的發生額全部轉入到「本年利潤」帳戶。

企業計算本月利潤總額和本年累計利潤，可以採用「帳結法」，也可以採用「表結法」。我國一般採用「帳結法」。

【實務11-18】甲公司2015年12月各損益帳戶發生額如表11-2所示。

表11-2　　　　　　　　各損益帳戶本期發生額　　　　　　　　單位：元

科目名稱	結帳前餘額	科目名稱	結帳前餘額
主營業務收入	90,000	其他業務收入	9,400
營業稅金及附加	4,500	其他業務成本	7,400
主營業務成本	50,000	投資收益	1,500
銷售費用	2,000	營業外收入	3,500
管理費用	8,500	營業外支出	1,800
財務費用	2,000	所得稅費用	8,500

甲公司應編製結轉會計分錄如下：
(1) 將損益類貸方發生額帳戶轉入「本年利潤」帳戶。
借：主營業務收入　　　　　　　　　　　　　　　　　　90,000
　　其他業務收入　　　　　　　　　　　　　　　　　　 9,400
　　投資收益　　　　　　　　　　　　　　　　　　　　 1,500
　　營業外收入　　　　　　　　　　　　　　　　　　　 3,500
　　貸：本年利潤　　　　　　　　　　　　　　　　　　104,400

(2) 將損益類借方發生額帳戶轉入「本年利潤」帳戶。
借：本年利潤 76,200
　　貸：營業稅金及附加 4,500
　　　　主營業務成本 50,000
　　　　銷售費用 2,000
　　　　管理費用 8,500
　　　　財務費用 2,000
　　　　其他業務成本 7,400
　　　　營業外支出 1,800
(3) 將所得稅借方余額帳戶轉入「本年利潤」帳戶。
借：本年利潤 8,500
　　貸：所得稅費用 8,500
(4) 年終將「本年利潤」帳戶結轉到「利潤分配——未分配利潤」帳戶。
借：本年利潤 19,700
　　貸：利潤分配——未分配利潤 19,700

任務二　所得稅費用的核算

一、企業所得稅的計算

企業所得稅是指對在中華人民共和國境內，企業和其他取得收入的組織（以下統稱企業）就其來源於中國境內、境外的所得所徵收的稅。

(一) 應納稅所得額的計算

應納稅所得額的計算公式如下：

應納稅所得額=收入總額-不徵稅收入-免稅收入-各項扣除-允許彌補的以前年度虧損

對公式說明如下：

(1) 企業以貨幣形式和非貨幣形式從各種來源取得的收入即為收入總額，包括：銷售貨物收入；提供勞務收入；轉讓財產收入；股息、紅利等權益性投資收益；利息收入；租金收入；特許權使用費收入；接受捐贈收入；其他收入。

(2) 不徵稅收入包括：財政撥款；依法收取並納入財政管理的行政事業性收費、政府性基金；國務院規定的其他不徵稅收入。

(3) 免稅收入包括：國債利息收入；符合條件的居民企業之間的股息、紅利等權益性投資收益；在中國境內設立機構、場所的非居民企業從居民企業取得與該機構、場所有實際聯繫的股息、紅利等權益性投資收益；符合條件的非營利性組織的收入。

(4) 準予在計算應納稅所得額時扣除的項目包括：企業實際發生的與取得收入有關的、合理的支出（包括成本、費用、稅金、損失和其他支出），準予在計算應納稅所

得額時扣除；企業發生的公益性捐贈支出，在年度利潤總額12%以內的部分，準予在計算應納稅所得額時扣除。

（5）在計算應納稅所得額時，下列支出不得扣除：向投資者支付的股息、紅利等權益性投資收益款項；企業所得稅稅款；稅收滯納金；罰金、罰款和被沒收財物的損失；規定限額以外的捐贈支出；未經核定的準備金支出；與取得收入無關的其他支出。

(二) 應納稅額的計算

應納稅額的計算公式如下：

應納稅額＝企業的應納稅所得額×適用稅率－減免和抵免的稅額

公式說明如下：

（1）適用稅率。企業所得稅的稅率為25%，符合條件的小型微利企業，減按20%的稅率徵收企業所得稅。國家需要重點扶持的高新技術企業，減按15%的稅率徵收企業所得稅。

（2）減免和抵免的稅額。企業取得的下列所得已在境外交納的所得稅稅額，可從其當期應納稅額中抵免，抵免限額為該項所得依照《中華人民共和國企業所得稅法》規定計算的應納稅額；超過抵免限額的部分，可以在以後5個年度內，用每年度抵免限額抵免當年應抵稅額后的余額進行抵補。居民企業來源於中國境外的應稅所得包括：居民企業來源於中國境外的應稅所得；非居民企業在中國境內設立機構、場所，取得發生在中國境外但與該機構、場所有實際聯繫的應稅所得。居民企業從其直接或者間接控制的外國企業分得的來源於中國境外的股息、紅利等權益性投資收益，外國企業在境外實際交納的所得稅稅額中屬於該項所負擔的部分，可以作為該居民企業的可抵免境外所得稅稅額。

二、企業所得稅的交納

《企業會計準則第18號——所得稅》借鑑了國際會計準則，並結合我國的實際情況，要求對所得稅採用資產負債表債務法進行核算。

資產負債表債務法是以資產負債表為重心，按企業資產、負債的帳面價值與稅法規定的計稅基礎之間的差額，計算暫時性差異，據已確認遞延所得稅負債或遞延所得稅資產，再確認所得稅費用的會計核算方法。

(一) 計稅基礎

企業在取得資產、負債時，應當確定其計稅基礎，資產、負債的帳面價值與其計稅基礎存在差異的，應當確認所產生的遞延所得稅資產或遞延所得稅負債。

1. 資產的計稅基礎

資產的計稅基礎是指企業在收回資產帳面價值過程中，計算應納稅所得額時按照稅法規定可以自應稅經濟利益中抵扣的金額，如果這些經濟利益不需要納稅，那麼該資產的計稅基礎即為其帳面價值。從理論上說，資產取得時其入帳價值與計稅基礎既可以相同，也可以不同。我國目前存在大量資產取得時其入帳價值與計稅基礎不同的情況，如前所述，即使資產取得時其入帳價值與計稅基礎相同，但后續計量因會計準

則規定與稅法規定不同，也可能造成帳面價值與計稅基礎的差異。例如，甲公司 2015 年年末無形資產（土地使用權）帳面余額為 4,000 萬元，其中原帳面余額為 3,000 萬元，在企業改制評估中增值 1,000 萬元。按稅法規定，評估增值不能抵稅，可抵稅的是原始成本，即無形資產的計稅基礎為 3,000 萬元。因此，無形資產帳面價值 4,000 萬元與計稅基礎 3,000 萬元的差額，形成暫時性差異為 1,000 萬元。資產帳面價值、計稅基礎、暫時性差異比較如表 11-3 所示。

表 11-3　　　　　資產帳面價值、計稅基礎、暫時性差異比較表　　　單位：萬元

項目	帳面價值	計稅基礎	暫時性差異	暫時性差異類別
無形資產	4,000	3,000	1,000	應納稅暫時性差異

2. 負債的計稅基礎

負債的計稅基礎是指負債的帳面價值減去未來期間計算應納稅所得額時按照稅法規定可予抵扣的金額。一般而言，短期借款、應付票據、應付帳款、其他應交款等負債的確認和償還，不會對當期損益和應納稅所得額產生影響，未來期間計算應納稅所得額時按照稅法規定可予抵扣的金額為零，則其計稅基礎即為帳面價值。但是，某些情況下，負債的確認可能會涉及損益，進而影響不同期間的應納稅所得額，使得其計稅基礎與帳面價值之間產生差額，如企業因或有事項確認的預計負債，會計上對於預計負債，按照最佳估計數確認，計入相關資產成本或者當期損益。按照稅法規定，與預計負債相關的費用多在實際發生時稅前扣除，該類負債在期末的計稅基礎為其帳面價值與未來期間可稅前扣除的金額之間的差額，即為零，使得形成會計上的帳面價值與計稅基礎之間的暫時性差異。例如，甲公司 2015 年預計負債帳面金額為 100 萬元（預提產品保修費用），假設產品保修費用在實際支付時抵扣，該預計負債計稅基礎為 0 萬元（負債帳面價值-其在未來期間計算應稅利潤時可予抵扣的金額）。因此，預計負債帳面價值 100 萬元與計稅基礎 0 萬元的差額，形成暫時性差異 100 萬元。負債帳面價值、計稅基礎、暫時性差異比較如表 11-4 所示。

表 11-4　　　　　負債帳面價值、計稅基礎、暫時性差異比較表　　　單位：萬元

項目	帳面價值	計稅基礎	暫時性差異	暫時性差異類別
預計負債	100	0	100	可抵減暫時性差異（將來可抵扣）

3. 暫時性差異

暫時性差異是指資產或負債的帳面價值與其計稅基礎之間的差額。暫時性差異對未來期間應稅金額的影響不同，分為應納稅暫時性差異和可抵扣暫時性差異。

（1）應納稅暫時性差異。應納稅暫時性差異是指在確定未來收回資產或清償負債期間的應納稅所得額時，將導致產生應稅金額的暫時性差異，按應納稅暫時性差異確認的就是遞延所得稅負債。應納稅暫時性差異，可分為兩類：一是資產的帳面價值大於其計稅基礎產生的應納稅暫時性差異；二是負債的帳面價值小於其計稅基礎產生的應納稅暫時性差異。

(2) 可抵扣暫時性差異。可抵扣暫時性差異是指在確定未來收回資產或清償負債期間的應納稅所得額時，將導致產生可抵扣金額的暫時性差異，按可抵扣暫時性差異確認的遞延所得稅資產。可抵扣暫時性差異，可分為兩類：一是負債的帳面價值大於其計稅基礎產生的可抵扣暫時性差異；二是資產的帳面價值小於其計稅基礎產生的可抵扣暫時性差異。另外，按照稅法規定允許抵減以后年度利潤的可抵扣虧損，視同可抵扣暫時性差異。

(二) 所得稅費用的核算

所得稅會計的目的之一是為了確定當期應交所得稅以及利潤表中的所得稅費用。在按照資產負債表債務法核算所得稅的情況下，利潤表中的所得稅費用包括當期所得稅和遞延所得稅兩部分。

1. 所得稅的核算程序

(1) 確定當期所得稅。

(2) 確定每項資產或負債的計稅基礎。

(3) 依據該資產或負債的帳面金額與其計稅基礎之間的差額，確定暫時性差異。

(4) 確定遞延所得稅。遞延所得稅是指遞延所得稅負債大於遞延所得稅資產的金額。理論上，遞延所得稅資產大於遞延所得稅負債（也即遞延所得稅負債小於遞延所得稅資產的金額），可稱為遞延所得稅收益。當期所得稅費用計算公式如下：

當期所得稅費用＝當期應納所得稅稅額＋（期末遞延所得稅負債－期初遞延所得稅負債）－（期末遞延所得稅資產－期初遞延所得稅資產）

2. 所得稅核算設置的會計科目

(1)「所得稅費用」科目。該科目屬於損益類科目，核算企業確認的應從當期利潤總額中扣除的所得稅費用，借方反應企業計入本期損益的所得稅費用；貸方反應轉入「本年利潤」帳戶的所得稅費用。「所得稅費用」科目可按「當期所得稅費用」「遞延所得稅費用」進行明細核算。

(2)「遞延所得稅資產」科目。該科目屬於資產類科目，核算企業確認的可抵扣暫時性差異產生的遞延所得稅資產，借方登記「遞延所得稅資產」增加額，貸方登記「遞延所得稅資產」減少額。「遞延所得稅資產」借方余額為資產，表示將來可以少納的所得稅金額。有關計算公式如下：

遞延所得稅資產期末余額＝可抵扣暫時性差異期末余額×所得稅稅率

本期遞延所得稅資產發生額＝遞延所得稅資產期末余額－遞延所得稅資產期初余額

「遞延所得稅資產」科目應按可抵扣暫時性差異等項目進行明細核算。

(3)「遞延所得稅負債」科目。該科目屬於負債類科目，核算企業確認的應納稅暫時性差異產生的所得稅負債，貸方登記「遞延所得稅負債」增加額，借方登記「遞延所得稅負債」減少額。「遞延所得稅負債」科目貸方余額為負債，表示將來應納所得稅金額。有關計算公式如下：

遞延所得稅負債期末余額＝應納稅暫時性差異期末余額×所得稅稅率

本期遞延所得稅負債發生額＝遞延所得稅負債期末余額－遞延所得稅負債期初余額

「遞延所得稅負債」科目可按應納稅暫時性差異的項目進行明細核算。

3. 所得稅的主要帳務處理

(1) 所得稅費用的主要帳務處理。資產負債表日，企業按照稅法規定計算確定的當期應納所得稅，借記「所得稅費用」科目（當期所得稅費用），貸記「應交稅費——應交所得稅」科目。

(2) 遞延所得稅負債的主要帳務處理。資產負債表日，企業確認的遞延所得稅負債，借記「所得稅費用——遞延所得稅費用」科目，貸記「遞延所得稅負債」科目。資產負債表日，遞延所得稅負債的應有餘額大於其帳面餘額的，應按其差額確認，借記「所得稅費用——遞延所得稅費用」科目，貸記「遞延所得稅負債」科目；資產負債表日，遞延所得稅負債的應有餘額小於其帳面餘額的編製相反的會計分錄。

企業合併中取得資產、負債的入帳價值與其計稅基礎不同形成應納稅暫時性差異的，應於購買日確認遞延所得稅負債，同時調整商譽，借記「商譽」等科目，貸記「遞延所得稅負債」科目。與直接計入所有者權益的交易或事項相關的遞延所得稅負債，借記「資本公積——其他資本公積」科目，貸記「遞延所得稅負債」科目。

【實務 11-19】甲公司 2015 年 1 月 1 日向乙公司投資並持有乙公司 30% 的股份，採用權益法核算。甲公司適用的所得稅稅率為 25%，乙公司適用的所得稅稅率為 15%，甲公司按乙公司 2015 年稅后淨利潤的 30% 計算確認的投資收益為 85 萬元；甲公司除此項目外無其他納稅調整；甲公司不能夠控制暫時性差異轉回的時間，該暫時性差異在可預見的未來能夠轉回。甲公司帳務處理如下：

甲公司 2015 年應確認的遞延所得稅負債 = [85÷(1-15%)]×(25%-15%)

= 10（萬元）

借：所得稅費用　　　　　　　　　　　　　100,000

　　貸：遞延所得稅負債　　　　　　　　　　　　100,000

(3) 遞延所得稅資產的主要帳務處理。企業確認的遞延所得稅資產，借記「遞延所得稅負債」科目，貸記「所得稅費用——遞延所得稅資產」科目。資產負債表日，遞延所得稅資產的應有餘額大於其帳面餘額的，應按其差額，借記「遞延所得稅負債」科目，貸記「所得稅費用——遞延所得稅費用」等科目；資產負債表日遞延所得稅資產的應有餘額小於其帳面餘額的差額編製相反的會計分錄。

企業合併中取得資產、負債的入帳價值與其計稅基礎不同形成可抵扣暫時性差異的，應於購買日確認遞延所得稅資產，借記「遞延所得稅資產」科目，貸記「資本公積——其他資本公積」科目。

資產負債表日，預計未來期間很可能無法獲得足夠的應納稅所得額用以抵扣可抵扣暫時性差異的，按原已確認的遞延所得稅資產中應減記的金額，借記「所得稅費用——遞延所得稅費用」「資本公積——其他資本公積」等科目，貸記「遞延所得稅資產」科目。

【實務 11-20】某企業在 2012—2015 年每年應稅收益分別為 600 萬元、200 萬元、200 萬元、100 萬元，適用所得稅稅率始終為 25%。假設該企業在 2015 年發生的虧損彌補期間內很可能獲得足夠的應納稅所得額用來抵扣可抵扣暫時性差異，無其他暫時

性差異。該企業所得稅會計處理如下：

2012年：
借：遞延所得稅資產（600×25%） 　　　　　　　　　　　1,500,000
　貸：所得稅費用 　　　　　　　　　　　　　　　　　　　1,500,000

2013年：
借：所得稅費用（200×25%） 　　　　　　　　　　　　　　500,000
　貸：遞延所得稅資產 　　　　　　　　　　　　　　　　　　500,000

2014年：
借：所得稅費用（200×25%） 　　　　　　　　　　　　　　500,000
　貸：遞延所得稅資產 　　　　　　　　　　　　　　　　　　500,000

2015年：
借：所得稅費用（100×25%） 　　　　　　　　　　　　　　250,000
　貸：遞延所得稅資產 　　　　　　　　　　　　　　　　　　250,000

【實務11-21】甲股份有限公司（下稱甲公司）2015年有關所得稅資料如下：該公司所得稅採用資產負債表債務法核算，所得稅稅率為25%；年初遞延所得稅資產為49.5萬元。2015年度實現利潤總額500萬元，其中取得國債利息收入20萬元，因發生違法經營被罰款10萬元，因違反經濟合同支付違約金30萬元，業務招待費超標60萬元；上述收入或支出已全部用現金結算完畢。該公司2015年末計提固定資產減值準備50萬元（年初減值準備為0），使固定資產帳面價值比其計稅基礎少50萬元；轉回存貨跌價準備70萬元，稅法規定，計提的減值準備不得在稅前抵扣。該公司2015年年末計提產品保修費用40萬元，計入銷售費用，預計負債余額為40萬元。稅法規定，產品保修費在實際發生時可以在稅前抵扣。該公司彌補年初虧損60萬元。

假設除上述事項外，該公司沒有發生其他納稅調整事項。

該公司所得稅會計處理如下：

計算2015年應交所得稅：

2015年應交所得稅＝應納稅所得額×所得稅稅率＝[（利潤總額－國債利息收入＋違法經營罰款＋招待費超標＋計提固定資產減值－轉回存貨跌價準備＋計提保修費）－彌補虧損]×25%＝（570-60）×25%＝510×25%＝127.5（萬元）

計算暫時性差異影響額，確認遞延所得稅資產和遞延所得稅負債。

固定資產項目的遞延所得稅資產＝50×25%＝12.5（萬元）

存貨項目的遞延所得稅資產＝-70×25%＝-17.5（萬元）

預計負債項目的遞延所得稅資產＝40×25%＝10（萬元）

彌補虧損項目的遞延所得稅資產＝-60×25%＝-15（萬元）

2015年遞延所得稅資產合計＝12.5-17.5+10-15＝-10（萬元）

計算2015年所得稅費用。

2015年所得稅費用＝127.5-（-10）＝137.5（萬元）

編製會計分錄如下：

借：所得稅費用 　　　　　　　　　　　　　　　　　　　　1,375,000

贷：应交税费——应交所得税　　　　　　　　　　　1,275,000
　　　递延所得税资产　　　　　　　　　　　　　　　100,000

任务三　利润分配的核算

一、利润分配的顺序

利润分配是指企业按照国家规定的政策和企业章程的规定，对已实现的净利润在企业和投资者之间进行分配。企业当期实现的净利润，加上年初未分配利润（或减去年初未弥补亏损）和其他转入后的余额，为可供分配的利润。可供分配的利润按下列顺序分配：

（一）弥补以前年度的亏损

企业纳税年度发生的亏损，准予向以后年度结转，用以后年度的所得弥补，但结转年限最长不得超过5年。

（二）提取法定盈余公积

提取法定盈余公积按照本年实现的净利润的一定比例提取，公司制企业根据有关法律规定按净利润的10%提取。其他企业可以根据需要确定提取比例，但至少应按10%提取。企业提取的法定盈余公累积计额达到注册资本50%以上的可以不再提取。

（三）分配给投资者的利润

可供分配的利润减去提取的法定盈余公积金后，为可供投资者分配的利润。可供投资者分配的利润，按下列顺序分配：

（1）应付优先股股利，即企业按照利润分配方案分配给优先股股东的现金股利。

（2）提取任意盈余公积，即企业按照规定提取的任意盈余公积。

（3）应付普通股股利，即企业按照利润分配方案分配给普通股股东的现金股利。

企业分配给投资者的利润，也在本项目核算。

企业如果发生亏损，可用以后年度实现的利润弥补，也可用以前年度提取的盈余公积弥补。企业以前年度亏损未弥补完，不能提取法定盈余公积。在提取法定盈余公积前，企业不得向投资者分配利润。

二、利润分配的核算

（一）设置的账户

1.「利润分配」账户

该账户属于所有者权益账户，用来核算企业利润的分配（或亏损的弥补）和历年分配（或亏损）后的积存余额。账户的借方登记利润分配数，如提取法定盈余公积、应付投资者利润等；贷方登记年末由「本年利润」账户转入的净利润。该账户年末贷方余额表示历年积存的未分配利润，若为借方余额则表示为积欠的未弥补亏损。为了

反應利潤分配的詳細情況，在「利潤分配」帳戶下要設置「提取法定盈余公積」「應付利潤」「未分配利潤」等明細分類帳戶，進行明細分類核算。

2. 「盈余公積」帳戶

該帳戶屬於所有者權益類帳戶，用來核算企業從淨利潤中提取的法定盈余公積。該帳戶的貸方登記企業從淨利潤中提取的法定盈余公積；借方登記以盈余公積彌補虧損或轉增的資本數。期末余額在貸方，表示盈余公積的結余數。

3. 「應付利潤」帳戶

該帳戶屬於負債類帳戶，用來核算應付給國家、其他單位、個人等投資者的利潤。帳戶的貸方登記按照利潤分配方案計算的應付利潤；借方登記用貨幣資金或其他資產支付給投資者的利潤。期末余額在貸方，表示應付未付的利潤。

(二) 利潤分配的帳務處理

1. 稅后利潤補虧

稅后利潤補虧是指用稅后利潤彌補企業往年被主管稅務機關審核認定不得在稅前彌補的虧損額或已超過 5 年彌補期限的掛帳虧損額；企業當年發生虧損，以往年未分配利潤或盈余公積彌補，也應屬於稅后補虧的範疇。

企業發生的虧損應由企業自行彌補。企業彌補虧損的渠道有以下 3 條：第一，用以后年度稅前利潤彌補；第二，用以后年度稅后利潤彌補；第三，用盈余公積彌補。

用利潤彌補虧損，在會計核算上，無論是以稅前利潤還是以稅后利潤彌補虧損，其會計方法都相同，都不需要進行專門的帳務處理。這是因為企業在當年發生虧損的情況下，應將本年度發生的虧損從「本年利潤」科目的貸方，轉入「利潤分配——未分配利潤」科目的借方；在以后年度實現淨利潤的情況下，應將本年度實現的利潤從「本年利潤」科目的借方，轉入「利潤分配——未分配利潤」科目的貸方，其貸方發生額（即實現的利潤）與借方余額（即未彌補虧損額）抵銷，自然就彌補了虧損，無須專門編製會計分錄。

2. 提取盈余公積

提取盈余公積，引起所有者權益中的有關項目發生此增彼減的變化，涉及「利潤分配」和「盈余公積」兩個帳戶。利潤分配的結果使一項所有者權益減少，應記入「利潤分配」帳戶的借方；盈余公積增加使另一項所有者權益增加，應記入「盈余公積」帳戶的貸方。

3. 向投資者分配利潤

向投資者分配利潤引起所有者權益和負債兩個項目發生增減變化，涉及「利潤分配」和「應付利潤」的兩個帳戶。利潤分配的結果使所有者權益減少，應記入「利潤分配」帳戶的借方；因款項尚未付出，形成企業的一筆負債，應記入「應付利潤」帳戶的貸方。

4. 年末結轉「利潤分配」各明細帳戶

年末，應將利潤分配的各項內容從「利潤分配」各明細帳戶的貸方轉入「利潤分配——未分配利潤」明細帳戶的借方。結轉后，除「利潤分配——未分配利潤」明細

帳戶有貸方余額外（虧損為借方余額），其余明細帳戶均無余額。

「利潤分配——未分配利潤」明細帳戶年末貸方余額表示各年累計未分配的利潤；借方余額表示累計未彌補虧損。

【實務 11-22】A 公司在 2009 年發生虧損 120 萬元，在年度終了時，A 公司結轉本年度發生的虧損。A 公司應編製如下會計分錄：

借：利潤分配——未分配利潤　　　　　　　　　　　　1,200,000
　　貸：本年利潤　　　　　　　　　　　　　　　　　　　　　1,200,000

假設 2010—2015 年，A 公司每年實現利潤 20 萬元，按現行制度規定，A 公司在發生虧損以後的 5 年內可以用稅前利潤彌補虧損，超過 5 年仍未彌補完的虧損則用稅後利潤彌補。假設不考慮其他因素，該公司應編製如下會計分錄：

2010—2014 年按規定用稅前利潤彌補虧損時。

借：本年利潤　　　　　　　　　　　　　　　　　　　　200,000
　　貸：利潤分配——未分配利潤　　　　　　　　　　　　　　　200,000

2015 年稅後利潤彌補虧損時，應先按當年實現利潤計算交納所得稅 50,000 元（200,000×25%），再用稅後利潤 150,000 元（200,000-50,000）彌補虧損。

借：所得稅費用　　　　　　　　　　　　　　　　　　　50,000
　　貸：應交稅費——應交所得稅　　　　　　　　　　　　　　　50,000
借：本年利潤　　　　　　　　　　　　　　　　　　　　50,000
　　貸：所得稅費用　　　　　　　　　　　　　　　　　　　　　50,000
借：本年利潤　　　　　　　　　　　　　　　　　　　　150,000
　　貸：利潤分配——未分配利潤　　　　　　　　　　　　　　　150,000

【例 11-23】B 公司 2015 年全年實現淨利潤 1,720,000 元，其利潤分配方案如下：按淨利潤的 10% 提取法定盈余公積；按可供分配利潤的 80% 向投資者分配利潤。B 公司 2015 年年初「利潤分配——未分配利潤」有貸方余額 138,000 元。B 公司帳務處理如下：

提取法定盈余公積 = 1,720,000×10% = 172,000（元）

借：利潤分配——提取法定盈余公積　　　　　　　　　　172,000
　　貸：盈余公積　　　　　　　　　　　　　　　　　　　　　172,000

應付利潤 =（1,720,000-172,000+138,000）×80%
　　　　 = 1,686,000×80%
　　　　 = 1,348,800（元）

年末未分配利潤 = 1,686,000-1,348,800 = 337,200（元）

借：利潤分配——應付利潤　　　　　　　　　　　　　　1,348,800
　　貸：應付利潤　　　　　　　　　　　　　　　　　　　　　1,348,800

2015 年 12 月 31 日，B 公司結轉「利潤分配」帳戶。

借：利潤分配——未分配利潤　　　　　　　　　　　　　1,520,800
　　貸：利潤分配——提取盈余公積　　　　　　　　　　　　　172,000
　　　　　　　　——應付利潤　　　　　　　　　　　　　　　1,348,800

◆ 仿真操作

1. 根據【實務11-1】至【實務11-23】編寫有關的記帳憑證。
2. 辦理銷售款項結算工作，登記主營業務收入的總分類帳。

◆ 崗位業務認知

利用寒暑假，去當地或沿海大型企業，協助企業進行利潤核算，熟悉企業所得稅的計算。

◆ 工作思考

1. 銷售商品收入的確認應具備什麼條件？
2. 什麼是勞務收入？勞務收入如何確認和計量？
3. 請談談成本與費用之間的聯繫與區別。
4. 什麼是政府補助？政府補助的主要形式有哪些？
5. 簡述所得稅費用的核算程序。

項目十二　非貨幣性資產交換核算業務

非貨幣性資產交換是一種非經常性的特殊交易行為，是交易雙方主要以存貨、固定資產、無形資產、長期股權投資等非貨幣性資產進行的交換。該類交易雖然不經常發生，但是涉及金額較大，往往對企業的財務狀況、經營成果造成較大影響，而作為企業的財會人員，應該掌握其相應的帳務處理方法。本項目涉及的主要會計崗位是往來結算崗位。

●項目工作目標

⊙知識目標

掌握非貨幣性資產交換的認定，具有商業實質且換入資產或換出資產的公允價值能夠可靠計量的非貨幣性資產交換的會計處理及不具有商業實質或者公允價值不能可靠計量的非貨幣性資產交換的會計處理。

⊙技能目標

通過本項目的學習，會分析是否為非貨幣性資產交換，是採用公允價值模式核算還是採用帳面價值模式進行核算及兩種模式的具體的帳務處理。

⊙任務引入

甲公司擁有一臺專用設備，該設備原價300萬元，已計提折舊220萬元；乙公司擁有一項長期股權投資，帳面價值70萬元，兩項資產均未計提減值準備。由於專用設備係當時專門製造，性質特殊，其公允價值不能可靠計量；乙公司擁有的長期股權投資在活躍市場中沒有報價，其公允價值也不能可靠計量。雙方商定，以兩項資產帳面價值的差額為基礎，乙公司支付甲公司10萬元補價，以換取專用設備（假定交易中沒有涉及相關稅費）。

這項經濟業務是否屬於非貨幣性資產交換？如屬於，那應該是採用公允價值模式計量還是採用帳面價值模式計量？甲公司與乙公司的會計人員又該如何進行相應的帳務核算？

⊙進入任務

任務一　非貨幣性資產交換的認定

任務二　非貨幣性資產交換的確認和計量

任務一　非貨幣性資產交換的認定

非貨幣性資產交換是指交易雙方主要以存貨、固定資產、無形資產和長期股權投

資等非貨幣性資產進行的交換。該交換不涉及或只涉及少量的貨幣性資產（即補價）。其中，貨幣性資產是指企業持有的貨幣資金和將以固定或可確定的金額收取的資產，包括現金、銀行存款、應收票據以及持有至到期的債券投資等。非貨幣性資產是指貨幣性資產以外的資產。非貨幣性資產交換的交易對象主要是非貨幣性資產。

非貨幣性資產交換一般不涉及或只涉及少量貨幣性資產，即涉及少量的補價。在涉及少量補價的情況下，以補價占整個資產交換金額的比例低於25%作為參考。支付的貨幣性資產占換入資產公允價值（或者占換出資產的公允價值與支付的貨幣性資產之和）的比例低於25%（不含25%）的，視為非貨幣性資產交換；高於25%（含25%）的，則視為以貨幣性資產取得非貨幣性資產。

任務二　非貨幣性資產交換的確認和計量

非貨幣性資產的確認和計量與非貨幣性資產交換是否具有商業實質密切相關。

一、商業實質的判斷

滿足下列條件之一的非貨幣性資產交換具有商業實質：

（一）換入資產的未來現金流量在風險、時間和金額方面與換出資產顯著不同

這種情況主要包括以下幾種情形：

1. 未來現金流量的風險、金額相同，時間不同

此種情形是指換入資產和換出資產產生的未來現金流量總額相同，獲得這些現金流量的風險相同，但現金流量流入企業的時間明顯不同。例如，某企業以一批存貨換入一項設備，因存貨流動性強，能夠在較短的時間內產生現金流量，設備作為固定資產要在較長的時間內為企業帶來現金流量，兩者產生現金流量的時間相差較大，上述存貨與固定資產產生的未來現金流量顯著不同。

2. 未來現金流量的時間、金額相同，風險不同

此種情形是指換入資產和換出資產產生的未來現金流量時間和金額相同，但企業獲得現金流量的不確定性程度存在明顯差異。例如，某企業以其不準備持有至到期的國庫券換入一幢房屋以備出租，該企業預計未來每年收到的國庫券利息與房屋租金在金額和流入時間上相同，但是國庫券利息通常風險很小，租金的取得需要依賴於承租人的財務及信用情況等，兩者現金流量的風險或不確定性程度存在明顯差異，上述國庫券與房屋的未來現金流量顯著不同。

3. 未來現金流量的時間、風險相同，金額不同

此種情形是指換入資產和換出資產產生的未來現金流量總額相同，預計為企業帶來現金流量的時間、風險也相同，但各年產生的現金流量金額存在明顯差異。例如，某企業以其商標權換入另一企業的一項專利技術，預計兩項無形資產的使用壽命相同，在使用壽命內預計為企業帶來的現金流量總額相同，但是換入專利技術是新開發的，預計開始階段產生的未來現金流量明顯少於后期，而該企業擁有的商標每年產生的現

金流量比較均衡，兩者產生的現金流量金額差異明顯，即上述商標權與專利技術的未來現金流量顯著不同。

（二）換入資產與換出資產的預計未來現金流量現值不同，並且其差額與換入資產和換出資產的公允價值相比是重大的

這種情況是指換入資產對換入企業的特定價值（即預計未來現金流量現值）與換出資產存在明顯差異。其中，資產的預計未來現金流量現值，應當按照資產在持續使用過程和最終處置時所產生的預計稅後未來現金流量，根據企業自身而不是市場參與者對資產特定風險的評價，選擇恰當的折現率對其進行折現後的金額加以確定。例如，某企業以一項專利權換入另一企業擁有的長期股權投資，該項專利權與該項長期股權投資的公允價值相同，兩項資產未來現金流量的風險、時間和金額亦相同，但對換入企業而言，換入該項長期股權投資使該企業對被投資方由重大影響變為控制關係，從而對換入企業的特定價值即預計未來現金流量現值與換出的專利權有較大差異；另一企業換入的專利權能夠解決生產中的技術難題，從而對換入企業的特定價值即預計未來現金流量現值與換出的長期股權投資存在明顯差異，因而兩項資產的交換具有商業實質。

不滿足上述任何一項條件的非貨幣性資產交易，通常認為不具有商業實質。在確定非貨幣性資產交換交易是否具有商業實質時，應當關注交易各方之間是否存在關聯方關係。關聯方關係的存在可能導致發生的非貨幣性資產交換不具有商業實質。

二、具有商業實質且公允價值能夠可靠計量的非貨幣性資產交換的會計處理

非貨幣性資產交換具有商業實質，並且換入資產或換出資產的公允價值能夠可靠計量的，應當以換出資產的公允價值和應支付的相關稅費作為換入資產的成本，公允價值與換出資產帳面價值的差額計入當期損益。

符合下列情形之一的，表明換入資產或換出資產的公允價值能夠可靠計量：

（1）換入資產或換出資產存在活躍市場。對於存在活躍市場的存貨、長期股權投資、固定資產、無形資產等非貨幣性資產應該以該資產的市場價格為基礎確定其公允價值。

（2）換入資產或換出資產不存在活躍市場，但同類或類似資產存在活躍市場。對於同類或類似資產存在活躍市場的存貨、長期股權投資、固定投資、無形資產等非貨幣性資產，應當以同類或類似資產市場價格為基礎確定其公允價值。

（3）換入資產或換出資產不存在同類或類似資產的可比市場交易，應當採用估值技術確定其公允價值。該公允價值估計數的變動區間很小，或者在公允價值估計數變動區間內，各種用於確定公允價值估計數的概率能夠合理確定的，視為公允價值能夠可靠計量。

（一）不涉及補價的會計處理

具有商業實質且其換入或換出資產的公允價值能夠可靠計量的非貨幣性資產交換，不涉及補價的，應當按照換出資產的公允價值作為確定換入資產成本的基礎，但有確

鑿證據表明換入資產的公允價值更加可靠的，則以換入資產的公允價值作為確定換入資產成本的基礎。換出資產帳面價值與其公允價值之間的差額，計入當期損益。

【實務12-1】2015年5月1日，甲公司以2013年購入的生產經營用設備交換乙公司生產的一批鋼材，甲公司換入的鋼材作為原材料用於生產，乙公司換入的設備繼續用於生產鋼材。甲公司設備的帳面原價為1,500,000元，在交換日的累計折舊為525,000元，公允價值為1,404,000元，甲公司此前沒有為該設備計提資產減值準備。此外，甲公司以銀行存款支付清理費1,500元。乙公司鋼材的帳面價值為1,200,000元，在交換日的市場價格為1,404,000元，計稅價格等於市場價格，乙公司此前也沒有為該批鋼材計提存貨跌價準備。甲公司、乙公司均為增值稅一般納稅人，適用的增值稅稅率為17%。假設甲公司和乙公司在整個交易過程中沒有發生除增值稅以外的其他稅費，甲公司和乙公司均開具了增值稅專用發票。

甲公司的帳務處理如下：

換出設備的增值稅銷項稅額＝1,404,000×17%＝238,680（元）

借：固定資產清理	975,000
累計折舊	525,000
貸：固定資產——××設備	1,500,000
借：固定資產清理	1,500
貸：銀行存款	1,500
借：固定資產清理	238,680
貸：應交稅費——應交增值稅（銷項稅額）	238,680
借：原材料——鋼材	1,404,000
應交稅費——應交增值稅（進項稅額）	238,680
貸：固定資產清理	1,642,680
借：固定資產清理	427,500
貸：營業外收入——處置非流動資產利得	427,500

其中，營業外收入的金額為換出設備的公允價值1,404,000元與其帳面價值975,000元（1,500,000-525,000）並扣除清理費用1,500元后的余額，即427,500元。

乙公司的帳務處理如下：

以庫存商品換入其他資產，應計算增值稅銷項稅額，交納增值稅。

換出鋼材的增值稅銷項稅額＝1,404,000×17%＝238,680（元）

換入設備的增值稅進項稅額＝1,404,000×17%＝238,680（元）

借：固定資產——××設備	1,404,000
應交稅費——應交增值稅（進項稅額）	238,680
貸：主營業務收入——鋼材	1,404,000
應交稅費——應交增值稅（銷項稅額）	238,680
借：主營業務成本——鋼材	1,200,000
貸：庫存商品——鋼材	1,200,000

(二) 涉及補價的會計處理

非貨幣性資產交換具有商業實質且公允價值能夠可靠計量的，在發生補價的情況下，應當分別按下列情況處理：

(1) 支付補價的，應當以換出資產的公允價值加上支付的補價（或換入資產的公允價值）和應當支付的相關稅費，作為換入資產的成本。

(2) 收到補價的，應當以換出投資的公允價值減去補價（或換入資產的公允價值）加上應支付的相關稅費，作為換入資產的成本。

(3) 換出資產公允價值與其帳面價值的差額，應當區分不同情況處理：

①換出資產為存貨的，應當作為銷售處理，根據「收入」相關內容的規定，按其公允價值確認收入，同時結轉相應的成本。

②換出資產為固定資產、無形資產的，換出資產公允價值與其帳面價值的差額，計入營業外收入或營業外支出。

③換出資產為長期股權投資的，換出資產公允價值與其帳面價值的差額，計入投資損益。

【實務 12-2】甲公司經協商以其擁有的一幢自用寫字樓與乙公司持有的對丙公司長期股權投資交換。在交換日，該幢寫字樓的帳面原價為 6,000,000 元，已提折舊 1,200,000 元，未計提減值準備，在交換日的公允價值為 6,750,000 元，稅務機關核定甲公司因交換寫字樓需要交納營業稅 337,500 元；乙公司持有的對丙公司長期股權投資帳面價值為 4,500,000 元，沒有計提減值準備，在交換日的公允價值為 6,000,000 元，乙公司支付 750,000 元給甲公司。乙公司換入寫字樓后用於經營出租目的，並擬採用成本計量模式。甲公司換入對丙公司投資仍然作為長期股權投資，並採用成本法核算。甲公司轉讓寫字樓的營業稅尚未支付，假定除營業稅外，該項交易過程中不涉及其他相關費用。

該項資產交換涉及收付貨幣性資產，即補價 750,000 元。對甲公司而言，收到的補價 750,000÷換出資產的公允價值 6,750,000 元（或換入長期股權投資公允價值 6,000,000元+收到的補價 750,000 元）= 11.11% < 25%，屬於非貨幣性資產交換。

對乙公司而言，支付的補價 750,000÷換入資產的公允價值 6,750,000（或換出長期股權投資公允價值 6,000,000 元+支付的補價 750,000）= 11.11% < 25%，屬於非貨幣性資產交換。

本實務例題屬於以固定資產交換長期股權投資。由於兩項資產的交換具有商業實質，並且長期股權投資和固定資產的公允價值均能夠可靠計量，因此甲、乙公司均應當以公允價值為基礎確認換入資產的成本，並確認產生的損益。

甲公司的帳務處理如下：

借：固定資產清理　　　　　　　　　　　　　　　　4,800,000
　　累計折舊　　　　　　　　　　　　　　　　　　　1,200,000
　　貸：固定資產——辦公樓　　　　　　　　　　　　　　6,000,000
借：固定資產清理　　　　　　　　　　　　　　　　　337,500

　　　　貸：應交稅費——應交營業稅　　　　　　　　　　　　337,500
　　　借：長期股權投資——丙公司　　　　　　　　　　　　6,000,000
　　　　　銀行存款　　　　　　　　　　　　　　　　　　　750,000
　　　　貸：固定資產清理　　　　　　　　　　　　　　　　6,750,000
　　　借：固定資產清理　　　　　　　　　　　　　　　　　1,612,500
　　　　貸：營業外收入　　　　　　　　　　　　　　　　　1,612,500
　　其中，營業外收入金額為甲公司換出固定資產的公允價值6,750,000元與帳面價值4,800,000元之間的差額，減去處置時發生的營業稅337,500元，即1,612,500元。
　　乙公司的帳務處理如下：
　　　借：投資性房地產　　　　　　　　　　　　　　　　　6,750,000
　　　　貸：長期股權投資——丙公司　　　　　　　　　　　4,500,000
　　　　　　銀行存款　　　　　　　　　　　　　　　　　　750,000
　　　　　　投資收益　　　　　　　　　　　　　　　　　　1,500,000
　　其中，投資收益金額為乙公司換出長期股權投資的公允價值6,000,000元與帳面價值4,500,000元之間的差額，即1,500,000元。

三、不具有商業實質或者換入資產或換出資產公允價值不能可靠計量的非貨幣性資產交換的會計處理

　　如果非貨幣性資產交換交易不具有商業實質，換入資產的成本按照換出資產的帳面價值加上應支付的相關稅費確定，不確認損益。非貨幣性交易雖具有商業實質，但換入資產或換出資產的公允價值不能可靠計量的，按照不具有商業實質的非貨幣性資產交換的原則進行會計處理。
　　下面以不具有商業實質的非貨幣性資產交換的會計處理為例進行說明。

（一）不涉及補價情況下的會計處理

　　在不具有商業實質的非貨幣性資產交換中，不涉及補價的，企業換入的資產應當按換出資產的帳面價值加上應支付的相關稅費，作為換入資產成本。
　　【實務12-3】甲公司以其持有的對丙公司的長期股權投資交換乙公司擁有的商標權。在交換日，甲公司持有的長期股權投資帳面餘額為5,000,000元，已計提長期股權投資減值準備餘額為1,400,000元，該長期股權投資在市場上沒有公開報價，公允價值也不能可靠計量；乙公司商標權的帳面原價為4,200,000元，累計已攤銷金額為600,000元，其公允價值也不能可靠計量，乙公司沒有為該項商標權計提減值準備。乙公司將換入的對丙公司的投資仍作為長期股權投資，並採用成本法核算。假設整個交易過程中沒有發生其他相關稅費。
　　該項資產交換沒有涉及收付貨幣性資產，因此屬於非貨幣性資產交換。本實務例題屬於以長期股權投資交換無形資產。由於換出資產和換入資產的公允價值都無法可靠計量，因此甲、乙公司換入資產的成本均應當按照換出資產的帳面價值確定，不確認損益。

甲公司的帳務處理如下：
借：無形資產——商標權　　　　　　　　　　　　　　3,600,000
　　長期股權投資減值準備——丙公司　　　　　　　　1,400,000
　貸：長期股權投資——丙公司　　　　　　　　　　　5,000,000
乙公司的帳務處理如下：
借：長期股權投資——丙公司　　　　　　　　　　　　3,600,000
　　累計攤銷　　　　　　　　　　　　　　　　　　　　600,000
　貸：無形資產——專利權　　　　　　　　　　　　　4,200,000

（二）涉及補價情況下的會計處理

不具有商業實質的非貨幣性資產交換中，在涉及補價的情況下，換入資產的入帳價值應分別確定。

（1）支付補價的，按換出資產帳面價值加上支付的補價和應支付的相關稅費，作為換入資產的入帳價值，不確認損益。其計算公式為：

換入資產入帳價值＝換出資產帳面價值＋支付的補價＋應支付的相關稅費－增值稅進項稅

（2）收到補價的，按換出資產帳面價值，減去收到的補價加上應支付的相關稅費，作為換入資產的入帳價值，不確認損益。其計算公式為：

換入資產入帳價值＝換出資產帳面價值－收到的補價＋應支付的相關稅費－增值稅進項稅

【實務12-4】甲公司擁有一個離生產基地較遠的倉庫，該倉庫帳面原價3,500,000元，已計提折舊2,350,000元；乙公司擁有一項長期股權投資，帳面價值1,050,000元，兩項資產均未計提減值準備。由於倉庫離市區較遠，公允價值不能可靠計量；乙公司擁有的長期股權投資在活躍市場中沒有報價，其公允價值也不能可靠計量。雙方商定，乙公司以兩項資產帳面價值的差額為基礎，支付甲公司100,000元補價，以換取甲公司擁有的倉庫。假定交易中沒有涉及其他相關稅費。

該資產交換涉及收付貨幣性資產，即補價100,000元。對甲公司而言，收到的補價100,000元÷換出資產帳面價值1,150,000元＝8.7%＜25%。因此，該項交換屬於非貨幣性資產交換，乙公司的情況也類似。由於兩項資產的公允價值不能可靠計量，因此甲、乙公司換入資產的成本均應當以換出資產的帳面價值為基礎確定，不確認損益。

甲公司的帳務處理如下：
借：固定資產清理　　　　　　　　　　　　　　　　　1,150,000
　　累計折舊　　　　　　　　　　　　　　　　　　　2,350,000
　貸：固定資產——倉庫　　　　　　　　　　　　　　3,500,000
借：長期股權投資——××公司　　　　　　　　　　　1,050,000
　　銀行存款　　　　　　　　　　　　　　　　　　　　100,000
　貸：固定資產清理　　　　　　　　　　　　　　　　1,150,000

乙公司的帳務處理如下：
借：固定資產——倉庫　　　　　　　　　　　　　　　1,150,000
　　貸：長期股權投資——××公司　　　　　　　　　　1,050,000
　　　　銀行存款　　　　　　　　　　　　　　　　　　　100,000

四、非貨幣性資產交換中涉及多項資產交換的會計處理

（一）具有商業實質且公允價值能夠可靠計量的會計處理

具有商業實質且換入資產的公允價值能夠可靠計量的非貨幣性資產交換，在同時換入多項資產的情況下，應當按照換入各項資產的公允價值占換入資產公允價值總額的比例，對換入資產的成本總額進行分配，確定各項換入資產的成本。

【實務12-5】甲公司為適應業務發展的需要，經與乙公司協商，甲公司決定以生產經營過程中使用的辦公樓、機器設備和庫存商品換入乙公司生產經營過程中使用的10輛貨運車、5臺專用設備和15輛客運汽車。

甲公司辦公樓的帳面原價為 2,250,000 元，在交換日的累計折舊為 450,000 元，公允價值為 1,600,000 元；機器設備系由甲公司於 2009 年購入，帳面原價為 1,800,000 元，在交換日的累計折舊為 900,000 元，公允價值為 1,200,000 元；庫存商品的帳面余額為 4,500,000 元，市場價格為 5,250,000 元。

乙公司的貨運車、專用設備和客運汽車均系 2010 年年初購入，貨運車的帳面原價為 2,250,000 元，在交換日的累計折舊為 750,000 元，公允價值為 2,250,000 元；專用設備的帳面原價為 3,000,000 元，在交換日的累計折舊為 1,350,000 元，公允價值為 2,500,000元；客運汽車的帳面原價為 4,500,000 元，在交換日的累計折舊為 1,200,000 元，公允價值為 3,600,000 元。

乙公司另外收取甲公司以銀行存款支付的 623,000 元，其中包括由於換出和換入資產公允價值不同而支付的補價 300,000 元，以及換出資產銷項稅額與換入資產進項稅額的差額 323,000 元。

本實務例題中，交換涉及收付貨幣性資產，應當計算甲公司支付的貨幣性資產占甲公司換出資產公允價值與支付的貨幣性資產之和比例，即 300,000÷（1,600,000+1,200,000+5,250,000+300,000）=3.73%<25%。可以認定這一涉及多項資產的交換行為屬於非貨幣性資產交換。對於甲公司而言，為了拓展運輸業務，需要客運汽車、專用設備、貨運汽車等，乙公司為了滿足生產，需要辦公樓、機器設備、原材料等，換入資產對換入企業均能發揮更大的作用。該項涉及多項資產的非貨幣性資產交換具有商業實質，同時各單項換入資產和換出資產的公允價值均能可靠計量。因此，甲、乙公司均應當以公允價值為基礎確定換入資產的總成本，確認產生的相關損益。同時，按照各單項換入資產的公允價值占換入資產公允價值總額的比例，確定各單項換入資產的成本。

甲公司的帳務處理如下：
（1）換出辦公樓的營業稅稅額=1,600,000×5%=80,000（元）

換出設備的增值稅銷項稅額＝1,200,000×17％＝204,000（元）

換出庫存商品的增值稅銷項稅額＝5,250,000×17％＝892,500（元）

換入貨運車、專用設備和客運汽車的增值稅進項稅額＝（2,250,000+2,500,000+3,600,000）×17％＝1,419,500（元）

（2）計算換入資產、換出資產公允價值總額。

換出資產公允價值總額＝1,600,000+1,200,000+5,250,000＝8,050,000（元）

換入資產公允價值總額＝2,250,000+2,500,000+3,600,000＝8,350,000（元）

（3）計算換入資產總成本。

換入資產總成本＝8,050,000+300,000+0＝8,350,000（元）

或：換入資產總成本＝8,050,000+（204,000+892,500）+623,000－1,419,500
＝8,350,000（元）

（4）計算確定換入各項資產的成本。

貨運車的成本＝8,350,000×（2,250,000÷8,350,000×100％）＝2,250,000（元）

專用設備的成本＝8,350,000×（2,500,000÷8,350,000×100％）＝2,500,000（元）

客運汽車的成本＝8,350,000×（3,600,000÷8,350,000×100％）＝3,600,000（元）

（5）相關會計分錄如下：

借：固定資產清理	2,700,000
累計折舊	1,350,000
貸：固定資產——辦公樓	2,250,000
——機器設備	1,800,000
借：固定資產清理	80,000
貸：應交稅費——應交營業稅	80,000
借：固定資產——貨運車	2,250,000
——專用設備	2,500,000
——客運汽車	3,600,000
應交稅費——應交增值稅（進項稅額）	1,419,500
貸：固定資產清理	2,780,000
主營業務收入	5,250,000
應交稅費——應交增值稅（銷項稅額）	1,096,500
銀行存款	623,000
營業外收入	20,000
借：主營業務成本	4,500,000
貸：庫存商品	4,500,000

其中，營業外收入的金額等於甲公司換出辦公樓和設備的公允價值2,800,000元（1,600,000+1,200,000）超過其帳面價值2,700,000元〔（2,250,000－450,000）+（1,800,000－900,000）〕的金額，再減去支付的營業稅金額80,000元，即20,000元。

乙公司的帳務處理如下：

（1）換入設備的增值稅進項稅額＝1,200,000×17％＝204,000（元）

換入原材料的增值稅進項稅額＝5,250,000×17%＝892,500（元）

換出貨運車、專用設備和客運汽車的增值稅銷項稅額＝(2,250,000+2,500,000+3,600,000)×17%＝1,419,500（元）

（2）計算換入資產、換出資產公允價值總額。

換出資產公允價值總額＝2,250,000+2,500,000+3,600,000＝8,350,000（元）

換入資產公允價值總額＝1,600,000+1,200,000+5,250,000＝8,050,000（元）

（3）確定換入資產總成本。

換入資產總成本＝8,350,000-300,000+0＝8,050,000（元）

或：換入資產總成本＝8,350,000+1,419,500-623,000-(204,000+892,500)
　　　　　　　　　＝8,050,000（元）

（4）計算確定換入各項資產的成本。

辦公樓的成本＝8,050,000×(1,600,000÷8,050,000×100%)＝1,600,000（元）

機器設備的成本＝8,050,000×(1,200,000÷8,050,000×100%)＝1,200,000（元）

原材料的成本＝8,050,000×(5,250,000÷8,050,000×100%)＝5,250,000（元）

（5）相關會計分錄如下：

借：固定資產清理	6,450,000
累計折舊	3,300,000
貸：固定資產——貨運車	2,250,000
——專用設備	3,000,000
——客運汽車	4,500,000
借：固定資產清理	1,419,500
貸：應交稅費——應交增值稅（銷項稅額）	1,419,500
借：固定資產——辦公樓	1,600,000
——機器設備	1,200,000
原材料	5,250,000
應交稅費——應交增值稅（進項稅額）	1,096,500
銀行存款	623,000
貸：固定資產清理	9,769,500
借：固定資產清理	1,900,000
貸：營業外收入	1,900,000

其中，營業外收入的金額為換出貨運車、專用設備和客運汽車的公允價值8,350,000元(2,250,000+2,500,000+3,600,000)與帳面價值6,450,000元[(2,250,000-750,000)+(3,000,000-1,350,000)+(4,500,000-1,200,000)]的差額，即1,900,000元。

（二）不具有商業實質或者公允價值不能可靠計量的會計處理

1. 不涉及補價情況下的會計處理

不具有商業實質且不涉及補價的多項資產交換的核算原則與不具有商業實質且不

涉及補價的單項資產交換基本相同，即以換出資產的帳面價值加上應支付的相關稅費，作為換入資產的入帳價值。但是，由於換入、換出的是多項資產，換出各項資產的帳面價值無法與換入各項資產一一對應，因此需要確定各項換入資產的入帳價值。在確定各項換入資產的入帳價值時，按照換入資產各項資產的原帳面價值占換入資產原帳面價值總額的比例，對換入資產的成本的總額進行分配，確定各項換入資產的成本。

【實務 12-6】甲公司因經營戰略發生較大轉變，產品結構發生較大調整，原生產廠房、專利技術等已不符合生產新產品的需要，經與乙公司協商，2015 年 1 月 1 日，甲公司將其生產廠房連同專利技術與乙公司正在建造過程中的一幢建築物、乙公司對丙公司的長期股權投資（採用成本法核算）進行交換。

甲公司換出生產廠房的帳面原價為 2,000,000 元，已提折舊為 1,250,000 元；專利技術帳面原價為 750,000 元，已攤銷金額為 375,000 元。

乙公司在建工程截至交換日的成本為 875,000 元，對丙公司的長期股權投資成本為 250,000 元。

甲公司的廠房公允價值難以取得，專利技術市場上並不多見，公允價值也不能可靠計量。乙公司的在建工程因完工程度難以合理確定，其公允價值不能可靠計量，由於丙公司不是上市公司，乙公司對丙公司長期股權投資的公允價值也不能可靠計量。假定甲、乙公司均未對上述資產計提減值準備，該交易過程中不考慮相關稅費。

本實務例題中，交換不涉及收付貨幣性資產，屬於非貨幣性資產交換。由於換入資產、換出資產的公允價值均不能可靠計量，甲、乙公司均應當以換出資產帳面價值總額作為換入資產的總成本，各項換入資產的成本應當按各項換入資產的帳面價值占換入資產帳面價值總額的比例分配後確定。

甲公司的帳務處理如下：
(1) 計算換入資產、換出資產帳面價值總額。
換入資產帳面價值總額＝875,000＋250,000＝1,125,000（元）
換出資產帳面價值總額＝（2,000,000－1,250,000）＋（750,000－375,000）
$\quad\quad\quad\quad\quad\quad$＝1,125,000（元）
(2) 確定換入資產總成本。
換入資產總成本＝換出資產帳面價值＝1,125,000（元）
(3) 確定各項換入資產成本。
在建工程成本＝1,125,000×(875,000÷1,125,000×100%)＝875,000（元）
長期股權投資成本＝1,125,000×(250,000÷1,125,000×100%)＝250,000（元）
(4) 相關會計分錄如下：

借：固定資產清理	750,000
累計折舊	1,250,000
貸：固定資產——廠房	2,000,000
借：在建工程——××工程	875,000
長期股權投資	250,000
累計攤銷	375,000

貸：固定資產清理　　　　　　　　　　　　　　　　　　　　　　750,000
　　　　無形資產——專利技術　　　　　　　　　　　　　　　　　750,000
乙公司的帳務處理如下：
（1）計算換入資產、換出資產帳面價值總額。
換入資產帳面價值總額＝（2,000,000－1,250,000）＋（750,000－375,000）
　　　　　　　　　＝1,125,000（元）
換出資產帳面價值總額＝875,000＋250,000＝1,125,000（元）
（2）確定換入資產總成本。
換入資產總成本＝換出資產帳面價值＝1,125,000（元）
（3）確定各項換入資產成本。
廠房成本＝1,125,000×(750,000÷1,125,000×100%)＝750,000（元）
專利技術成本＝1,125,000×(375,000÷1,125,000×100%)＝375,000（元）
（4）相關會計分錄如下：
借：固定資產清理　　　　　　　　　　　　　　　　　　　　　　875,000
　　貸：在建工程——××工程　　　　　　　　　　　　　　　　875,000
借：固定資產——廠房　　　　　　　　　　　　　　　　　　　　750,000
　　無形資產——專利技術　　　　　　　　　　　　　　　　　　375,000
　　貸：固定資產清理　　　　　　　　　　　　　　　　　　　　875,000
　　　　長期股權投資　　　　　　　　　　　　　　　　　　　　250,000

2. 涉及補價情況下的會計處理

　　在不具有商業實質且涉及補價的多項資產交換時，核算的基本原則與不具有商業實質且涉及補價的單項資產的會計處理原則基本相同，即按收到補價和支付補價情況分別確定換入資產的入帳價值。涉及補價的多項資產交換與單項資產交換的主要區別在於需要對換入各項資產的價值進行分配，其分配方法與不涉及補價的多項資產交換的原則相同，即按各項換入資產帳面價值與換入資產帳面價值總額的比例進行分配，以確定換入各項資產的入帳價值。

　　具有商業實質的非貨幣資產交換，如果換入資產的公允價值不能可靠計量，在同時換入多項資產時，確定各項換入資產的成本的分配比照上述原則進行處理。

◆仿真操作

1. 根據【實務12-1】至【實務12-6】編寫有關的記帳憑證。
2. 登記應交稅費——應交增值稅的明細帳。

◆崗位業務認知

　　利用節假日，去當地的一些企業（工商企業），瞭解企業是否有此類特殊的非貨幣性資產交換業務。如有，看看企業會計人員是如何進行相應帳務處理的。

◆ 工作思考

1. 什麼是非貨幣性資產交換？怎樣進行認定？
2. 非貨幣性資產交換具有的商業實質主要包括哪幾種情形？
3. 什麼是補價率？應如何進行計算？
4. 具有商業實質且公允價值能夠可靠計量的非貨幣性資產交換對於換入資產成本應如何進行確認？
5. 不具有商業實質或公允價值不能夠可靠計量的非貨幣性資產交換對於換入資產成本應如何進行確認？

項目十三　債務重組核算業務

債務重組是企業的一類特殊的經濟業務，債務重組會計核算的主要問題是如何確認和計量債務重組形成的損益。本項目涉及的主要會計崗位是往來結算崗位。在債務人發生了財務困難的情況下，作為企業的財會人員，應該掌握債務重組的具體帳務處理方法，加強往來款項的管理，為企業獲取更大的經濟效益和社會效益。

● 項目工作目標

⊙ 知識目標

掌握債務重組的概念及重組方式；掌握在四種債務重組方式下，債務人及債權人的具體的帳務處理。

⊙ 技能目標

通過本項目的學習，會分析和處理在四種債務重組方式下，作為債務人或債權人企業的會計，能正確進行相應的帳務處理。

⊙ 任務引入

廣東雷伊（集團）股份有限公司與中國建設銀行股份有限公司深圳市分行（以下簡稱深圳建行）於2012年4月20日簽訂了「減免利息協議」，就該公司所欠深圳建行債務96,000,000元本金及相應利息達成重組協議。

該公司與深圳建行於2007年簽訂了借款合同，該筆借款已經全部到期。截至2012年4月20日，該公司尚欠深圳建行借款本金人民幣96,000,000元，累計利息人民幣4,000,000元。

債務重組方案的主要內容：該公司分兩年6筆償還借款本金，即2012年11月末歸還人民幣6,000,000元；2012年12月末歸還人民幣10,000,000元；2013年3月末歸還人民幣20,000,000元；2013年6月末歸還人民幣20,000,000元；2013年9月末歸還人民幣20,000,000元；2013年12月末歸還人民幣20,000,000元。該公司按上述還款方案還款，深圳建行免除該公司尚欠深圳建行至本金全部清償完畢之日止的所有貸款利息。廣東雷伊（集團）股份有限公司的會計人員應進行怎樣的帳務處理？

⊙ 進入任務

任務一　債務重組方式

任務二　債務重組的會計處理

任務一　債務重組方式

債務重組是指在債務人發生財務困難的情況下，債權人按照其與債務人達成的協議或者法院的裁定做出讓步的事項。

債務人發生財務困難是指因債務人出現資金週轉困難、經營陷入困境或者其他方面的原因，導致其無法或者沒有能力按原定條件償還債務。

債權人做出讓步是指債權人同意發生財務困難的債務人現在或者將來以低於重組債務帳面價值的金額或者價值償還債務。債權人做出讓步的情形主要包括債權人減免債務人部分本金或者利息、降低債務人應付債務人利率等。

債務重組主要有以下幾種方式：

第一，以資產清償債務，即債務人轉讓其資產給債權人以清償債務的債務重組方式。債務人通常用於償債的資產主要有現金、債券投資、股權投資、存貨、固定資產、無形資產等。這裡所指的現金，包括庫存現金、銀行存款和其他貨幣資金。在債務重組的情況下，以現金清償債務是指低於債務的帳面價值的現金清償債務。如果以等量的現金償還所欠債務，則不屬於本項目所指的債務重組。

第二，將債務轉為資本，即債務人將債務轉為資本，同時債權人將債權轉為股權的債務重組方式。但債務人根據轉換協議，將應付可轉換公司債券轉為資本的，則屬於正常情況下的債務轉為資本，不能作為本項目所指的債務重組。債務轉為資本時，對股份有限公司而言，是將債務轉為股本；對其他企業而言，是將債務轉為實收資本。將債務轉為資本的結果是債務人因此而增加股本（或實收資本），債權人因此而增加股權。

第三，修改其他債務條件，即修改不包括上述第一、第二情形在內的債務條件進行債務重組的方式，如減少債務本金、降低利率、免去應付未付的利息、延長償還期限等。

第四，以上三種方式的組合，即採用以上三種方式共同清償債務的債務重組形式。例如，以轉讓資產清償某項債務的一部分，另一部分債務通過修改其他債務條件進行債務重組。

任務二　債務重組的會計處理

一、以資產清償債務

（一）以現金清償債務

以現金清償債務的，債務人應當在滿足金融負債終止確認條件時，終止確認重組債務，並將重組債務的帳面價值與實際支付現金之間的差額，計入當期損益。

以現金清償債務的，債權人應當將重組債權的帳面餘額與收到的現金之間的差額，

計入當期損益（營業外支出）。債權人已對債權計提減值準備的，應當先將該差額衝減減值準備，衝減后尚有余額的，計入營業外支出（債務重組損失）；衝減后減值準備仍有余額的，應予轉回並抵減當期資產減值損失。

【實務13-1】大化企業於2015年1月20日銷售一批材料給長信企業，不含稅價格為200,000元，增值稅稅率為17%，按合同規定，長信企業應於2015年4月1日前償付貨款。由於長信企業發生財務困難，無法按合同規定的期限償還債務，雙方經協商於7月1日進行債務重組。債務重組協議規定，大化企業同意減免乙企業30,000元債務，余額用現金立即償清。大化企業已於7月10日收到長信企業通過轉帳償還的剩余款項，大化企業已為該項應收債權計提了20,000元的壞帳準備。

(1) 長信企業的帳務處理如下：

第一，計算債務重組利得。

應付帳款帳面余額	234,000
減：支付的現金	204,000
債務重組利得	30,000

第二，編製會計分錄。

借：應付帳款	234,000	
貸：庫存現金		204,000
營業外收入——債務重組利得		30,000

(2) 大化企業的帳務處理如下：

第一，計算債務重組損失。

應收帳款帳面余額	234,000
減：收到的現金	204,000
差額	30,000
減：已計提壞帳準備	20,000
債務重組損失	10,000

第二，編製會計分錄。

借：庫存現金	204,000	
營業外支出——債務重組損失	10,000	
壞帳準備	20,000	
貸：應收帳款		234,000

(二) 以非現金資產清償債務

債務人以非現金資產清償債務的，應當符合金融負債終止確認條件時，終止確認重組債務，並將重組債務的帳面價值與轉讓的非現金資產的公允價值之間的差額，計入當期損益（營業外收入）。轉讓的非現金資產的公允價值和其帳面的價值的差額為轉讓資產損益，計入當期損益。

債務人在轉讓非現金資產的過程中發生的一些稅費，如資產評估費、運雜費等，直接計入轉讓資產損益；對於增值稅應稅項目，如債權人不向債務人另行支付增值稅，

則債務重組利得應為轉讓非現金資產的公允價值和該非現金資產的增值稅銷項稅額與重組債務帳面價值的差額；如債權人向債務人另行支付增值稅，則債務重組利得應為轉讓非現金資產的公允價值與重組債務帳面價值的差額。

債務人以非現金資產清償債務，債權人在債務重組日，重組債權的帳面余額與受讓的非現金資產的公允價值之間的差額，在滿足金融資產終止確認條件時，計入當期損益。債權人已對債權計提減值準備，應當先將該差額衝減減值準備，衝減后尚有余額的，計入營業外支出，衝減后減值準備仍有余額的，應予轉回並抵減當期資產減值損失。

對於增值稅應稅項目，如債權人向債務人另行支付增值稅，則增值稅進項稅額可以作為衝減重組債權的帳面余額處理；如債權人向債務人另行支付增值稅，則增值稅進項稅額不能作為衝減重組債權的帳面余額處理。

債權人收到非現金資產時，應按受讓的非現金資產的公允價值計量。債權人發生的運雜費、保險費等，也應計入相關資產的價值。

1. 以庫存材料、商品產品抵償債務

債務人以庫存材料、商品產品抵償債務，應視同銷售進行核算。企業可將該項業務分為兩部分：一是將庫存材料、商品產品出售給債權人，取得貨款。出售庫存材料、商品產品業務與企業正常的銷售業務處理相同，其發生的損益計入當期的損益。二是以取得的貨幣清償債務。但在這項業務中並沒有實際的貨幣流入與流出。

【實務 13-2】甲公司欠乙公司購貨款 350,000 元。由於甲公司財務發生困難，短期內不能支付已於 2015 年 5 月 1 日到期的貨款。2015 年 7 月 10 日，經雙方協商，乙公司同意甲公司以其生產的產品償還債務。該產品的公允價值為 200,000 元，實際成本為 120,000 元。甲公司為增值稅一般納稅人，適用的增值稅稅率為 17%。乙公司於 2015 年 8 月 10 日收到甲公司抵債的產品，並作為產成品入庫；乙公司對該項應收帳款計提了 50,000 元的壞帳準備。

（1）甲公司的帳務處理如下：

第一，計算債務重組利得

應付帳款的帳面余額	350,000
減：所轉讓產品的公允價值	200,000
增值稅銷項稅額（200,000×17%）	34,000
債務重組利得	116,000

第二，編製會計分錄。

借：應付帳款	350,000	
貸：主營業務收入		200,000
應交稅費——應交增值稅（銷項稅額）		34,000
營業外收入——債務重組利得		116,000
借：主營業務成本	120,000	
貸：庫存商品		120,000

在本實務例題中，銷售產品取得的利潤體現在主營業務利潤中，債務重組利得作

為營業外收入處理。如果債務人以庫存材料清償債務，則視同銷售取得的收入作為其他業務收入，發出材料的成本進行其他業務成本處理。

（2）乙公司的財務處理如下：

第一，計算債務重組的損失

應收帳款的帳面餘額	350,000
減：受讓資產的公允價值	234,000
差額	116,000
減：已計提壞帳準備	50,000
債務重組損失	66,000

第二，編製會計分錄。

借：庫存商品	200,000
應交稅費——應交增值稅（進項稅額）	34,000
壞帳準備	50,000
營業外支出——債務重組損失	66,000
貸：應收帳款	350,000

2. 以固定資產抵償債務

債務人以固定資產抵償債務，應將固定資產的公允價值與該項固定資產帳面價值和清理費用的差額作為轉讓固定資產的損益處理。將固定資產的公允價值與重組債務的帳面價值的差額，作為債務重組利得。債權人收到的固定資產按公允價值計量。

【實務13-3】2015年4月5日，乙公司銷售一批材料給甲公司，價款為1,100,000元（包括應收取的增值稅稅額）。按購銷合同約定，甲公司應於2015年7月5日前支付價款，但至2015年9月30日甲公司尚未支付。由於甲公司發生財務困難，短期內無法償還債務。經過協商，乙公司同意甲公司用其一臺機器設備抵償債務。該項設備的帳面原價為1,200,000元，累計折舊為330,000元，公允價值為850,000元。抵債設備已於2015年10月10日運抵乙公司，乙公司將其用於本企業產品的生產。

（1）甲公司的帳務處理如下：

計算債務重組利得＝1,100,000－(850,000＋850,000×17%)＝105,500（元）

計算固定資產清理損益＝850,000－(1,200,000－330,000)＝－20,000（元）

首先，將固定資產淨值轉入固定資產清理。

借：固定資產清理——××設備	870,000
累計折舊	330,000
貸：固定資產——××設備	1,200,000

其次，結轉債務重組利得。

借：應付帳款——乙公司	1,100,000
貸：固定資產清理——××設備	850,000
應交稅費——應交增值稅（銷項稅額）	144,500
營業外收入——債務重組利得	105,500

最後，結轉轉讓固定資產損失。

借：營業外支出——處置非流動資產損失　　　　　　　20,000
　　貸：固定資產清理——××設備　　　　　　　　　　　　20,000
（2）乙公司的帳務處理如下：
計算債務重組損失＝1,100,000-（850,000+850,000×17%）＝105,500（元）
借：固定資產——××設備　　　　　　　　　　　　　850,000
　　應交稅費——應交增值稅（進項稅額）　　　　　　144,500
　　營業外支出——債務重組損失　　　　　　　　　　105,500
　　貸：應收帳款——甲公司　　　　　　　　　　　　　1,100,000

3. 以股票、債券等金融資產抵償債務

債務人以股票、債券等金融資產抵償債務，應按相關金融資產的公允價值與其帳面價值的差額，作為轉讓金融資產的利得或損失處理；相關金融資產的公允價值與重組債務的帳面價值的差額，作為債務重組利得。債權人收到的相關金融資產按公允價值計量。

【實務13-4】甲公司於2014年7月1日銷售給乙公司一批產品，價值為450,000元（包括應收取的增值稅稅額），乙公司於當日開出6個月承兌的商業匯票。乙公司於2014年12月31日尚未支付貨款。由於乙公司發生財務困難，短期內不能支付貨款。經與甲公司協商，甲公司同意乙公司以其所擁有並作為以公允價值計量且其變動計入當期損益的某公司股票抵償債務。該股票帳面價值為400,000元（為取得時的成本），公允價值為380,000元。假定甲公司為該項應收帳款提取了壞帳準備40,000元。用於抵債的股票已於2015年1月22日辦理了相關轉讓手續。甲公司將取得的某公司股票作為公允價值計量且變動計入當期損益的金融資產。甲公司已將該項應收票據轉入應收帳款，乙公司已將應付票據轉入應付帳款。

（1）乙公司的帳務處理如下：
第一，計算債務重組利得。
應付帳款的帳面余額　　　　　　　　　　　　　　　450,000
減：股票的公允價值　　　　　　　　　　　　　　　380,000
　　債務重組利得　　　　　　　　　　　　　　　　　70,000
第二，計算轉讓股票收益。
股票的公允價值　　　　　　　　　　　　　　　　　380,000
減：股票的帳面價值　　　　　　　　　　　　　　　400,000
　　轉讓股票損益　　　　　　　　　　　　　　　　-20,000
第三，編製會計分錄。
借：應付帳款　　　　　　　　　　　　　　　　　　450,000
　　投資收益　　　　　　　　　　　　　　　　　　　20,000
　　貸：交易性金融資產　　　　　　　　　　　　　　400,000
　　　　營業外收入——債務重組利得　　　　　　　　70,000
（2）甲公司的帳務處理如下：
第一，計算債務重組損失。

應收帳款的帳面餘額	450,000
減：受讓資產的公允價值	380,000
差額	70,000
減：壞帳準備	40,000
債務重組損失	30,000

第二，編製會計分錄。

借：交易性金融資產	380,000
營業外支出——債務重組損失	30,000
壞帳準備	40,000
貸：應收帳款	450,000

二、將債務轉為資本

將債務轉為資本，應區分以下情況處理：

第一，債務人為股份有限公司時，債務人應當在滿足金融負債終止確認條件時，終止確認重組債務，並將債權人因放棄債權而享有股份的面值總額確認為股本；股權的公允價值總額與股本之間的差額作為資本公積。重組債務的帳面價值與股份的公允價值總額之間的差額作為債務重組利得，計入當期損益（營業外收入）。

第二，債務人為其他企業時，債務人應當在滿足金融負債終止確認條件時，終止確認重組債務，並將債務人因放棄債權而享有的股權份額確認為實收資本；股權的公允價值與實收資本之間的差額確認為資本公積。重組債務的帳面價值與股權的公允價值之間的差額作為債務重組利得，計入當期損益（營業外收入）。

第三，債權人在債務重組日，應當將享有股權的公允價值確認為對債務人的投資，重組債權的帳面餘額與因放棄債權而享有的股權的公允價值之間的差額，先衝減已提取的減值準備，減值準備不足衝減的部分，或未提取損失準備的，將該差額確認為債務重組損失。以債務轉為資本的，債權人應將因放棄債權而享有的股權按公允價值計量。發生的相關稅費，分別按照長期股權投資或者金融工具確認計量的規定進行處理。

【實務 13-5】2015 年 7 月 1 日，甲公司應收乙公司帳款的帳面餘額為 60,000 元，由於乙公司發生困難，無法償付該應付帳款。經雙方協商同意，乙公司以其普通股償還債務。假定普通股的價值為 1 元，乙公司以 20,000 股抵償該項債務，股票每股市價為 2.5 元。甲公司對該項應收帳款計提了壞帳準備 2,000 元。股票登記手續已於 2015 年 8 月 9 日辦理完畢，甲公司將其作為長期股權投資核算。

(1) 乙公司的帳務處理如下：

第一，計算應計入資本公積的金額。

股票的公允價值	50,000
減：股票的面值總額	20,000
應計入資本公積	30,000

第二，計算債務重組所得。

債務帳面價值	60,000

| 股票的公允價值 | 50,000 |
| 債務重組利得 | 10,000 |

第三，編製會計分錄。

借：應付帳款	60,000
貸：股本	20,000
資本公積——股本溢價	30,000
營業外收入——債務重組利得	10,000

（2）甲公司的帳務處理如下：

第一，計算債務重組損失。

應收帳款帳面余額	60,000
減：所轉股權的公允價值	50,000
差額	10,000
減：已計提壞帳準備	2,000
債務重組損失	8,000

第二，編製會計分錄。

借：長期股權投資	50,000
營業外支出——債務重組損失	8,000
壞帳準備	2,000
貸：應收帳款	60,000

三、修改其他債務條件

以修改其他債務條件進行債務重組的，債務人和債權人應區分以下情況處理：

（一）不附或有條件的債務重組

不附或有條件的債務重組，債務人應將重組債務的帳面余額減記至將來應付金額，減記的金額作為債務重組利得，於當期確認計入損益，重組後債務的帳面余額為將來應付金額。

以修改其他債務條件進行債務重組，如修改的債務條款不涉及或有應收金額，則債權人在重組日，應當將修改其他債務條件後的債權的公允價值作為重組后債權的帳面價值，重組債權的帳面余額與重組後的債權帳面價值之間的差額確認為債務重組損失，計入當期損益。如果債權人已對該項債權計提了壞帳準備，應當首先衝減已計提的壞帳準備。

或有應收金額是指需要根據未來某種事項出現而發生的應收金額，而且該未來事項的出現具有不確定性。

【實務13-6】甲公司2013年12月31日應收乙公司票據的帳面余額為65,400元，其中5,400元為累計應收的利息，票面年利率為4%。由於乙公司連年虧損，資金週轉困難，不能償付應於2013年12月31日前支付的應付票據。雙方經協商，於2014年1月7日進行債務重組。甲公司同意將債務本金減至50,000元；免去債務人所欠的全部

利息；將利率從4%降低到2%（等於實際利率），並將債務到期日延至2015年12月31日，利息按年支付。該項債務重組協議從協議簽訂日起開始實施。甲、乙公司已將應收、應付票據轉入應收、應付帳款。甲公司已為該項應收款計提了5,000元壞帳準備。

(1) 乙公司的帳務處理如下：

第一，計算債務重組利得。

應付帳款的帳面余額	65,400
減：重組后債務公允價值	50,000
債務重組利得	15,400

第二，編製會計分錄。

2014年1月7日債務重組時。

借：應付帳款	65,400
貸：應付帳款——債務重組	50,000
營業外收入——債務重組利得	15,400

2014年12月31日支付利息。

借：財務費用	1,000
貸：銀行存款（50,000×2%）	1,000

2015年12月31日償還本金和最后一年利息。

借：財務費用	1,000
應付帳款——債務重組	50,000
貸：銀行存款	51,000

(2) 甲公司的帳務處理如下：

第一，計算債務重組損失。

應收帳款帳面余額	65,400
減：重組后債權公允價值	50,000
差額	15,400
減：已計提壞帳準備	5,000
債務重組損失	10,400

第二，編製會計分錄。

2014年1月7日債務重組時。

借：應收帳款——債務重組	50,000
營業外支出——債務重組損失	10,400
壞帳準備	5,000
貸：應收帳款	65,400

2014年12月31日收到利息。

借：銀行存款	1,000
貸：財務費用（50,000×2%）	1,000

2015年12月31日收到本金和最后一年利息。

借：銀行存款	51,000

貸：財務費用	1,000
應收帳款——債務重組	50,000

(二) 附或有條件的債務重組

附或有條件的債務重組，對於債務人而言，修改後的債務條款如涉及或有應付金額，並且該或有應付金額符合或有事項中有關預計負債確認條件的，債務人應當將該或有應付金額確認為預計負債。重組債務的帳面價值與重組後債務的入帳價值和預計負債金額的差額，作為債務重組利得，計入營業外收入。

對債權人而言，修改後的債務條款中涉及或有應收金額的，不應當確認或有應收金額，不得將其計入重組後的帳面價值。根據謹慎性原則，或有應收金額屬於或有資產，或有資產不予確認。只有在或有應收金額實際發生時，才計入當期損益。

或有應付金額是指需要根據未來某種事項出現而發生的應付金額，而且該未來事項的出現具有不確定性。或有應付金額在隨後會計期間沒有發生的，企業應當沖銷已確認的預計負債，同時確認營業外收入。

【實務 13-7】2009 年 6 月 30 日，紅星公司從某銀行取得年利率為 10%、3 年期的貸款 1,000,000 元。后因紅星公司發生財務困難，各年貸款利息均未償還，遂於 2011 年 12 月 31 日進行債務重組，銀行同意延長到期日至 2015 年 12 月 31 日，利率降至 7%，免除積欠利息 250,000 元，本金減至 800,000 元，利息按年支付，但附有一條件：債務重組后，如紅星公司自第二年起有盈利，則利率回覆至 10%，若無盈利，利率仍維持 7%。債務重組協議於 2011 年 12 月 31 日簽訂。貸款銀行已對該項貸款計提了 30,000 元的貸款損失準備。假定實際利率等於名義利率。

紅星公司的帳務處理如下：

第一，計算債務重組利得。

長期借款的帳面余額	1,250,000
減：重組貸款的公允價值	800,000
或有應付金額 [800,000×(10%−7%)×3]	72,000
債務重組利得	378,000

第二，編製會計分錄。

2011 年 12 月 31 日債務重組時。

借：長期借款	1,250,000
貸：長期借款——債務重組	800,000
預計負債	72,000
營業外收入——債務重組利得	378,000

2012 年 12 月 31 日支付利息時。

借：財務費用	56,000
貸：銀行存款 (800,000×7%)	56,000

假定紅星公司自債務重組后的第二年起盈利，2012 年 12 月 31 日和 2013 年 12 月 31 日支付利息時，紅星公司應按 10% 的利率支付利息，則每年需支付利息 80,000 元

（800,000×10%），其中含有應付金額 24,000 元。

借：財務費用　　　　　　　　　　　　　　　　56,000
　　預計負債　　　　　　　　　　　　　　　　24,000
　貸：銀行存款　　　　　　　　　　　　　　　　　　80,000

2015 年 12 月 31 日支付最后一次利息 80,000 元和本金 800,000 元時。

借：長期借款——債務重組　　　　　　　　　　800,000
　　財務費用　　　　　　　　　　　　　　　　56,000
　　預計負債　　　　　　　　　　　　　　　　24,000
　貸：銀行存款　　　　　　　　　　　　　　　　　　880,000

假定紅星公司自債務重組后的第二年起仍沒有盈利，2013 年 12 月 31 日和 2014 年 12 月 31 日支付利息時。

借：財務費用　　　　　　　　　　　　　　　　56,000
　貸：銀行存款　　　　　　　　　　　　　　　　　　56,000

四、以上三種方式的組合方式

以上三種方式的組合方式進行債務重組，主要有以下幾種情況：

第一，債務人以現金、非現金資產兩種方式的組合清償某項債務的，應將重組債務的帳面價值與支付的現金、轉讓的非現金資產的公允價值之間的差額作為債務重組利得。非現金資產的公允價值與其帳面價值的差額作為轉讓資產損益。

債權人應將重組債權的帳面價值與收到的現金、受讓的非現金資產的公允價值以及已提壞帳準備之間的差額作為債務重組損失。

第二，債務人以現金、將債務轉為資本兩種方式的組合清償某項債務的，應將重組債務的帳面價值與支付的現金、債權人因放棄債權而享有的股權的公允價值之間的差額作為債務重組利得。股權的公允價值與股本（或實收資本）的差額作為資本公積。

債權人應將重組債權的帳面價值與收到的現金、因放棄債權而享有股權的公允價值以及已提壞帳準備之間的差額作為債務重組損失。

第三，債務人以非現金資產、將債務轉為資本兩種方式的組合清償某項債務的，應將重組債務的帳面價值與轉讓的非現金資產的公允價值、債權人因放棄債權而享有的股權的公允價值之間的差額作為債務重組利得。非現金資產的公允價值與帳面價值的差額作為轉讓資產損益；股權的公允價值與股本（或實收資本）的差額作為資本公積。

債權人應將重組債權的帳面價值與受讓的非現金資產的公允價值、因放棄債權而享有股權的公允價值以及已提壞帳準備之間的差額作為債務重組損失。

第四，債務人以現金、非現金資產、將債務轉為資本三種方式的組合清償某項債務的，應將重組債務的帳面價值與支付的現金、轉讓的非現金資產的公允價值、債權人因放棄債權而享有的股權的公允價值之間的差額作為債務重組利得。非現金資產的公允價值與其帳面價值的差額作為轉讓資產損益；股權的公允價值與股本（或實收資本）的差額作為資本公積。

債權人應將重組債權的帳面價值與收到的現金、受讓的非現金資產的公允價值、因放棄債權而享有股權的公允價值以及已提壞帳準備之間的差額作為債務重組損失。

第五，以資產、將債務轉為資本方式清償某項債務的一部分，並對該項債務的另一部分以修改其他債務條件進行債務重組。在這種方式下，債務人應先以支付的現金、轉讓的非現金資產的公允價值、債權人因放棄債權而享有的股權的公允價值衝減債務的帳面價值，剩餘部分按修改其他債務條件的規定進行帳務處理。

【實務 13-8】A 企業和 B 企業均為增值稅一般納稅人。A 企業於 2014 年 6 月 30 日向 B 企業出售產品一批，產品銷售價款為 1,000,000 元，應收增值稅稅額為 170,000 元；B 企業於同年 6 月 30 日開出期限為 6 個月、票面年利率為 4%的商業承兌匯票，抵銷購買該產品價款。在該票據到期日，B 企業未按期兌付，A 企業將該應收票據按其到期價值轉入應收帳款，不再計算利息。至 2014 年 12 月 31 日，A 企業對該應收帳款提取的壞帳準備為 5,000 元。B 企業由於發生財務困難，短期內資金緊張，於 2014 年 12 月 31 日經與 A 企業協商，達成債務重組協議如下：

第一，B 企業以產品一批償還部分債務。該批產品的帳面價值為 20,000 元，公允價值為 30,000 元，應交增值稅稅額為 5,100 元。B 企業開出增值稅專用發票，A 企業將該產品商品驗收入庫。

第二，A 企業同意減免 B 企業所負全部債務扣除實物抵債後剩餘債務的 40%，其餘債務的償還期延至 2015 年 12 月 31 日。

（1）B 企業的帳務處理如下：

①計算債務重組時應付帳款的帳面余額 =（1,000,000+170,000）×（1+4%÷2）
$$= 1,193,400 （元）$$

②計算債務重組後債務的公允價值 =[1,193,400−30,000×（1+17%）]×60%
$$=（1,193,400−35,100）×60%=694,980 （元）$$

③計算債務重組利得。

應付帳款帳面余額	1,193,400
減：所轉讓資產的公允價值	35,100
重組后債務公允價值	694,980
債務重組利得	463,320

④編製會計分錄。

借：應付帳款	1,193,400	
貸：主營業務收入		30,000
應交稅費——應交增值稅（銷項稅額）		5,100
應付帳款——債務重組		694,980
營業外收入——債務重組利得		463,320
借：主營業務成本	20,000	
貸：庫存商品		20,000

（2）A 企業的帳務處理如下：

①計算債務重組損失。

應收帳款帳面余額	1,193,400
減：受讓資產的公允價值	35,100〔30,000×(1+17%)〕
重組后債權公允價值	694,980〔(1,193,400-35,100)×60%〕
壞帳準備	5,000
債務重組損失	458,320

②編製會計分錄。

借：庫存商品	30,000
應收帳款——債務重組	694,980
應交稅費——應交增值稅（進項稅額）	5,100
壞帳準備	5,000
營業外支出——債務重組損失	458,320
貸：應收帳款	1,193,400

◆ 仿真操作

1. 根據【實務13-1】至【實務13-8】編寫有關的記帳憑證。
2. 登記應收帳款及應付帳款的明細帳。

◆ 崗位業務認知

利用節假日，去當地的一些企業（工商企業），瞭解企業是否有此類特殊的債務重組業務。如有，看看企業會計人員是如何進行帳務處理的。

◆ 工作思考

1. 什麼是債務重組？債務重組主要包括哪幾種方式？
2. 以庫存材料及商品產品抵償債務時，債權人及債務人應如何進行相應帳務處理？
3. 以固定資產抵償債務時，債權人及債務人應如何進行相應帳務處理？
4. 將債務轉為資本，債務人與債權人應怎樣進行帳務核算？
5. 什麼是附或有條件的債務重組？對此又應如何進行核算？

項目十四　財務報告

財務報告是反應企業財務狀況和經營成果的書面文件。本項目涉及的會計崗位是總帳報表崗位。總帳報表崗位在整個會計崗位中處於核心地位，與其他會計崗位都有著信息交流與傳遞關係。處理各項具體經濟業務的各個會計崗位最終都要將會計資料和財務信息匯總於總帳報表崗位，因此總帳報表崗位在企業中具有非常重要的地位。

● 項目工作目標

⊙ 知識目標

瞭解財務報告的概念和內容；掌握資產負債表的概念、作用、結構及其編製方法；掌握利潤表的概念、作用、結構及其編製方法；掌握現金流量表的概念、作用、結構及其編製方法；掌握所有者權益變動表的概念、作用、結構及其編製方法。

⊙ 技能目標

通過本項目的學習，能夠編製相應單位的資產負債表、利潤表、現金流量表及所有者權益變動表。

⊙ 任務引入

買一家公司的股票，實際上就是買這家公司的價值，該公司的經濟業績和未來的現金流量就是股票真正的價碼。這方面最有價值的信息來源就是會計信息，即公司定期或不定期發布的財務報告。「股神」巴菲特就是一個典型的注重基本面分析的積極投資者，他把自己的日常工作概括為「閱讀」，而他閱讀得最多的就是財務報告。有人對巴菲特1965—2006年的投資業績進行過統計，發現在此期間巴菲特的財富增長了3,600多倍，是同期美國股市漲幅的55倍。打個比方說，如果你把自己僅有的1萬元交給巴菲特打理，42年后巴菲特就會使你擁有3,600多萬元。人們驚嘆巴菲特擁有一根能點石成金的金手指，巴菲特卻說：「我從來不關心股價走勢，也沒有必要關心，這也許還會妨礙我做出正確的選擇。」巴菲特堅持認為，他是在投資企業而不是炒股票，如果有可能就盡量遠離股市。巴菲特的投資理念其實很簡單，那就是價值投資。價值投資是一種積極的、理性的投資行為。在價值投資理念的指導下，財務報告的作用就顯得尤為重要。巴菲特幾乎不用電腦，在巴菲特的辦公室裡最多的就是上市公司的年報。巴菲特保存了幾乎美國所有上市公司的年報。巴菲特在進行投資前，就已經對目標公司的財務報告進行了非常縝密的分析，通過透視財務報告，對公司的內在價值進行評估，並據以指導其投資決策。

從上文中你瞭解到了有關財務報告的重要性，那什麼又是財務報告呢？財務報告具體又包括了哪些內容呢？我們會計人員應該怎樣編製財務報告，使我們企業的投資

者、決策者及信息利用者能夠做出相應的正確決策呢？

⊙ 進入任務

任務一　財務報告概述
任務二　資產負債表
任務三　利潤表
任務四　現金流量表
任務五　所有者權益變動

任務一　財務報告概述

一、財務報告的意義及構成

財務報告是指企業對外提供的反應企業某一特定日期的財務狀況和某一會計期間的經營成果、現金流量等會計信息的文件。

編製會計報表是會計循環的最後一個環節，是會計信息對外輸出的主要方式、方法和手段。

財務報告是企業會計信息的主要載體，包括會計報表及其附註和其他應當在財務會計報告中披露的相關信息和資料。

（一）會計報表

企業財務部門通過編製記帳憑證、登記帳簿等會計程序，對日常發生的、數量繁多的、分散的數據資料加以具體的識別、判斷，進行了選擇、歸類、整理、匯總。但是，這些記錄在憑證、帳簿中的會計信息還很分散，其反應的只是企業生產經營過程中的某一方面的情況，無法滿足企業內外部有關人士瞭解他們所需要瞭解的有關信息的要求。因此，需要通過編製會計報表這種會計核算的專門方法，在會計日常核算的基礎上，對會計憑證和帳簿中所反應的經濟內容進行進一步的加工提煉，使其轉換成容易為他們接受並符合他們需要的，並且能更為綜合、系統、全面地反應企業經濟活動情況和經營成果的財務信息。

會計報表是對企業財務狀況、經營成果和現金流量的結構性表述。

（二）會計報表附註

會計報表附註是對會計報表的補充說明，是財務會計報告體系的重要組成部分，主要是對會計報表中不能包括的內容，或者披露不詳盡的內容作進一步的解釋說明。

二、會計報表的種類

企業的會計報表可以按照其反應的內容、編報時間、編製單位和服務對象進行分類。

按反應的內容不同，會計報表可分為資產負債表、利潤表、現金流量表、所有者權益（或股東權益）變動表和報表附註。

按列報時間不同，會計報表可分為年度會計報表和中期會計報表。年度會計報表是指年度終了對外提供的會計報表。中期報表是指一年以內的報表，主要包括月度報表、季度報表和半年度報表。年度報表要求揭示完整、反應全面；月度報表是按月編報的報表，要求簡明扼要、及時編報；季度報表和半年度報表的詳細程度介於年度報表與月度報表之間。

按編製單位的不同，會計報表可分為單位報表和合併報表。單位報表是在自身會計核算基礎上對帳簿記錄進行加工編製的會計報表，反應企業自身的財務狀況、經營成果和現金流量情況。合併報表是以母公司和子公司組成的企業集團為會計主體，根據母子公司的會計報表，由母公司編製的綜合反應企業集團財務狀況、經營成果和現金流量情況的會計報表。

按服務對象的不同，會計報表可分為對外報表和內部報表。對外報表一般是按照企業會計準則所規定的格式和編製要求編製的公開報告的會計報表。內部報表是根據企業內部管理需要而編製的會計報表，一般不需要對外報告，沒有統一的編製要求與格式。

三、財務會計報表的編製要求

為了保證會計報表的質量，企業必須按照以下基本要求來編製會計報表：

(一) 數字真實，計算準確

編製會計報表的數字來源於各帳戶，而各帳戶的數字來源於記帳憑證，記帳憑證的數字來源於經過確認的原始憑證。因此，為了保證會計報表數字的真實、準確，在報表數字來源正確的前提下，最關鍵在於對原始憑證數字的確認和計量。不能以估計數代替實際數，更不能弄虛作假、隱瞞謊報。在編製報表之前，應完成以下幾項工作：

(1) 按期結帳，確認會計主體的所有交易和事項是否均已登記入帳，是否存在應攤銷而未攤銷、應計提而未計提的費用。

(2) 認真做好對帳和財產清查工作，以達到帳證相符、帳帳相符、帳實相符。

(3) 通過編製試算平衡表，驗證總分類帳戶本期發生額的正確性，為正確編製會計報表提供可靠的數據。

(二) 內容完整，說明清楚

按照會計準則規定的編製基礎、編製依據、編製原則和方法，按統一規定的報表種類、格式和內容編製會計報表；報表內涉及的所有的表內項目及補充資料必須填列完整，必要時應對有關事項用文字加以簡要說明。

(三) 及時編製，及時報送

為了保證會計信息的及時性，要求各單位應及時編製、按國家或上級部門的有關規定的期限和程序及時報送會計報表。

任務二 資產負債表

一、資產負債表的概念

資產負債表是指反應企業在某一特定日期（如月末、季末、年末）財務狀況的會計報表。該表根據「資產＝負債＋所有者權益」會計恒等式設計，依據一定的分類標準和順序，將企業在一定日期的資產、負債和所有者權益各項目予以適當排列，並對日常核算中形成的大量數據進行整理匯總後編製而成，反應企業資產、負債、所有者權益的總體規模和結構，是靜態報表。

二、資產負債表的結構

帳戶式資產負債表的結構可以概括為如下方面：

第一，資產負債表分為左右兩方，左方為資產項目，右方為負債和所有者權益項目，左方的資產總計等於右方的負債和所有者權益總計。

第二，資產項目按照各項資產的流動性的大小或變現能力的強弱順序排列。流動性大、變現能力強的項目排前面；流動性小、變現能力弱的項目排後面。依此，先是流動資產，後是非流動資產。

第三，負債與所有者權益項目按照權益順序排列。由於負債是必須清償的債務，屬於第一順序的權益，具有優先清償的特徵，而所有者權益則是剩余權益，在正常經營條件下不需要償還，因此負債在先、所有者權益在後。

第四，負債內部項目按照償還的先後順序排列。按照到期日由近至遠的順序，償還期近的負債項目排前面，償還期遠的負債項目排後面。依此，先是流動負債，後是非流動負債。

第五，所有者權益內部項目按照穩定性程度或永久性程度高低順序排列。穩定性程度或永久性程度高的項目排前面，穩定性程度或永久性程度較低的項目排後面。依此，先是實收資本（或股本），因為實收資本是企業經過法定程序登記註冊的資本金，通常不會改變，所以穩定性最好；其次是資本公積、盈余公積和未分配利潤項目。

三、資產負債表的編製方法

資產負債表填寫數據的欄目有年初余額欄和期末余額兩欄。

（一）年初余額的填列方法

資產負債表的年初余額欄是根據上年年末資產負債表的期末余額欄直接填列。如果本年度資產負債表規定的各個項目的名稱和內容同上年度不相一致，應對上年年末資產負債表各項目的名稱和數字按本年度的規定進行調整，按調整後的數字填入資產負債表年初余額欄內。

（二）期末余額的填列方法

期末余額欄的填列可以分為以下幾種情況：

1. 根據總帳科目余額直接填列

例如，以公允價值計量且變動計入當期損益的金融資產、短期借款、應付票據、應付職工薪酬、應交稅費、應付利息、應付股利、其他應付款、實收資本、資本公積、盈余公積等項目。

應注意的是，「應付職工薪酬」和「應交稅費」項目應分別根據「應付職工薪酬」科目和「應交稅費」科目的期末貸方余額填列。如果「應付職工薪酬」科目或「應交稅費」科目期末為借方余額，則以「－」號填列。

2. 根據總帳科目的余額計算填列

（1）貨幣資金：應根據「庫存現金」「銀行存款」和「其他貨幣資金」科目的期末余額合計數填列。

（2）存貨：反應企業期末在庫、在途和在加工中的各項存貨的可變現價值。應根據「材料採購」「在途物資」「原材料」「庫存商品」「發出商品」「委託加工物資」「週轉材料」「生產成本」等科目的期末借方余額合計，減去「存貨跌價準備」科目期末貸方余額后的金額填列。

（4）長期股權投資：反應企業不準備在一年內變現的各種股權性質的投資的可收回金額。應根據「長期股權投資」科目的借方余額，減去「長期股權投資減值準備」科目的期末貸方余額后填列。

（5）固定資產：反應企業固定資產可收回的金額。應根據「固定資產」科目的期末借方余額，減去「累計折舊」科目和「固定資產減值準備」科目的期末貸方余額填列。

（6）無形資產：反應企業各項無形資產的期末的可收回金額。應根據「無形資產」科目的期末借方余額，減去「累計攤銷」和「無形資產減值準備」科目期末貸方余額后的金額填列。

（7）未分配利潤：反應企業尚未分配的利潤。應根據「本年利潤」科目期末貸方余額，減去「利潤分配」科目的期末借方余額后的金額填列。未彌補的虧損，在本項目中以「－」數填列。

3. 根據有關科目所屬明細科目余額分析填列

例如，「應付帳款」項目應根據「應付帳款」所屬各明細科目的期末貸方余額合計數填列，而「應付帳款」所屬明細科目期末有借方余額的，應在本表「預付帳款」項目內填列。

4. 根據總帳科目和明細科目余額分析計算填列

（1）應收帳款：反應企業因銷售商品、提供勞務等而向購買單位收取的各種款項，減去已計提的壞帳準備后的淨額。應根據「應收帳款」所屬明細科目的期末借方余額，減去「壞帳準備」科目中有關應收帳款計提的壞帳準備期末余額后的金額填列；如果「應收帳款」所屬明細科目期末為貸方余額，應在本表「預收帳款」項目內填列。

（2）其他應收款：反應企業對其他單位和個人的應收暫收款項，減去已計提的壞帳準備后的淨額。應根據「其他應收款」科目的期末余額，減去「壞帳準備」科目中有關其他應收款計提的壞帳準備期末余額后的金額填列。

（3）持有至到期投資：反應企業持有的劃分為持有至到期投資的攤余成本。應根據「持有至到期投資」科目的期末借方余額，減去「持有至到期投資減值準備」科目的期末貸方余額，再減去將於一年內到期的投資項目金額的金額填列。

將於一年內到期的「持有至到期投資」項目的期末借方余額，減去「持有至到期投資減值準備」科目中該投資項目計提的減值準備后的金額，應在本表「一年內到期的非流動資產」項目內填列。

（4）長期待攤費用：反應企業尚未攤銷的攤銷期限在一年以上的各項費用。應根據「長期待攤費用」科目期末余額減去將於一年內攤銷的數額后的金額填列。

長期待攤費用中將於一年內攤銷的部分，應在本表「一年內到期的非流動負債」項目內填列。

（5）長期借款：反應企業借入尚未歸還的一年期以上的借款本息。根據「長期借款」科目的期末余額減去將於一年內到期本息后的余額填列。

將於一年以內到期的長期借款部分，合併在本表「一年內到期的非流動負債」項目內填列。

（6）應付債券：反應企業發行的尚未償還的各種長期債券的本息。根據「應付債券」科目的期末余額減去將於一年內到期債券本息后的余額填列。

將於一年以內到期的應付債券本息，合併在「一年內到期的非流動負債」項目內填列。

四、資產負債表的編製舉例

【實務14-1】長江公司2014年12月31日的資產負債表（年初余額略）及2015年12月31日的科目余額表分別見表14-1和表14-2。假設長江公司2015年度除計提固定資產減值準備導致固定資產帳面價值與其計稅基礎存在可抵扣暫時性差異外，其他資產和負債項目的帳面價值均等於其計稅基礎。假定該公司未來很可能獲得足夠的應納稅所得額來抵扣可抵扣暫時性差異，適用的所得稅稅率為25%。

表 14-1　　　　　　　　　　資產負債表

會企01表

編製單位：長江公司　　　　　2014年12月31日　　　　　　　　　　單位：元

資產	期末餘額	年初餘額	負債及所有者權益（或股東權益）	期末餘額	年初餘額
流動資產：			流動負債：		
貨幣資金	1,406,300		短期借款	300,000	

表14-1(續)

資產	期末餘額	年初餘額	負債及所有者權益(或股東權益)	期末餘額	年初餘額
以公允價值計量且變動計入當期損益的金融資產	15,000		以公允價值計量且變動計入當期損益的金融負債	0	
應收票據	246,000		應付票據	200,000	
應收帳款	299,100		應付帳款	953,800	
預付款項	100,000		預收款項	0	
應收利息	0		應付職工薪酬	110,000	
應收股利	0		應交稅費	36,600	
其他應收款	5,000		應付利息	1,000	
存貨	2,580,000		應付股利	0	
一年內到期的非流動資產	0		其他應付款	50,000	
其他流動資產	100,000		一年內到期的非流動負債	1,000,000	
流動資產合計	4,751,400		其他流動負債	0	
非流動資產:			流動負債合計	2,651,400	
可供出售金融資產	0		非流動負債:		
持有至到期投資	0		長期借款	600,000	
長期應收款	0		應付債券	0	
長期股權投資	250,000		長期應付款	0	
投資性房地產	0		專項應付款	0	
固定資產	1,100,000		預計負債	0	
在建工程	1,500,000		遞延收益	0	
工程物資	0		遞延所得稅負債	0	
固定資產清理	0		其他非流動負債	0	
生產性生物資產	0		非流動負債合計	600,000	
油氣資產	0		負債合計	3,251,400	
無形資產	600,000		所有者權益(或股東權益):		
開發支出	0		實收資本(或股本)	5,000,000	
商譽	0		資本公積	0	
長期待攤費用	0		減:庫存股	0	
遞延所得稅資產	0		其他綜合收益	0	
其他非流動資產	200,000		盈餘公積	100,000	

表14-1(續)

資產	期末餘額	年初餘額	負債及所有者權益（或股東權益）	期末餘額	年初餘額
非流動資產合計	3,650,000		未分配利潤	50,000	
			所有者權益（或股東權益）合計	5,150,000	
資產總計	8,401,400		負債和所有者權益（或股東權益）總計	8,401,400	

表 14-2　　　　　　　　　　　科目餘額表　　　　　　　　　　　單位：元

帳戶名稱	借方餘額	帳戶名稱	貸方餘額
庫存現金	2,000	短期借款	50,000
銀行存款	786,135	應付票據	100,000
其他貨幣資金	7,300	應付帳款	953,800
交易性金融資產	0	其他應付款	50,000
應收票據	66,000	應付職工薪酬	180,000
應收帳款	600,000	應交稅費	226,731
壞帳準備	-1,800	應付利息	0
預付帳款	100,000	應付股利	32,215.85
其他應收款	5,000	一年內到期的非流動負債	0
材料採購	275,000	長期借款	1,160,000
原材料	45,000	實收資本	5,000,000
週轉材料	38,050	盈餘公積	124,770.40
庫存商品	2,122,400	未分配利潤	190,717.75
材料成本差異	4,250		
其他流動資產	90,000		
長期股權投資	250,000		
固定資產	2,401,000		
累計折舊	-170,000		
固定資產減值準備	-30,000		
工程物資	150,000		
在建工程	578,000		
無形資產	600,000		
累計攤銷	-60,000		
遞延所得稅資產	9,900		

表14-2（續）

帳戶名稱	借方餘額	帳戶名稱	貸方餘額
其他非流動資產	200,000		
合計	8,068,235	合計	8,068,235

根據上述資料，編製長江公司2015年12月31日的資產負債表如表14-3所示。

表14-3　　　　　　　　　　　　　資產負債表　　　　　　　　　　　　　會企01表
編製單位：長江公司　　　　　　　　2015年12月31日　　　　　　　　　　單位：元

資產	期末餘額	年初餘額	負債及所有者權益（或股東權益）	期末餘額	年初餘額
流動資產：			流動負債：		
貨幣資金	795,435	1,406,300	短期借款	50,000	300,000
以公允價值計量且變動計入當期損益的金融資產	0	15,000	以公允價值計量且變動計入當期損益的金融負債	0	0
應收票據	66,000	246,000	應付票據	100,000	200,000
應收帳款	598,200	299,100	應付帳款	953,800	953,800
預付款項	100,000	100,000	預收款項	0	0
應收利息	0	0	應付職工薪酬	180,000	110,000
應收股利	0	0	應交稅費	226,731	36,600
其他應收款	5,000	5,000	應付利息	0	1,000
存貨	2,484,700	2,580,000	應付股利	32,215.85	0
一年內到期的非流動資產	0	0	其他應付款	50,000	50,000
其他流動資產	90,000	100,000	一年內到期的非流動負債	0	1,000,000
流動資產合計	4,139,335	4,751,400	其他流動負債	0	0
非流動資產：			流動負債合計	1,592,746.85	2,651,400
可供出售金融資產	0	0	非流動負債：		
持有至到期投資	0	0	長期借款	1,160,000	600,000
長期應收款	0	0	應付債券	0	0
長期股權投資	250,000	250,000	長期應付款	0	0
投資性房地產	0	0	專項應付款	0	0
固定資產	2,201,000	1,100,000	預計負債	0	0
在建工程	578,000	1,500,000	遞延收益	0	0
工程物資	150,000	0	遞延所得稅負債	0	0

表14-1(續)

資產	期末餘額	年初餘額	負債及所有者權益（或股東權益）	期末餘額	年初餘額
固定資產清理	0	0	其他非流動負債	0	0
生產性生物資產	0	0	非流動負債合計	1,160,000	600,000
油氣資產	0	0	負債合計	2,752,746.85	3,251,400
無形資產	540,000	600,000	所有者權益（或股東權益）：		
開發支出	0	0	實收資本（或股本）	5,000,000	5,000,000
商譽	0	0	資本公積	0	0
長期待攤費用	0	0	減：庫存股	0	0
遞延所得稅資產	9,900	0	其他綜合收益	0	0
其他非流動資產	200,000	200,000	盈餘公積	124,770.40	100,000
非流動資產合計	3,928,900	3,650,000	未分配利潤	190,717.75	50,000
			所有者權益（或股東權益）合計	5,315,488.15	5,150,000
資產總計	8,068,235	8,401,400	負債和所有者權益（或股東權益）總計	8,068,235	8,401,400

任務三　利潤表

一、利潤表的概念

利潤表又稱損益表、收益表，是指反應企業在一定會計期間經營成果的報表。利潤表是根據「收入－費用＝利潤」的會計等式設計的，屬於動態報表。通過利潤表，利潤表使用者既可以瞭解企業的經營成果以及盈虧形成情況，又可以瞭解資本的保值增值情況，借以評價企業管理者的經營業績；通過對不同時期報表數據的對比，進行企業獲利能力分析，借以預測企業的未來收益能力及發展趨勢。

二、利潤表的格式

利潤表包括單步式和多步式兩種格式。單步式利潤表是將企業本期發生的全部收入和全部支出相抵計算企業損益；多步式利潤表是按照企業利潤形成環節，按照營業利潤、利潤總額、淨利潤和每股收益的順序來分步計算財務成果，從而詳細地揭示了企業的利潤形成過程和主要因素。

根據我國企業會計準則的規定，利潤表採用多步式。

三、利潤表的結構

利潤表一般包括表首、正表兩部分。其中，表首概括說明報表名稱、編製單位、編製日期、報表編號、貨幣名稱和計量單位。

在利潤表中，收入按照重要性程度列示，主要包括營業收入、公允價值變動淨收益、投資收益和營業外收入；費用則按照性質列示，並與相關收入相配比，主要包括營業成本、營業稅金及附加、銷售費用、管理費用、財務費用、資產減值損失、營業外支出和所得稅費用等；利潤則按照形成過程列示，依次是營業利潤、利潤總額、淨利潤和每股收益。

多步式利潤表按照以下四個步驟計算最終成果：

第一步，從營業收入出發，減去營業成本、營業稅金及附加、銷售費用、管理費用、財務費用和資產減值損失，再加上公允價值變動淨收益和投資收益，確定營業利潤。

第二步，從營業利潤開始，加上營業外收入，減去營業外支出，確定利潤總額。

第三步，在利潤總額的基礎上，扣除所得稅費用后，確定企業的淨利潤。

第四步，以淨利潤（或淨虧損）和其他綜合收益為基礎，計算綜合收益總額。

第五步，根據綜合收益總額，計算每股收益。

四、利潤表的編製說明

利潤表中的「上期金額」欄內各項數字，應根據上期利潤表的「本期金額」欄所列各項目數字填列。如果上期利潤表規定的各項目的名稱和內容與本期不相一致，應對上期利潤表各項目的名稱和數字按本期規定進行調整，填入本表的「上期金額」欄內。

利潤表「本期金額」各項目的內容及填列方法說明如下：

（1）營業收入：反應企業經營主要業務和其他業務所確認的收入總額。應根據「主營業務收入」和「其他業務收入」科目的發生額之和填列。

（2）營業成本：反應企業經營主要業務和其他業務發生的實際成本，應根據「主營業務成本」和「其他業務成本」科目的發生額之和填列。

（3）營業稅金及附加：反應企業經營業務應負擔的營業稅、消費稅、城市維護建設稅、資源稅、土地使用稅和教育費附加等。應根據「營業稅金及附加」科目的發生額填列。

（4）銷售費用：反應企業在銷售商品及商品流通企業在購入商品等過程中發生的費用。應根據「銷售費用」科目的發生額填列。

（5）管理費用：反應企業發生的管理費用。應根據「管理費用」科目的發生額填列。

（6）財務費用：反應企業發生的財務費用。應根據「財務費用」科目的發生額填列。

（7）投資收益：反應企業以各種方式對外投資所取得的收益。應根據「投資收益」

科目的發生額分析填列，如為投資損失，以「-」號填列。

（8）營業利潤：反應企業實現的營業利潤，如為虧損則以「-」列示。

（9）營業外收入和營業外支出：反應企業發生的與其生產經營無直接關係的各項收入和支出。這兩個項目分別根據「營業外收入」和「營業外支出」科目的發生額分析填列。

（10）利潤總額：反應企業實現的利潤總額，如為虧損則以「-」列示。

（11）所得稅費用：反應企業根據會計準則確認的應從當期利潤總額中扣除的所得稅費用。應根據「所得稅費用」科目的發生額填列。

（12）淨利潤：反應企業實現的淨利潤，如為虧損則以「-」列示。

五、利潤表的編製舉例

【實務14-2】長江公司2015年度有關損益類科目本年累計發生淨額如表14-4所示。

表14-4　　　　　　　　長江公司損益帳戶累計發生淨額　　　　　　單位：元

帳戶名稱	借方發生額	貸方發生額
主營業務收入		1,250,000
主營業務成本	750,000	
營業稅金及附加	2,000	
銷售費用	20,000	
管理費用	157,100	
財務費用	41,500	
資產減值損失	30,900	
投資收益		31,500
營業外收入		50,000
營業外支出	19,700	
所得稅費用	112,596	

根據以上資料，編製長江公司2015年度利潤表如表14-5所示。

表14-5　　　　　　　　　　利潤表　　　　　　　　　　企會02表
編製單位：長江公司　　　　　　　2015年　　　　　　　　　單位：元

項目	本期金額	上期金額
一、營業收入	1,250,000	（略）
減：營業成本	750,000	
營業稅金及附加	2,000	
銷售費用	20,000	

表14-5(續)

項目	本期金額	上期金額
管理費用	157,100	
財務費用	41,500	
資產減值損失	30,900	
加:公允價值變動收益（損失以「-」號填列）	0	
投資收益（損失以「-」號填列）	31,500	
其中:對聯營企業和合營業的投資收益	0	
二、營業利潤（虧損以「-」號填列）	280,000	
加:營業外收入	50,000	
減:營業外支出	19,700	
其中:非流動資產處置損失	（略）	
三、利潤總額（虧損總額以「-」號填列）	310,300	
減:所得稅費用	112,596	
四、淨利潤（淨虧損以「-」號填列）	197,704	
五、其他綜合收益	（略）	
(一)以後不能重分類進損益的其他綜合收益		
(二)以後將重分類進損益的其他綜合收益		
六、綜合收益總額	（略）	
七、每股收益	（略）	
其中:基本每股收益		
稀釋每股收益		

任務四　現金流量表

一、現金流量表及其意義

現金流量表是以現金為基礎編製的，反應企業在一定會計期間的現金及現金等價物（簡稱為現金）的流入和流出信息的會計報表，屬於動態報表。

現金流量表的作用主要是:

(一) 提供一個企業的現金流量信息，有助於信息使用者評估企業的債務償還能力和對所有者分配股利及利潤的能力

現金流量表反應企業經營活動、投資活動和籌資活動等所引起的現金流動情況，包括現金流入量、現金流出量和現金淨流量等情況，從而有利於報表閱讀者對該企業

的償債能力和支付能力的瞭解。企業的償債能力和支付能力直接取決於企業可用於支付的資產以及能夠迅速轉化為支付能力的資產數額。現金資產項目是決定一個企業償債能力和支付能力大小及其變化的關鍵，企業的現金數額越大，現金淨流量越多，其償債能力和支付能力就越強。因此，現金流量表可以提供真實的企業償債能力和支付能力信息。

(二) 提供一個企業的現金流量信息，有助於經營者確定淨利潤與相關的現金收支產生差異的原因，評價企業的經營質量和真實的盈利能力

利潤表提供的淨利潤是在權責發生制基礎上確定的，不能提供經營活動引起的現金流入和現金流出信息，不是企業具體已收到的現金利潤和收益；而現金流量表反應經營活動實際產生的淨現金流量，並在補充資料部分將企業的淨利潤與經營活動現金淨流量進行比較和調整，可以借此看出差異及差異發生的原因。因此，現金流量表有助於經營者確定淨利潤與相關的現金收支產生差異的原因，評價企業真實的盈利能力。

(三) 提供一個企業的現金流量信息，能更好地幫助投資者、債權人和其他人士評價企業未來獲取現金流量的能力

現金流量表反應的現金流量包括經營活動的現金流量、投資活動的現金流量和籌資活動的現金流量三部分內容。在這三項內容中，經營活動的現金流量在本質上是最主要的，並具有較強的再生性，對企業未來的現金流量具有極大的預測價值。在企業全部現金流量中，營業活動的現金流量占的比重越大，企業未來現金流量就越穩定，現金流量的質量就越高。可以根據現金流量表所提供的現金流量信息直接預測企業未來的現金流量，從而預測企業未來的獲取現金的能力。

(四) 提供一個企業的現金流量信息，有助於經營者恰當地評估當期的現金與非現金投資和理財事項對企業財務狀況的影響

現金流量表提供一定時期現金流入和流出的動態財務信息，顯示企業在報告期內由經營活動、投資活動和籌資活動獲得多少現金和現金等價物以及企業是如何運用這些現金的，揭示企業理財活動對企業資產、負債、所有者權益的影響及影響程度。有助於經營者和其他報表使用者恰當地評估當期的現金與非現金投資和理財事項對企業財務狀況的影響。

現金流量表的編製基礎是現金及現金等價物。現金是指企業庫存現金以及可以隨時用於支付的存款等，具體包括現金、銀行存款和其他貨幣資金等。現金等價物是企業持有的期限短（通常為3個月以內）、流動性強、易於轉換為已知金額現金、價值變動風險很小的投資，通常不包括股票投資。

二、現金流量的分類

現金流量是指現金和現金等價物的流入和流出，可以分為三類，即經營活動產生的現金流量、投資活動產生的現金流量和籌資活動產生的現金流量。

(一) 經營活動產生的現金流量

經營活動是指企業投資活動和籌資活動以外的所有交易和事項，包括銷售商品或提供勞務、購買商品或接受勞務、收到的稅費返還、支付職工薪酬、支付的各項稅費、支付廣告費用等。

(二) 投資活動產生的現金流量

投資活動是指企業長期資產的購建和不包括在現金等價物範圍內的投資及其處置活動。包括取得和收回投資、購建和處置固定資產、購買和處置無形資產等。

(三) 籌資活動產生的現金流量

籌資活動是指導致企業資本及債務規模和構成發生變化的活動，包括發行股票或接受投入資本、分派現金股利、取得和償還銀行借款、發行和償還公司債券等。

三、現金流量表的填列方法

現金流量表主表中各項目的確定，可通過以下途徑之一取得：

(1) 根據本期發生的影響現金流量的經濟業務確定。

(2) 調整法，即根據本期發生的全部經濟業務，通過對利潤表和資產負債表中的全部項目進行調整編製現金流量表。

(一) 經營活動產生的現金流量

(1)「銷售商品、提供勞務收到的現金」項目。

銷售商品、提供勞務收到的現金＝當期銷售商品、提供勞務收到的現金＋當期收回前期的應收帳款和應收票據＋當期預收的款項－當期銷售退回支付的現金＋當期收回前期核銷的壞帳損失

「銷售商品、提供勞務收到的現金」項目反應企業銷售商品、提供勞務實際收到的現金（含銷售收入和應向購買者收取的增值稅額）。該項目主要包括：本期銷售商品和提供勞務本期收到的現金、前期銷售商品和提供勞務本期收到的現金、本期預收的商品款和勞務款等、本期發生銷貨退回而支付的現金應從銷售商品或提供勞務收入款項中扣除。

銷售商品、提供勞務收到的現金＝銷售商品、提供勞務產生的「收入和增值稅銷項稅額」＋應收帳款本期減少額（期初余額－期末余額）＋應收票據本期減少額（期初余額－期末余額）＋預收款項本期增加額（期末余額－期初余額）± 特殊調整業務

【實務 14-3】某企業 2015 年度有關資料如下：

(1) 應收帳款項目：年初數 100 萬元，年末數 120 萬元。

(2) 應收票據項目：年初數 40 萬元，年末數 20 萬元。

(3) 預收款項項目：年初數 80 萬元，年末數 90 萬元。

(4) 主營業務收入 6,000 萬元。

(5) 應交稅費——應交增值稅（銷項稅額）1,020 萬元。

(6) 其他有關資料如下：本期計提壞帳準備 5 萬元（該企業採用備抵法核算壞帳

損失），本期發生壞帳回收 2 萬元，收到客戶用 11.7 萬元商品（貨款 10 萬元，增值稅 1.7 萬元）抵償前欠帳款 12 萬元。

銷售商品、提供勞務收到的現金 =（6,000+1,020）+（100-120）+（40-20）+（90-80）-5-12 = 7,013（萬元）

值得說明的是，若上述資料給定的是「應收帳款」帳戶的余額，而不是報表中「應收帳款」項目的余額，則在計算「銷售商品、提供勞務收到的現金」項目金額時，應將「本期發生的壞帳回收」作為加項處理，將本期實際發生的壞帳作為減項處理，本期計提或衝回的「壞帳準備」不需進行特殊處理。

（2）「收到的稅費返還」項目。該項目反應企業收到返還的各種稅費，包括收到返還的增值稅、消費稅、營業稅、關稅、所得稅、教育費附加等。該項目可以根據「庫存現金」「銀行存款」「營業外收入」「其他應收款」等科目的記錄分析填列。

（3）「收到其他與經營活動有關的現金」項目。

（4）「購買商品、接受勞務支付的現金」項目。「購買商品、接受勞務支付的現金」項目反應企業購買商品、接受勞務支付的現金（包括支付的增值稅進項稅額）。該項目主要包括：本期購買商品、接受勞務本期支付的現金，本期支付前期購買商品、接受勞務的未付款項和本期預付款項。本期發生購貨退回而收到的現金應從購買商品或接受勞務支付的款項中扣除。

購買商品、接受勞務支付的現金 = 購買商品、接受勞務產生的「銷售成本和增值稅進項稅額」+ 應付帳款本期減少額（期初余額-期末余額）+ 應付票據本期減少額（期初余額-期末余額）+ 預付款項本期增加額（期末余額-期初余額）+ 存貨本期增加額（期末余額-期初余額）± 特殊調整業務

【實務 14-4】某企業 2015 年度有關資料如下：

（1）應付帳款項目：年初數 100 萬元，年末數 120 萬元。

（2）應付票據項目：年初數 40 萬元，年末數 20 萬元。

（3）預付款項項目：年初數 80 萬元，年末數 90 萬元。

（4）存貨項目的年初數 100 萬元，年末數為 80 萬元。

（5）主營業務成本 4,000 萬元。

（6）應交稅費——應交增值稅（進項稅額）600 萬元。

（7）其他有關資料如下：用固定資產償還應付帳款 10 萬元，生產成本中直接工資項目含有本期發生的生產工人工資費用 100 萬元，本期製造費用發生額 60 萬元（其中消耗的物料 5 萬元），工程項目領用的本企業產品 10 萬元。

購買商品、接受勞務支付的現金 =（4,000+600）+（100-120）+（40-20）+（90-80）+（80-100）-（10+100+55）+10 = 4,435（萬元）

（5）「支付給職工以及為職工支付的現金」項目。該項目不包括支付給離退休人員的各項費用及支付給在建工程人員的工資及其他費用。

【實務 14-5】某企業 2015 年度有關職工薪酬資料如表 14-6 所示。

表 14-6　　　　　　　某企業 2015 年度有關職工薪酬資料　　　　　　單位：元

項目		年初數	本期分配或計提數	期末數
應付職工薪酬	生產工人工資	100,000	1,000,000	80,000
	車間管理人員工資	40,000	500,000	30,000
	行政管理人員工資	60,000	800,000	45,000
	在建工程人員工資	20,000	300,000	15,000

　　該企業本期用銀行存款支付離退休人員工資 500,000 元。假定應付職工薪酬本期減少數均以銀行存款支付，應付職工薪酬為貸方餘額（不考慮其他事項）。

　　要求計算：

　　（1）支付給職工以及為職工支付的現金。

　　（2）支付的其他與經營活動有關的現金。

　　（3）購建固定資產、無形資產和其他長期資產所支付的現金。

　　（1）支付給職工以及為職工支付的現金 =（100,000+40,000+60,000）+（1,000,000+500,000+800,000）-（80,000+30,000+45,000）= 2,345,000（元）

　　（2）支付的其他與經營活動有關的現金 = 500,000（元）

　　（3）購建固定資產、無形資產和其他長期資產所支付的現金 = 20,000+300,000-15,000 = 305,000（元）

　　（6）「支付的各項稅費」項目。該項目既不包括計入固定資產價值的實際支付的耕地占用稅，也不包括本期退回的增值稅、所得稅。

　　【實務 14-6】某企業 2015 年有關資料如下：

　　（1）2015 年利潤表中的所得稅費用為 500,000 元（均為當期應交所得稅產生的所得稅費用）。

　　（2）「應交稅費——應交所得稅」科目年初數為 20,000 元，年末數為 10,000 元（假定不考慮其他稅費）。

　　要求：根據上述資料，計算「支付的各項稅費」項目的金額。

　　支付的各項稅費 = 20,000+500,000-10,000 = 510,000（元）

　　（7）「支付其他與經營活動有關的現金」項目。該項目反應企業除上述各項目外所支付的其他與經營活動有關的現金，如經營租賃支付的租金、支付的罰款、差旅費、業務招待費、保險費等。該項目可以根據「管理費用」「庫存現金」「銀行存款」等科目的記錄分析填列。

　　【實務 14-7】甲公司 2015 年度發生的管理費用為 2,200 萬元，其中以現金支付退休職工統籌退休金 350 萬元和管理人員工資 950 萬元，存貨盤虧損失 25 萬元，計提固定資產折舊 420 萬元，無形資產攤銷 200 萬元，其餘均以現金支付。

　　要求：計算「支付其他與經營活動有關的現金」項目的金額。

　　「支付其他與經營活動有關的現金」項目的金額 = 2,200-950-25-420-200

　　　　　　　　　　　　　　　　　= 605（萬元）

(二) 投資活動產生的現金流量

(1)「收回投資收到的現金」項目。該項目反應企業出售、轉讓或到期收回除現金等價物以外的對其他企業的權益工具、債務工具和合營中的權益等投資收到的現金。收回債務工具實現的投資收益、處置子公司及其他營業單位收到的現金淨額不包括在該項目內。

【實務 14-8】某企業 2015 年有關資料如下：

(1)「交易性金融資產」科目本期貸方發生額為 100 萬元,「投資收益——轉讓交易性金融資產收益」貸方發生額為 5 萬元。

(2)「長期股權投資」科目本期貸方發生額為 200 萬元, 該項投資未計提減值準備,「投資收益——轉讓長期股權投資收益」貸方發生額為 6 萬元。

假定轉讓上述投資均收到現金。

要求：計算「收回投資收到的現金」項目的金額。

「收回投資所收到的現金」=(100+5)+(200+6)=311（萬元）

(2)「取得投資收益收到的現金」項目。該項目反應企業除現金等價物以外的對其他企業的權益工具、債務工具和合營中的權益投資分回的現金股利和利息等, 不包括股票股利。該項目可以根據「庫存現金」「銀行存款」「投資收益」等科目的記錄分析填列。

(3)「處置固定資產、無形資產和其他長期資產收回的現金淨額」項目。如所收回的現金淨額為負數, 則在「支付其他與投資活動有關的現金」項目反應。

(4)「處置子公司及其他營業單位收到的現金淨額」項目。

(5)「收到其他與投資活動有關的現金」項目。例如, 收回購買股票和債券時支付的已宣告但尚未領取的現金股利或已到付息期但尚未領取的債券利息。

(6)「購建固定資產、無形資產和其他長期資產支付的現金」項目。不包括為購建固定資產而發生的借款利息資本化的部分以及融資租入固定資產支付的租賃費。

(7)「投資支付的現金」項目。

(8)「取得子公司及其他營業單位支付的現金淨額」項目。

(9)「支付其他與投資活動有關的現金」項目。例如, 企業購買股票和債券時, 實際支付的價款中包含的已宣告但尚未領取的現金股利或已到付息期但尚未領取的債券利息。

(三) 籌資活動產生的現金流量

(1)「吸收投資收到的現金」項目。

(2)「取得借款收到的現金」項目。

(3)「收到的其他與籌資活動有關的現金」項目。

(4)「償還債務支付的現金」項目。該項目只含本金, 不含利息部分。

【實務 14-9】某企業 2015 年度「短期借款」帳戶年初餘額為 120 萬元, 年末余額為 140 萬元；「長期借款」帳戶年初余額為 360 萬元, 年末余額為 840 萬元。該企業 2015 年借入短期借款 240 萬元, 借入長期借款 460 萬元, 長期借款年末余額中包括確

認的 20 萬元長期借款利息費用。除上述資料外，債權債務的增減變動均以貨幣資金結算。

要求計算：
(1) 借款收到的現金。
(2) 償還債務支付的現金。
(1) 借款收到的現金＝240+460＝700（萬元）
(2) 償還債務支付的現金＝(120+240-140)+[360+460-(840-20)]
　　　　　　　　　　＝220（萬元）

(5)「分配股利、利潤或償付利息支付的現金」項目。該項目反應企業實際支付的現金股利、支付給其他投資單位的利潤或用現金支付的借款利息、債券利息等。該項目可以根據「應付股利」「應付利息」「財務費用」「庫存現金」「銀行存款」等科目的記錄分析填列。

【實務 14-10】某企業 2015 年度「財務費用」帳戶借方發生額為 40 萬元，均為利息費用。財務費用包括計提的長期借款利息 25 萬元，其餘財務費用均以銀行存款支付。「應付股利」帳戶年初余額為 30 萬元，無年末余額。除上述資料外，債權債務的增減變動均以貨幣資金結算。

要求：計算「分配股利、利潤或償付利息支付的現金」項目的金額。
「分配股利、利潤或償付利息支付的現金」＝(40-25)+30＝45（萬元）

(6)「支付其他與籌資活動有關的現金」項目。

(四) 現金流量表補充資料

淨利潤+使淨利潤減少的項目（不影響經營活動現金流量）-使淨利潤增加的項目（不影響經營活動現金流量）+使經營活動現金流量增加的項目（不影響淨利潤）-使經營活動現金流量減少的項目（不影響淨利潤）＝經營活動現金流量淨額

(1) 將淨利潤調節為經營活動現金流量。
①資產減值準備。
②固定資產折舊、油氣資產折耗、生產性生物資產折舊。
③無形資產攤銷。
④長期待攤費用攤銷。
⑤處置固定資產、無形資產和其他長期資產的損失。
⑥固定資產報廢損失。
⑦公允價值變動損失。
⑧財務費用（屬於投資活動或籌資活動的財務費用調增，與經營活動有關的財務費用不調整）。
⑨投資損失。
⑩遞延所得稅資產減少。
⑪遞延所得稅負債增加。
⑫存貨的減少。

⑬經營性應收項目的減少。

⑭經營性應付項目的增加。

（2）不涉及現金收支的重大投資和籌資活動。

（3）現金及現金等價物淨變動情況。

四、現金流量表的編製舉例

【實務 14-11】沿用【實務 14-1】和【實務 14-2】，長江公司其他相關資料如下：

（1）2015 年度利潤表有關項目的明細資料如下：

①管理費用的組成：職工薪酬 17,100 元，無形資產攤銷 60,000 元，攤銷印花稅 10,000元，折舊費 20,000 元，支付其他費用 50,000 元。

②財務費用的組成：計提借款利息 21,500 元，支付應收票據貼現利息 20,000 元。

③資產減值損失的組成：計提壞帳準備 900 元，計提固定資產減值準備 30,000 元。上年年末壞帳準備余額為 900 元。

④投資收益的組成：收到股息收入 30,000 元，與本金一起收回的交易性股票投資收益 500 元，自公允價值變動損益結轉投資收益 1,000 元。

⑤營業外收入的組成：處置固定資產淨收益 50,000 元（其所處置固定資產原價為 400,000 元，累計折舊為 150,000 元，收到處置收入 300,000 元）。假定不考慮與固定資產處置有關的稅費。

⑥營業外支出的組成：報廢固定資產淨損失 19,700 元（其所報廢固定資產原價為 200,000 元，累計折舊 180,000 元，支付清理費用 500 元，收到殘值收入 800 元）。

⑦所得稅費用的組成：當期所得稅費用為 122,496 元，遞延所得稅收益 9,900 元。除上述項目外，利潤表中的銷售費用至期末尚未支付。

（2）資產負債表有關項目的明細資料如下：

①本期收回交易性股票投資本金 15,000 元，公允價值變動 1,000 元，同時實現投資收益 500 元。

②存貨中生產成本、製造費用的組成：職工薪酬 324,900 元，折舊費 80,000 元。

③應交稅費的組成：本期增值稅進項稅額 42,466 元，增值稅銷項稅額 212,500 元，已交增值稅 100,000 元；應交所得稅期末余額為 20,097 元，應交所得稅期初余額為 0。應交稅費期末數中應由在建工程負擔的部分為 100,000 元。

④應付職工薪酬的期初數無應付在建工程人員的部分，本期支付在建工程人員職工薪酬 200,000 元。應付職工薪酬的期末數中應付在建工程人員的部分為 28,000 元。

⑤應付利息均為短期借款利息，其中本期計提利息 11,500 元，支付利息 12,500 元。

⑥本期用現金購買固定資產 101,000 元，購買工程物資 150,000 元。

⑦本期用現金償還短期借款 250,000 元，償還一年內到期的長期借款 1,000,000 元；借入長期借款 400,000 元。

根據以上資料，採用分析填列的方法，編製長江公司 2015 年度的現金流量表。

（1）長江公司 2015 年度現金流量表各項目金額分析確定如下：

①銷售商品、提供勞務收到的現金＝主營業務收入＋應交稅費(應交增值稅——銷項稅額)＋(應收帳款年初余額-應收帳款期末余額)＋(應收票據年初余額-應收票據期末余額)-當期計提的壞帳準備＝1,250,000＋212,500＋(299,100-598,200)＋(246,000-66,000)-900-20,000＝1,332,500（元）

②購買商品、接受勞務支付的現金＝主營業務成本＋應交稅費(應交增值稅——進項稅額)-(存貨年初余額-存貨期末余額)＋(應付帳款年初余額-應付帳款期末余額)＋(應付票據年初余額-應付票據期末余額)＋(預付帳款期末余額-預付帳款年初余額)-當期列入生產成本、製造費用的職工薪酬-當期列入生產成本、製造費用的折舊費和固定資產修理費＝750,000＋42,466-(2,580,000-2,484,700)＋(953,800-953,800)＋(200,000-100,000)＋(100,000-100,000)-324,900-80,000＝392,266（元）

③支付給職工以及為職工支付的現金＝生產成本、製造費用、管理費用中職工薪酬＋(應付職工薪酬年初余額-應付職工薪酬期末余額)-[應付職工薪酬(在建工程)年初余額-應付職工薪酬(在建工程)期末余額]＝324,900＋17,100＋(110,000-180,000)-(0-28,000)＝300,000（元）

④支付的各項稅費＝當期所得稅費用＋營業稅金及附加＋應交稅費(增值稅——已交稅金)-(應交所得稅期末余額-應交所得稅期初余額)＝122,496＋2,000＋100,000-(20,097-0)＝204,399（元）

⑤支付其他與經營活動有關的現金＝其他管理費用＋銷售費用＝50,000（元）

⑥收回投資收到的現金＝交易性金融資產貸方發生額＋與交易性金融資產一起收回的投資收益＝16,000＋500＝16,500（元）

⑦取得投資收益所收到的現金＝收到的股息收入＝30,000（元）

⑧處置固定資產收回的現金淨額＝300,000＋（800-500）＝300,300（元）

⑨購建固定資產支付的現金＝用現金購買的固定資產、工程物資＋支付給在建工程人員的薪酬＝101,000＋150,000＋200,000＝451,000（元）

⑩取得借款所收到的現金＝400,000（元）

⑪償還債務支付的現金＝250,000＋1,000,000＝1,250,000（元）

⑫償還利息支付的現金＝12,500（元）

⑬支付其他與籌資活動有關的現金＝20,000（元）

（2）將淨利潤調節為經營活動現金流量各項目計算分析如下：

①資產減值準備＝900＋30,000＝30,900（元）

②固定資產折舊＝20,000＋80,000＝100,000（元）

③無形資產攤銷＝60,000（元）

④處置固定資產、無形資產和其他長期資產的損失（減：收益）＝-50,000（元）

⑤固定資產報廢損失＝19,700（元）

⑥投資損失（減：收益）＝-31,500（元）

⑦遞延所得稅資產減少＝0-9,900＝-9,900（元）

⑧存貨的減少＝2,580,000-2,484,700＝95,300（元）

⑨經營性應收項目的減少＝(246,000-66,000)+(299,100+900-598,200-1,800)
　　　　　　　　　＝-120,000（元）

⑩經營性應付項目的增加＝(100,000-200,000)+(100,000-100,000)+[(180,000-28,000)-110,000]+[(226,731-100,000)-36,600]=32,131（元）

（3）根據上述數據，編製現金流量表（見表14-7）及其補充資料（見表14-8）。

表14-7　　　　　　　　　　　　現金流量表　　　　　　　　　　　　　會企03表
編製單位：長江公司　　　　　　　　2015年　　　　　　　　　　　　　　單位：元

項目	本期金額	上期金額
一、經營活動產生的現金流量：		略
銷售商品、提供勞務收到的現金	1,322,500	
收到的稅費返還	0	
收到其他與經營活動有關的現金	0	
經營活動現金流入小計	1,322,500	
購買商品、接受勞務支付的現金	392,266	
支付給職工以及為職工支付的現金	300,000	
支付的各項稅費	204,399	
支付其他與經營活動有關的現金	50,000	
經營活動現金流出小計	946,665	
經營活動產生的現金流量淨額	375,835	
二、投資活動產生的現金流量		
收回投資收到的現金	16,500	
取得投資收益收到的現金	30,000	
處置固定資產、無形資產和其他長期資產收回的現金淨額	300,300	
處置子公司及其他營業單位收到的現金淨額	0	
收到其他與投資活動有關的現金	0	
投資活動現金流入小計	346,800	
購建固定資產、無形資產和其他長期資產支付的現金	451,000	
投資支付的現金	0	
取得子公司及其他營業單位支付的現金淨額	0	
支付其他與投資活動有關的現金	0	
投資活動現金流出小計	451,000	
投資活動產生的現金流量淨額	-104,200	
三、籌資活動產生的現金流量：		
吸收投資收到的現金	0	
取得借款收到的現金	400,000	

表14-7(續)

項目	本期金額	上期金額
收到其他與籌資活動有關的現金	0	
籌資活動現金流入小計	400,000	
償還債務支付的現金	1,250,000	
分配股利、利潤或償付利息支付的現金	12,500	
支付其他與籌資活動有關的現金	20,000	
籌資活動現金流出小計	1,282,500	
籌資活動產生的現金流量淨額	-882,500	
四、匯率變動對現金及現金等價物的影響	0	
五、現金及現金等價物淨增加額	-610,865	
加：期初現金及現金等價物餘額	1,406,300	
六、期末現金及現金等價物餘額	795,435	

表 14-8　　　　　　　　　現金流量表補充資料　　　　　　　　單位：元

補充資料	本期金額	上期金額
1. 將淨利潤調節為經營活動現金流量：		略
淨利潤	197,704	
加：資產減值準備	30,900	
固定資產折舊、油氣資產折耗、生產性生物資產折舊	100,000	
無形資產攤銷	60,000	
長期待攤費用攤銷	0	
處置固定資產、無形資產和其他長期資產的損失（收益以「-」號填列）	-50,000	
固定資產報廢損失（收益以「-」號填列）	19,700	
公允價值變動損失（收益以「-」號填列）	0	
財務費用（收益以「-」號填列）	41,500	
投資損失（收益以「-」號填列）	-31,500	
遞延所得稅資產減少（增加以「-」號填列）	-9,900	
遞延所得稅負債增加（減少以「-」號填列）	0	
存貨的減少（增加以「-」號填列）	95,300	
經營性應收項目的減少（增加以「-」號填列）	-120,000	
經營性應付項目的增加（減少以「-」號填列）	32,131	
其他	10,000	
經營活動產生的現金流量淨額	375,835	

表14-8(續)

補充資料	本期金額	上期金額
2. 不涉及現金收支的重大投資和籌資活動：		
債務轉為資本	0	
一年內到期的可轉換公司債券	0	
融資租入固定資產	0	
3. 現金及現金等價物淨變動情況：		
現金的期末餘額	795,435	
減：現金的期初餘額	1,406,300	
加：現金等價物的期末餘額	0	
減：現金等價物的期初餘額	0	
現金及現金等價物淨增加額	-610,865	

任務五　所有者權益變動表

一、所有者權益變動表的內容及結構

所有者權益變動表應當反應構成所有者權益的各組成部分當期的增減變動情況。當期損益、直接計入所有者權益的利得和損失以及與所有者（或股東，下同）的資本交易導致的所有者權益的變動，應當分別列示。

所有者權益變動表至少應當單獨列示反應下列信息的項目：

(1) 淨利潤。
(2) 直接計入所有者權益的利得和損失項目及其總額。
(3) 會計政策變更和差錯更正的累積影響金額。
(4) 所有者投入資本和向所有者分配利潤等。
(5) 按照規定提取的盈余公積。
(6) 實收資本（或股本）、資本公積、盈余公積、未分配利潤的期初和期末余額及其調節情況。

二、所有者權益變動表的填列方法

(一) 所有者權益變動表項目的填列方法

所有者權益變動表各項目均需填列「本年金額」和「上年金額」兩欄。

(1) 所有者權益變動表「上年金額」欄內各項數字，應根據上年度所有者權益變動表「本年金額」欄內所列數字填列。

(2) 所有者權益變動表「本年金額」欄內各項數字一般應根據「實收資本（或股

本)」「資本公積」「盈余公積」「利潤分配」「庫存股」「以前年度損益調整」科目的發生額分析填列。

(二) 所有者權益變動表主要項目說明

(1)「上年年末余額」項目，反應企業上年資產負債表中實收資本（或股本）、資本公積、庫存股、其他綜合收益、盈余公積、未分配利潤的年末余額。

(2)「會計政策變更」「前期差錯更正」項目，分別反應企業採用追溯調整法處理的會計政策變更的累積影響金額和採用追溯調整重述法處理的會計差錯更正的累積影響金額。

(3)「本年增減變動額」項目分別反應如下內容：

① 「綜合收益總額」項目，反應淨利潤和其他綜合收益扣除所得稅影響后的淨額相加后的合計金額。

② 「所有者投入和減少資本」項目，反應企業當年所有者投入的資本和減少的資本。

「所有者投入資本」項目，反應企業接受投資者投入形成的實收資本（或股本）和資本溢價或股本溢價，並對應列在「實收資本（或股本）」和「資本公積」欄。

「股份支付計入所有者權益的金額」項目，反應企業處於等待期中的權益結算的股份支付當年計入資本公積的金額，並對應列在「資本公積」欄。

③ 「利潤分配」下各項目，反應當年對所有者（或股東）分配的利潤（或股利）金額和按照規定提取的盈余公積金額，並對應列在「未分配利潤」和「盈余公積」欄。其中：

「提取盈余公積」項目，反應企業按照規定提取的盈余公積。

「對所有者（或股東）的分配」項目，反應對所有者（或股東）分配的利潤（或股利）金額。

④ 「所有者權益內部結轉」下各項目，反應不影響當年所有者權益總額的所有者權益各組成部分之間當年的增減變動。其中：

「資本公積轉增資本（或股本）」項目，反應企業以資本公積轉增資本或股本的金額。

「盈余公積轉增資本（或股本）」項目，反應企業以盈余公積轉增資本或股本的金額。

「盈余公積彌補虧損」項目，反應企業以盈余公積彌補虧損的金額。

三、所有者權益變動表編製示例

【實務 14-12】沿用【實務 14-1】、【實務 14-2】和【實務 14-11】，長江公司其他相關資料為：提取盈余公積 24,770.4 元，向投資者分配現金股利 32,215.85 元。

根據上述資料，長江公司編製 2015 年的所有者權益變動表如表 14-9 所示。

表14-9

所有者權益變動表
2015年度

編製單位：長江公司　　　　　　　　　　　　　　　　　　　　　　　　　單位：元

項目	本年金額							上年金額						
	實收資本（或股本）	資本公積	減：庫存股	盈餘公積	未分配利潤	所有者權益合計		實收資本（或股本）	資本公積	減：庫存股	盈餘公積	未分配利潤	所有者權益合計
一、上年年末餘額	5,000,000	0	0	100,000	50,000	5,150,000							
加：會計政策變更													
前期差錯更正													
二、本年年初餘額	5,000,000	0	0	100,000	50,000	5,150,000							
三、本年增減變動金額（減少以「-」號填列）					197,704	197,704							
（一）綜合收益總額					197,704								
（二）所有者投入和減少資本													
1. 所有者投入資本													
2. 股份支付計入所有者權益的金額													
3. 其他					24,770.4	-24,770.4	0						
（三）利潤分配													
1. 提取盈餘公積					24,770.4	-24,770.4							
2. 對所有者（或股東）的分配						-32,215.85	-32,215.85						
3. 其他													
（四）所有者權益內部結轉													
1. 資本公積轉增資本（或股本）													
2. 盈餘公積轉增資本（或股本）													
3. 盈餘公積彌補虧損													
4. 其他													
四、本年年末餘額	5,000,000	0	0	124,770.4	190,717.75	5,315,488.15							

◆ 仿真操作

根據【實務14-1】編製資產負債表，根據【實務14-2】編製利潤表，根據【實務14-11】編製現金流量表，根據【實務14-12】編製所有者權益變動表。

◆ 崗位業務認知

利用節假日，去當地的一些企業（工商企業），瞭解企業資產負債表、利潤表、現金流量表等財務報表方面的基本情況，對一般企業財務報表編製方面的情況有初步的認識和掌握。

◆ 工作思考

1. 什麼是財務報告？它主要包括哪些內容？
2. 概述資產負債表的結構。
3. 多步式利潤表由哪幾個步驟構成？
4. 在資產負債表中，有哪些科目是根據所屬明細科目余額分析填列的呢？
5. 簡述現金流量表的內容。

國家圖書館出版品預行編目(CIP)資料

新編財務會計 / 洪娟、明愛芬 主編. -- 第一版.
-- 臺北市：崧博出版：崧燁文化發行, 2018.09
　面；　公分

ISBN 978-957-735-436-5(平裝)

1.財務會計

495.4　　　　107014899

書　名：新編財務會計
作　者：洪娟、明愛芬 主編
發行人：黃振庭
出版者：崧博出版事業有限公司
發行者：崧燁文化事業有限公司
E-mail：sonbookservice@gmail.com
粉絲頁　　　　　　　網　址：
地　址：台北市中正區重慶南路一段六十一號八樓 815 室
8F.-815, No.61, Sec. 1, Chongqing S. Rd., Zhongzheng Dist., Taipei City 100, Taiwan (R.O.C.)
電　話：(02)2370-3310　傳　真：(02) 2370-3210
總經銷：紅螞蟻圖書有限公司
地　址：台北市內湖區舊宗路二段 121 巷 19 號
電　話：02-2795-3656　傳真：02-2795-4100　網址：
印　刷：京峯彩色印刷有限公司（京峰數位）

本書版權為西南財經大學出版社所有授權崧博出版事業有限公司獨家發行
電子書繁體字版。若有其他相關權利及授權需求請與本公司聯繫。

定價：500 元
發行日期：2018 年 9 月第一版
◎ 本書以POD印製發行